中国人民大学研究报告系列

中国水处理行业可持续发展战略研究报告

再生水卷

REPORT FOR SUSTAINABLE
DEVELOPMENT STRATEGY OF
CHINA WATER TREATMENT INDUSTRY
WATER REUSE

主　编　郑　祥　魏源送　张振兴　李锋民
副主编　李　萍　王志伟　周　鑫　陈凌云
　　　　王亚炜　周　华
主　审　彭永臻　王洪臣

编　委　（以姓氏笔画为序）

于　淼　马晓敏　王学军　王海旭
石　磊　田志刚　刘　鹏　孙丽艳
李　刚　李　昆　杨　昆　杨　勇
肖庆聪　谷　风　宋姬芳　陈卫平
陈晓芬　卓　翔　昌敦虎　罗　鸣
赵晋红　侯红娟　徐慧芳　董春松
韩买良　程　荣　雷　洋　蔡木林

中国人民大学出版社
· 北京 ·

总 序

陈雨露

当前中国的各类研究报告层出不穷，种类繁多，写法各异，成百舸争流、各领风骚之势。中国人民大学经过精心组织、整合设计，隆重推出由人大学者协同编撰的"研究报告系列"。这一系列主要是应用对策型研究报告，集中推出的本意在于，直面重大社会现实问题，开展动态分析和评估预测，建言献策于咨政与学术。

"学术领先、内容原创、关注时事、咨政助企"是中国人民大学"研究报告系列"的基本定位与功能。研究报告是一种科研成果载体，它承载了人大学者立足创新，致力于建设学术高地和咨询智库的学术责任和社会关怀；研究报告是一种研究模式，它以相关领域指标和统计数据为基础，评估现状，预测未来，推动人文社会科学研究成果的转化应用；研究报告还是一种学术品牌，它持续聚焦经济社会发展中的热点、焦点和重大战略问题，以扎实有力的研究成果服务于党和政府以及企业的计划、决策，服务于专门领域的研究，并以其专题性、周期性和翔实性赢得读者的识别与关注。

中国人民大学推出"研究报告系列"，有自己的学术积淀和学术思考。我校素以人文社会科学见长，注重学术研究咨政育人、服务社会的作用，曾陆续推出若干有影响力的研究报告。譬如自 2002 年始，我们组织跨学科课题组研究编写的《中国经济发展研究报告》《中国社会发展研究报告》《中国人文社会科学发展研究报告》，紧密联系和真实反映我国经济、社会和人文社会科学发展领域的重大现实问题，十年不辍，近年又推出《中国法律发展报告》等，与前三种合称为"四大报告"。此外还有一些散在的不同学科的专题研究报告也连续多年，在学界和社会上形成了一定的影响。这些研究报告都是观察分析、评估预测政治经济、社会文化等领域重大问题的专题研究，其中既有客观数据和事例，又有深度分析和战略预测，兼具实证性、前瞻性和学术性。我们把这些研究报告整合起来，与人民大学出版资源相结合，再做新的策划、征集、遴选，形成了这个"研究报告系列"，以期放大规模效应，扩展社会服务功能。这个系列是开放的，未来会依情势有所增减，使其动态成长。

中国人民大学推出"研究报告系列"，还具有关注学科建设、强化育人功能、推进协同创新等多重意义。作为连续性出版物，研究报告可以成为本学科学者展示、交流学术成果的平台。编写一部好的研究报告，通常需要集结力量，精诚携手，合作者随报告之连续而成为稳定团队，亦可增益学科实力。研究报告立足于丰厚素材，常常动员学生参与，可使他们在系统研究中得到学术训练，增长才干。此外，面向社会实践的研究报告必然要与政府、企业保持密切联系，关注社会的状况与需要，从而带动高校与行业企业、政府、学界以及国外科研机构之间的深度合作，收"协同创新"之效。

为适应信息化、数字化、网络化的发展趋势，中国人民大学的"研究报告系列"在出版纸质版本的同时将开发相应的文献数据库，形成丰富的数字资源，借助知识管理工具实现信息关联和知识挖掘，方便网络查询和跨专题检索，为广大读者提供方便适用的增值服务。

中国人民大学的"研究报告系列"是我们在整合科研力量，促进成果转化方面的新探索，我们将紧扣时代脉搏，敏锐捕捉经济社会发展的重点、热点、焦点问题，力争使每一种研究报告和整个系列都成为精品，都适应读者需要，从而铸造高质量的学术品牌、形成核心学术价值，更好地担当学术服务社会的职责。

▌编者简介▶

郑祥，博士，中国人民大学环境学院环境科学与工程系主任。《工业水处理》杂志编委，国际水协会（International Water Association）中国青年委员会委员。2003 年获中国科学院理学博士学位，2008 年入选"北京市科技新星计划"，2010 年入选中国人民大学"明德青年学者计划"，2012 年入选教育部"新世纪优秀人才支持计划"。

郑祥博士长期致力于膜分离技术、水污染控制技术、污水再生利用过程等公共卫生安全领域的研究。近年来一直从事污水再生利用工程中病原微生物风险评估及其控制方面的研究工作，他还在利用膜分离与人工湿地技术去除病原微生物方面做了大量探索性的工作，积累了相当丰富的知识和经验。郑祥博士作为项目负责人，承担国家自然科学基金项目、霍英东教育基金项目、国家水体污染控制与治理科技重大专项的子课题、国家科技支撑计划等科研项目。已获得授权专利 2 项，在国内外核心期刊发表论文 90 多篇，其中 30 多篇被 *Journal of Membrane Science*，*Chemical Engineering Journal*，*Ecological Engineering*，*Biotechnology Advances*，*Desalination* 等 SCI 刊物收录。英文论文被 SCI 引用 100 余次，中文论文被 CNKI（中国学术文献网络出版总库）引用 1 000 余次，其中 5 篇论文的单篇被引用超过 100 次。2008 年至今，主持编写了《中国水处理行业可持续发展战略研究报告（膜工业卷）》等 9 部行业分析报告。

魏源送，博士，中国科学院生态环境研究中心研究员，博士生导师。2000 年 7 月毕业于中国科学院生态环境研究中心环境工程专业，获理学博士学位。2001 年 3 月至 2002 年 3 月在荷兰应用科学研究院环境、能源和过程创新研究所（TNO Environment, Energy and Process Innovation）做博士后。2002 年 4 月进入中国科学院生态环境研究中心工作至今。2008 年 3 月至 2009 年 3 月为瑞士联邦水科学与技术研究所（Eawag: Swiss Federal Institute of Aquatic Science and Technology）访问学者。主要研究领域包括污水处理与再生利用、有机固体废弃物处理与资源化、河流生态治理与修复。已在国内外刊物发表学术论文 100 余篇，获授权发明专利 13 项。

张振兴，博士，伊利诺伊大学香槟分校研究员。分别于武汉大学、北京大学、美国纽约州立大学获得环境科学学士、硕士、博士学位。长期从事水环境系统、水文模型和水资源优化利用研究。致力于水环境系统模拟、水环境随机过程分析、水环境风险分析、随机水文学、环境系统不确定性分析和灵敏度分析等领域的研究。在环境系统模拟和随机水文学领域取得创新性成果，在 *Water Resources Research*，*Journal of Hydrology*，*Journal of Hydrologic Engineering*（ASCE），*Water Resources Management* 等学术期刊发表科研论文 10 余篇。2001 年以来，参与多项美国国家科学基金委（NSF）、美国地质局（USGS）、美国陆军工程兵团（USACE）的水资源与环境系统研究项目。

李锋民，博士，中国海洋大学环境科学与工程学院副院长、副教授。曾任中国植物保护学会植物化感作用专业委员会副主任委员，*Journal of Water and Environment Technology* 编委，国际水协会中国青年委员会委员，2008 年荣获中国环境科学学会第六届"青年科技奖"，2011 年入选教育部"新世纪优秀人才支持计划"。长期从事有害藻类的控制研究、污染水体的水质净化生态系统研究，以及受损淡水湿地生态系统修复等领域的研究工作。获授权发明专利 13 项，在国内外期刊发表论文 50 余篇，研究论文已被引用 400 余次。

李萍，博士，广东工业大学环境科学与工程学院副教授，硕士生导师。2004 年获中国科学院理学博士学位，2007 年晋升为副教授，多次获得广东工业大学教学优秀奖与广东工业大学优秀授课教师奖等荣誉。长期从事工业废水处理与回用的理论与技术研究，在废水中难降解性有机污染物的共代谢降解与 TiO_2 的掺杂改性及其构效关系领域有较为系统的研究。先后主持或作为课题骨干参与国家科技攻关项目、国家 863 计划项目、973 计划课题、国家自然科学基金项目、省科技计划等数十个科研项目的研究。已申请 4 项发明专利/实用新型专利，在 *Science in China (Chemistry)*，*Journal of Environment Sciences* 等国内外核心期刊发表论文 20 多篇。

王志伟，博士，注册环保工程师，环境高等研究院研究员，同济大学环境科学与工程学院副教授、博士生导师。主要从事膜法水处理技术研究工作，近年来承担国家级、省部级等科研项目 8 项，在 *Water Research*，*Journal of Membrane Science*，*Chemical Engineering Journal*，*Separation Science and Technology* 等核心期刊发表研究论文 90 余篇（其中 SCI 论文 60 篇），申请国家发明专利 10 余项，研究成果获教育部科学技术进步奖、上海市科学技术进步奖等省部级奖 4 项，中国国际博览会铜奖 1 项，2012 年获第三届 SCOPUS "寻找青年科学之星" 环境科学领域铜奖（Elsevier 出版集团联合中国科学报社、中国科学网举办）和第十四届霍英东教育基金会高等院校青年教师奖，入选第一批 "国家环境保护专业技术青年拔尖人才"。

周鑫，工学博士，太原理工大学环境科学与工程学院环境工程系讲师、硕士生导师。2012 年毕业于中国科学院生态环境研究中心，获得博士学位。长期从事污/废水深度处理理论与技术、新型生物脱氮技术及高效生物反应器等科研教学工作。目前发表学术论文 11 篇，申报发明专利 4 项，授权 2 项，已在 *Chemical Engineering Journal*，*RSC Advances*，*Journal of Chemical Technology and Biotechnology* 等国际 SCI 刊物发展论文 6 篇。目前担任 *RSC Advances*，*Desalination and Water Treatment*，*Fresenius Environmental Bulletin*，*African Journal of Microbiology Research* 等期刊审稿人。参与或主持了国家 "十一五" 科技支撑计划、山西省高校科技创新项目、煤科学与技术省部共建国家重点实验室培育基地开放基金及太原理工大学人才引进基金等多项科研项目。

陈凌云，博士，加拿大首席科学家，阿尔伯塔大学农业、生命与环境科学学院副教授。2003 年获武汉大学理学博士学位，2012 年获得国家自然科学奖二等奖，2013 年获聘加拿大农业部基金评审专家委员会委员，2014 年入选国家青年千人计划，目前为美国化学学会、国际控制释放学会会员。陈凌云博士在天然高分子结构与生物、功能活性关系、膜生物材料及其农业、环境和纳米技术领域进行了系统而深入的研究，在理论、方法及应用三方面均取得了突出成绩。近年来作为项目负责人，主持了加拿大国家自然科学基金、加拿大国家创新基金、加拿大农业部农业食品开发基金、阿尔伯塔省农业创新基金、农业开发基金。已获得授权专利 5 项，在国际知名核心期刊上发表论文 90 余篇，近年来在天然高分子生物质材料领域国际著名刊物 *Biomaterials*，*J.Mater. Chem*，*Biomacromolecules* 上发表了一系列很有影响的文章。

王亚炜，博士，中国科学院生态环境研究中心助理研究员。2009 年于中科院生态环境研究中心获得博士学位，2011 年博士后出站留在中科院生态环境研究中心工作。近年来一直从事污水生物处理、污泥处理处置、河流生态治理等方面的研究和应用工作。近年来主持了自然科学基金国家水污染治理科技重大专项"海河下游多水源灌排交互条件下农业排水污染控制技术集成与流域示范课题"子课题，国家科技支撑计划子课题"清净湖与周边区域耦合关系研究"及企业委托等研究任务共 5 项，已在 *Bioresource Technology*，*Journal of Hazardous Materials*，《环境科学学报》等国内外学术刊物上发表学术论文 30 余篇，授权发明专利 5 项。

周华，管理学博士，中国人民大学商学院副教授，硕士生导师。拥有注册会计师和注册资产评估师执业资格。主持完成 1 项国家社会科学基金青年项目（07CJY011），参与多项国家级和省部级课题。提出"根据法律事实记账"的理论主张，指出国际会计准则在理论框架和具体规则上存在双重偏差，研究成果被经济监管部门调阅参考。出版著作《会计制度与经济发展》，参与主编《会计学（非专业用）》。在《中国人民大学学报》《财贸经济》《会计研究》《经济管理》《经济研究》等刊物上发表论文 20 余篇。2007 年入选财政部"全国会计领军后备人才（学术类）"。2010 年成为中国人民大学伊志宏教授率领的"工商管理核心课程教学团队"成员，该团队是国家级教学团队和北京市优秀教学团队。曾获首届杨纪琬奖学金优秀学位论文奖（2003 年）、中国人民大学优秀教学成果一等奖（2008 年）等奖项。

序

　　水资源短缺与水环境污染是我国社会经济发展面临的两大水问题，也是我国城镇化进程中迫切需要解决的问题。在诸多的城市水资源环境问题解决方案中，城镇污水再生利用成为兼具节水和减排双重功能的途径，也使得再生水开发利用成为经济上最有效率优势的水资源利用方式之一。国务院 2015 年 4 月印发的《水污染防治行动计划》将促进城镇污水再生利用作为我国在 2020 年之前实现经济结构转型升级的重要措施，提出了优先使用再生水的领域，将再生水纳入水资源统一配置，指出：到 2020 年，缺水城市再生水利用率达到 20％以上，京津冀区域达到 30％以上。

　　反观现实，虽然我国城镇污水再生利用无论在产业发展还是在科研水平上都形成一定规模、达到较高水平，然而该产业进一步发展仍面临着诸多内外部因素制约。从内部因素来看，固定资产投资不足、出水水质差异大是该行业面临的普遍问题；从外部因素来看，再生水价格优势不明显、供水管网系统滞后、出水水质标准与用水水质标准不衔接、监管部门缺位、公众接受程度低等问题则阻碍了城镇污水再生利用产业的市场化进程。

　　上述制约因素相互影响，进而导致污水再生利用产业目前不仅无法与传统的高成本水资源利用方式竞争，甚至也难以形成针对海水利用、雨水收集利用等其他非常规水资源开发利用方式的相对优势。

　　由中国人民大学环境学院郑祥博士等青年科学家主编的《中国水处理行业可持续发展战略研究报告（再生水卷）》的发布恰逢其时，作者在大量文献调研、行业调查和数据分析的基础上，从经济、管理、社会、技术、科研等多个维度首次系统地梳理了我国城镇污水再生利用行业的发展现状，并从行业、区域等层面解析了该行业当前所处的水平。

　　该著作的面世，不仅有助于使全社会对于我国城镇污水再生利用产业现状有较为全面的认识，还能为相关部门的决策提供有意义的借鉴。借此著作出版之机，更希望我国再生水开发利用事业日益发展壮大，实现经济效率与环境保护的双赢。

马中

2015 年 5 月 10 日

前 言

　　随着社会经济的发展和城市化进程的加快，水资源短缺以及水环境恶化引发的一系列问题，已日益成为城市发展的瓶颈。传统的水资源开发方式，如开发地表水、开采地下水以及跨流域调水等已远远不能满足用水需求，同时从可持续发展的角度来看，我们也应逐渐抛开传统方式，从非传统水源方面着手开发利用。在非传统水源中，城市再生水利用无疑是最为有效的方式之一。城市污水便于收集，易于处理，且能够形成规模化，稳定可靠，不受制于降雨等因素，作为城市第二水源要比海水、雨水来得实际，更比长距离引水节约成本。据粗略估算，城市供水量的80％变为城市污水排入管网中，收集起来再生处理后有70％可以安全回用，也就是说，一半以上的城市供水量可以变成再生水，返回到城市水质要求较低的用户，替换出等量高品质水源，从而相应增加城市一半供水量。另外，城市污水的再生回用还可大大降低污水的排放量，减轻环境保护的压力。

　　为科学评估我国水处理产业的自主创新能力和产业竞争力，帮助宏观经济监管部门规范管理，指导我国水处理企业科学健康发展，我们在多年积累的调研资料的基础上，推出《中国水处理行业可持续发展战略研究报告（再生水卷）》，系统评估中国水处理产业的竞争力，从投资结构、商业模式、市场格局、监管法规等多个角度论证中国再生水市场和再生水产业的真实状况和发展趋势，并且全面比较分析中国和世界各国再生水产业，从而为我国水资源开发利用、水环境保护，以及宏观经济管理和企业经营管理提供扎实的决策依据。

　　本报告分三大部分、七个章节对中国再生水发展现状及发展趋势进行了分析阐述。报告的第一部分全面分析我国以及全球（主要集中于美国、亚太、欧洲）再生水利用的总体现状；第二部分对全球主要国家再生水回用政策、标准评估与技术经济分析进行系统比较，采用文献计量学方法对各国在再生水技术研发方面的新动向与发展前沿进行详细评述；第三部分对我国主要城市以及电力与钢铁行业再生水的应用进行系统调查，同时系统分析了国内再生水市场具有代表性的几家上市公司的经营业绩、核心业务及核心竞争力。

《中国水处理行业可持续发展战略研究报告（再生水卷）》由郑祥博士、魏源送博士、张振兴博士带领中国人民大学、中国科学院和伊利诺伊大学香槟分校三方团队共同完成。中国人民大学团队由环境学院的郑祥博士、商学院的周华博士与中国科学院文献情报研究中心马晓敏博士主持，分别组织环境科学与工程、商学与图书馆学三大领域的专家，完成书稿相关章节的撰写；中国科学院团队由生态环境研究中心的魏源送研究员和王亚炜博士主持。伊利诺伊大学香槟分校团队由张振兴博士与陈凌云博士主持。

王琪、罗鸣、陈亚楠、邱天然、陈晓芬、蔡琼、尚闻、王汪权、刘丽、沈志鹏、王晋琳、况彩菱等多位研究生参加了资料收集与书稿的编写工作。陈晓芬对全部书稿进行了文字校对与统稿。在调研过程中，我们得到业内同行的大力支持与帮助，确保了报告中数据的准确性。在此，向同行所给予的大力支持表示衷心感谢！

虽然我们做了多方面的努力，但由于水平和经验所限，难免存在不妥之处，临书惶恐，言不尽意，恳请读者和同仁批评指正。

郑祥

2015 年 1 月 6 日

目录 ▶

第一部分　总体情况篇

第一章　全球再生水利用现状 ··· **3**

第一节　中　国 ··· 3

第二节　美　国 ··· 10

第三节　亚太地区再生水利用 ··································· 16

第四节　欧洲国家再生水利用 ··································· 28

第二部分　管理与科研篇

第二章　再生水回用政策、标准评估与技术经济分析 ············· **35**

第一节　再生水回用政策、标准评估 ······················· 35

第二节　再生水回用工艺技术经济分析 ····················· 51

第三章　再生水回用研究态势 ··································· **58**

第一节　SCI 收录全球再生水技术论文分析 ··············· 58

第二节　SCI 收录中国再生水技术论文分析 ··············· 63

第三节　CNKI 收录再生水相关学术期刊论文分析 ········· 65

第四节　CNKI 收录再生水博硕士论文、专利、科技成果分析 ··· 75

第三部分　应用篇

第四章　我国典型城市再生水工程建设发展进程与趋势 ………… **93**

第一节　我国再生水工程建设发展进程与趋势 ………… 93

第二节　北京市 ………… 99

第三节　天津市 ………… 105

第四节　无锡市 ………… 106

第五节　昆明市 ………… 110

第六节　深圳市 ………… 114

第七节　大连市 ………… 117

第八节　西安市 ………… 120

第五章　主要工业领域再生水应用 ………… **125**

第一节　电力行业再生水应用 ………… 125

第二节　钢铁行业再生水应用 ………… 140

第六章　中国再生水市场竞争主体分析 ………… **159**

第一节　碧水源 ………… 159

第二节　天津膜天 ………… 161

第三节　中电环保 ………… 164

第四节　北控水务 ………… 167

第五节　首创股份 ………… 169

第六节　万邦达 ………… 172

第七章　中国水务产业并购行为分析 ………… **175**

第一节　并购时代的中国环保产业 ………… 178

第二节　膜技术企业并购案例分析 ………… 182

第三节　未来水务企业并购途径 ………… 184

参考文献 ………… 187

第一部分

总体情况篇

第一章　全球再生水利用现状

第一节　中　国

一、水资源开发利用现状

尽管我国水资源总量位居全球第六，但存在时空分布十分不均、人均少和局部过度开发等问题，突出表现为资源型缺水（11个省份人均属重度、极度缺水）、水质型缺水（超过40％河长水质劣于Ⅳ类）及管理型缺水（用水效率低下），属于较为典型的资源型缺水国家。

时空分布十分不均（见图1—1）。水资源总量排名全国前四位的流域（长江、西南诸河、珠江、东南诸河）均位于南部地区。例如，南方四区国土面积占全国的36％，但降水量（降雨量＋降雪量）占全国总量的65.8％；北方六区国土面积占64％，但降水量仅占34.2％。

人均少，且地区差异显著。2014年，我国人均水资源量仅为2 018 m³，属于中度缺水。根据联合国2005年的全球统计数据，我国人均水资源量在不同层面的比较排序中均位列倒数（见表1—1）。分地区来看（见表1—2），各省份的水资源禀赋差异显著，2009年西藏的人均水资源量高达139 659 m³，而最低的北京和天津却仅有127m³。目前，辽宁、河南等9个省份属于极度缺水地区，甘肃、江苏属于重度缺水，处于丰水状态的省份有西藏等6个。概括而言，人均数据显示我国水资源地区差异非常显著，局部缺水严重，特别是北方地区。

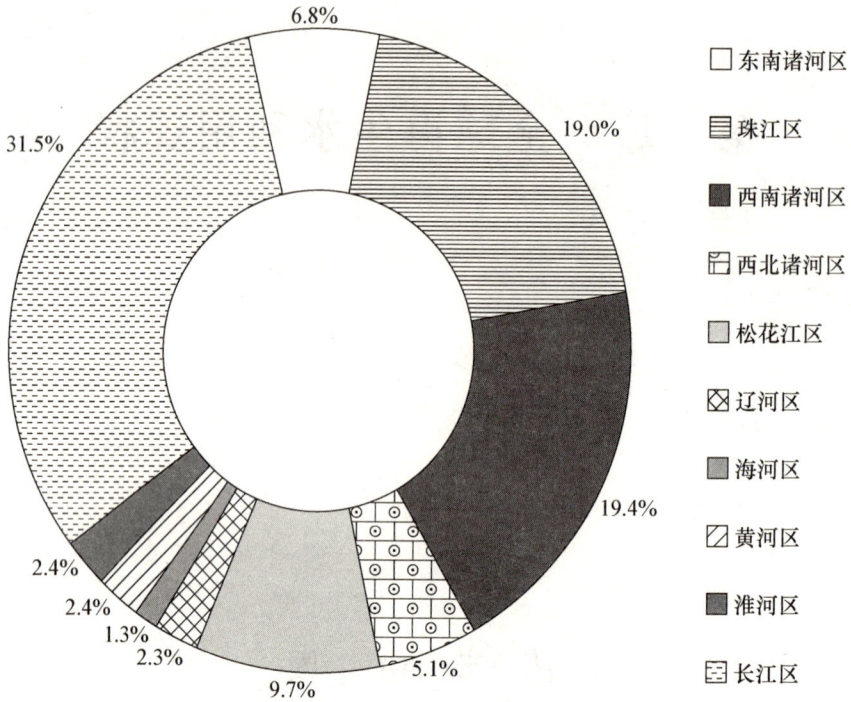

图1—1 2013年我国一级区水资源总量分布

表1—1　　　　　　　　　　　　　我国人均水资源量国际排名

样本特征描述	样本国家数量	我国人均水资源量排名
全部	193	倒数第51位
人口1 000万以上	77	倒数第24位
人口5 000万以上	23	倒数第5位
人口1亿以上	11	倒数第3位

表1—2　　　　　　　　　　　　　我国各省人均水资源量　　　　　　　　　　　单位：m³

水资源状态	2009年各省人均水资源量
丰水	西藏（139 659）青海（16 114）海南（5 596）新疆（3 517）云南（3 460）广西（3 069）
轻度缺水	四川（2 858）江西（2 643）黑龙江（2 587）贵州（2 398）福建（2 215）湖南（2 191）
中度缺水	浙江（1 808）广东（1 683）重庆（1 600）内蒙古（1 564）湖北（1 444）安徽（1 195）陕西（1 106）吉林（1 089）
重度缺水	甘肃（794）江苏（520）
极度缺水	辽宁（396）河南（348）山东（302）山西（251）河北（201）上海（198）宁夏（136）天津（127）北京（127）

注：全国人均值为1 816m³。

水资源开发利用呈现出农业用水为主，工业、生活用水增加的特征（见图1—2）。新中国成立初期，用水总量中的97.1％归农业；到了2013年，农业用水占比已经下降到62.7％，而工业、生活的用水量比重已经分别提高至23.4％、12.1％，且近年来不断升高。目前，我国的用水结构与世界平均水平较为接近，主要表现在农业用水占比依然较大。而在经济发达国家，工业用水比例往往超过60％，这反映出我国在水资源利用结构与效率方面同发达国家间的差距。

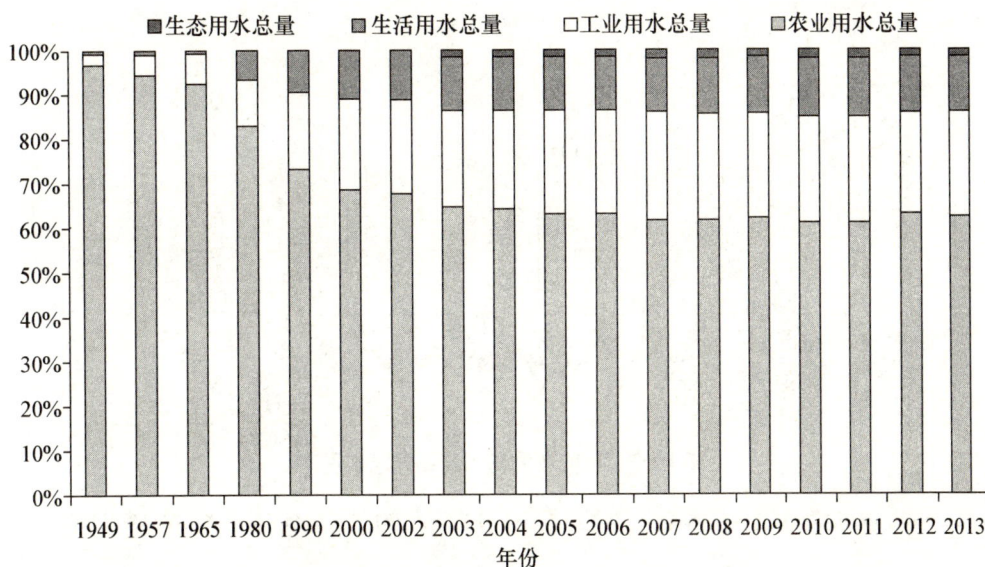

图1—2　我国年度分产业用水量

水资源存在局部过度开发。据统计，正常年份我国缺水总量约在400亿m³，水资源开发利用程度也已经达到26.3％的世界较高水平。例如，2013年长江区的太湖流域开发利用率高达227.0％，海河水资源流域开发利用率104.1％，利用程度堪忧（见图1—3）。

随着社会经济的发展，城市化进程的加快，水资源短缺以及水环境恶化引发的一系列问题已日益成为城市发展的瓶颈。传统的水资源开发方式，如开发地表水、开采地下水以及跨流域调水等已远远不能满足各方面的用水需求，同时从可持续发展的角度也应逐渐抛开传统方式，从非传统水源方面着手开发利用。在非传统水源中，城市再生水利用无疑是最为有效的方式之一。再生水是指污水二级处理出水再经深度处理后达到一定水质指标以满足某种用水要求，从而达到回用目的的水。城市污水便于收集，易于处理，且能够形成规模化，稳定可靠，不受制于降雨等因素，作为城市第二水源要比海水、雨水来得实际，更比长距离引水节约成本。据粗略估算，城市供水量的 80％变为城市污水排入管网中，收集起来再生处理后 70％可以安全回用，也就是说，一半以上的城市供水量可以变成再生水，返回到城市水质要求较低的用户，替换出等量自来水，从而相应增加城市一半供水量。另外，城市污水的再生回用还可大大降低污水的排放量，减轻环境保护的压力。

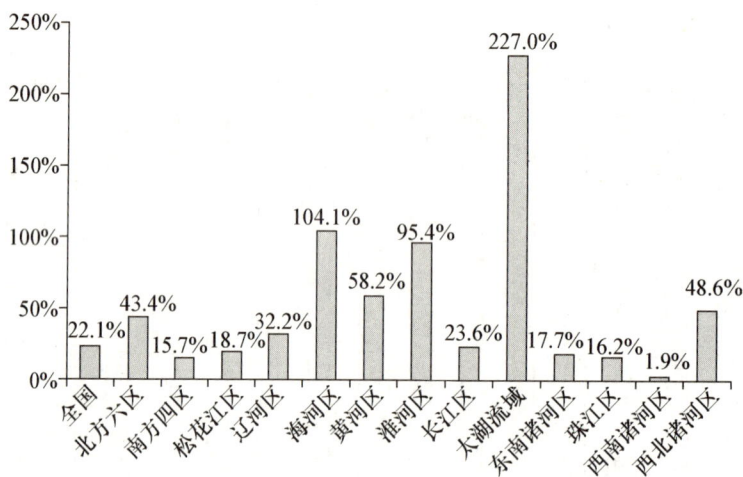

图 1—3　2013 年我国水资源开发利用率

注：图中太湖流域归属于长江流域；开发利用率＝(该水资源区供水总量÷相应地区水资源总量)×100％。

二、污水回用发展历程

我国污水处理中再生水回用方面的研究和实践整体上起步较晚。20 世纪 80 年代前后，我国建设的城镇污水处理厂大部分处理工艺是采用以去除悬浮物为核心的简单一级处理；20 世纪 80 年代中期，为了应对水中 BOD 等有机物引起的水质黑臭现象，开始推行污水二级生物处理；直到 20 世纪 80 年代末我国许多北方城市频频出现水危机，污水再生利用的相关研究和技术才真正得到广泛关注，但由于经济鼓励措施的缺乏、中水配套设施规划和建设的滞后以及监督管理薄弱等种种原因，污水回用在我国很多省市发展依然缓慢；进入新世纪后，《城镇污水处理厂污染物排放标准》（GB18918—2002）颁布实施，进一步提升了城镇污水处理要求，明确了将一级 A 标准作为污水回用的基本条件，城镇污水处理才开始真正从"达标排放"转向"再生利用"；"十五""十一五"期间，我国再生水事业发展较快，先后进行了污水资源化利用技术与示范研究，建设了集中再生水利用工程，并陆续将再生水纳入城市规划。以北京市为例，自 1987 年以来，北京市政府先后制定了一系列再生水设施建设管理的相关政策和再生水利用的相关标准。2003 年起，北京开始大规模利用再生水，到 2010 年再生水利用量达 6.8 亿 m^3，并成为北京市水资源的重要组成部分。按照"十二五"时期经济社会发展目标预测，到 2015 年北京市再生水用量将达 10 亿 m^3。随着《北京市加快污水处理和再生水利用设施建设三年行动方案（2013—2015 年）》和北京市《城镇污水处理厂水污染物排放标准》（DB11890—2012）的实施，污水再生利用将会得到进一步发展。

国家住房和城乡建设部公布的数据显示，截至 2010 年，我国城镇污水处理厂的污水日处理能力已达 1.25 亿 m^3，较 2006 年提高了 80%，年处理污水总量约 350 亿 m^3；全国城镇污水处理再生水生产能力达 1 209 万 m^3/d，年再生水利用总量 33.7 亿 m^3，约为总处理量的 9.63%。根据国务院颁布的《"十二五"全国城镇污水处理及再生利用设施建设规划》，"十二五"期间，我国将大力推进节水型社会建设，到 2015 年，全国城镇污水处理厂再生水利用率将从 2010 年的不足 10% 提高到 15% 以上，新增污水处理能力约 4 500 万 m^3/d，新增再生水利用能力约 2 700 万 m^3/d；全国规划建设污水再生利用设施规模 2 676 万 m^3/d，全部建成后我国城镇污水再生利用设施总规模接近 4 000 万 m^3/d。再生水已成为许多城市和地区的"第二水源"，广泛用于工业冷却、园林绿化、道路浇洒、景观用水、河道生态补水等途径，有效缓解了城市水资源短缺，同时实现了污染物源头减排。但同发达国家相比，我国的再生水利用仍处于起步阶段，再生水资源的开发利用还有巨大的空间和潜力。

三、再生水利用现状

目前，我国再生水回用还面临着诸如城市污水处理回用缺乏相关规划，设施建设滞后，再生水价格偏低，制度建设与技术标准体系不完善等一系列问题，这使我国城市污水处理回用水平仍处于较低水平。进入"十二五"以来，国家投资力度加大，污水处理业快速发展，再生水回用也进入了发展阶段，由国家发展和改革委员会、住房和城乡建设部以及国家环境保护部共同起草的《"十二五"全国城镇污水处理及再生利用设施建设规划》已经发布（见表 1—3）。

表 1—3　　　　　　　　　"十二五"部分地区新增城镇污水再生利用规模　　　　　　　单位：万 m³/d

省份	设市城市		县城		建制镇		总计	
	2010 年	2015 年新增	2010 年	2015 年新增	2010 年	2015 年新增	2010 年	2015 年新增
山东	237.2	104.7	47.1	57.3	—	—	284.3	162.0
江苏	118.7	78.5	7.2	13.6	—	13.1	125.9	105.2
辽宁	116.3	59.8	4.0	16.1	—	5.3	120.3	81.2
河北	114.1	50.9	20.2	43.1	—	16.0	134.3	110.0
北京	81.0	308.0	—	—	—	8.0	81.0	316.0
新疆	55.4	73.8	1.0	32.6	—	—	56.4	106.4
河南	51.9	116.7	7.4	100.9	—	—	59.3	217.6
内蒙古	39.5	103.0	3.5	35.0	—	7.7	43.0	145.7
贵州	33.0	24.4	0.4	12.0	—	0.2	33.4	36.6
山西	27.2	84.2	16.4	28.8	—	—	43.6	113.0
天津	27.0	49.3	—	4.2	—	—	27.0	53.5
陕西	24.0	104.8	0.6	35.9	—	15.2	24.6	155.9
四川	20.1	51.0	0.1	—	—	—	20.2	51.0

　　2010 年，我国再生水利用量较大的省份主要集中在淡水资源较匮乏和用水量较大的环渤海地区以及降水量较少的北方地区。其中山东、河北、辽宁、江苏的再生水利用规模均超过 100 万 m³/d，尤其是山东的再生水利用规模已达到了 284.3 万 m³/d。西藏、青海、广西、湖北、江西、海南、福建、台湾的再生水利用规模小于 5 万 m³/d，吉林、黑龙江、浙江、安徽、湖南、广东、云南、甘肃、宁夏的再生水利用规模均在 5 万～20 万 m³/d，各地区污水再生量占全国的比例见图 1—4。

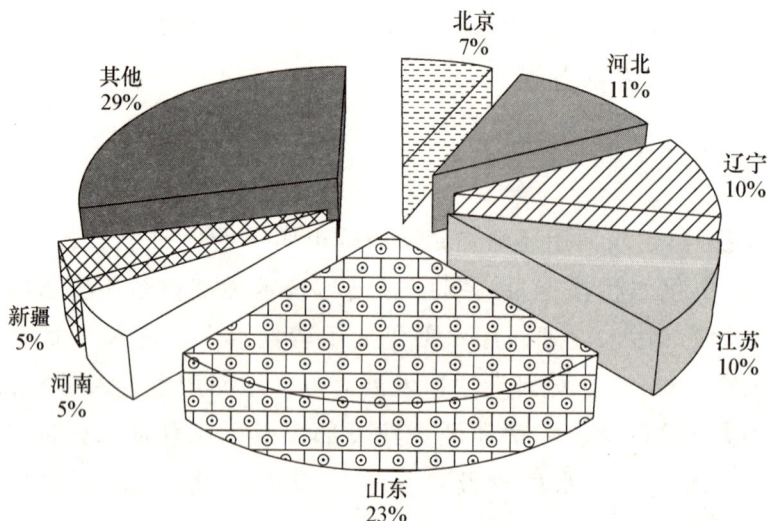

图 1—4　2010 年污水再生量占全国的比例分布图

我国"十二五"计划新增再生水利用规模见图1—5。其中，东部、中部、西部规划新增污水占总量的百分比分别为47%、26%、27%。

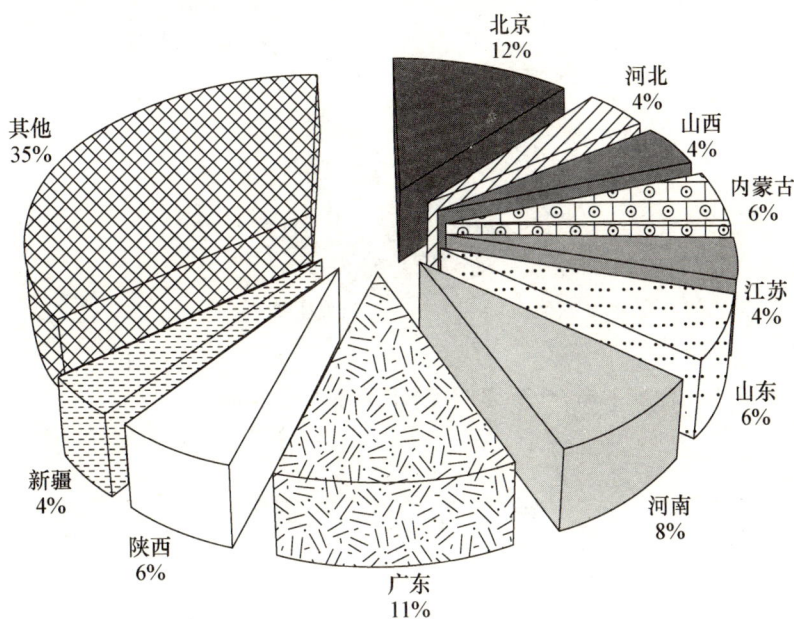

图1—5　我国"十二五"新增污水再生能力的地区分布

我国"十二五"新增再生水中，市、县、镇"十二五"新增污水再生量占总新增污水再生量的比例见图1—6。其中，设市城市占78%，县城占18%，建制镇占4%。

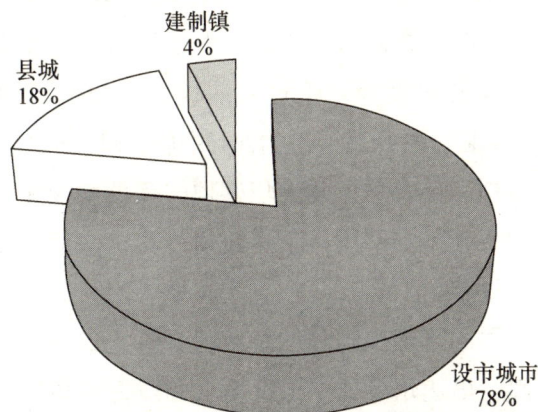

图1—6　我国市、县、镇"十二五"新增污水再生量占总新增污水再生量的比例

从再生水回用用途来看，主要用于景观环境（45%）、工业生产（24%）和农林牧业（23%），目前，我国再生水主要回用于非饮用回用类别上（见图1—7）。

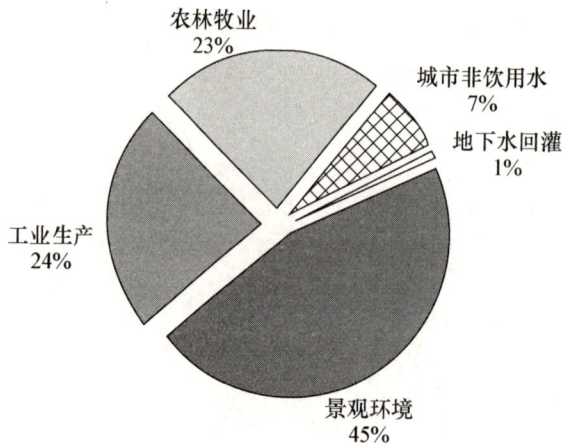

图 1—7　2009 年我国再生水利用结构

第二节　美　国

一、再生水利用总体状况

1920 年，美国在亚利桑那州建立了第一个分质供水系统，以缓解当地降雨量少、淡水缺乏的问题。目前，美国城市再生水利用已经从试验研究阶段进入生产应用阶段，再生水已成为一种合法的替代水源。其再生水利用工程主要分布于水资源短缺、地下水严重超采的加利福尼亚州、亚利桑那州和佛罗里达州等地。美国地质调查局（USGS）1995 年的调查显示，95％的中水回用发生在亚利桑那州、加利福尼亚州、佛罗里达州和得克萨斯州。不过目前这 4 个州的回用水总量占比已低于90％，因为近 20 年来其他一些州的再生水回用也在积极开展，尤其是内华达州、科罗拉多州、新墨西哥州、弗吉尼亚州、华盛顿州和俄勒冈州。此外，美国大西洋地区、东北地区也开始实施中水回用，新泽西州、宾夕法尼亚州、纽约州、马萨诸塞州都在建设中水回用设施。

美国各州对再生水回用管理准则和针对回用对象的标准各有不同。如加利福尼亚州、亚利桑那州和佛罗里达州等推出了再生水资源管理条例和规章制度，明确水质标准及水的加工处理标准，鼓励再生水回用。早在 1992 年，美国环保署就会同有关方面推出了再生水回用建议指导书，其中涵盖了回用处理工艺、水质要求、监测项目与频率、安全距离和条文说明，为尚无法则可遵循的地方提供了重要的指导信息。

美国许多社区在扩大再生水利用和扩展水资源供应上已经取得了许多成果，然而再生水在全国各地的分配和拓展更高质量的新用途方面仍有改进的空间。全美科学研究委员会（National Research Council）一份有关中水回用的报告称，美国每天产生的 12 100 万 m³ 的市政污水中，回用的潜力达 4 500 万 m³。最近评估表明，只有 7%～8% 的废水在美国实现回用。因此，在美国扩大再生水使用的潜力巨大。

美国再生水利用模式的特点是较少直接用于城市生活杂用，而是主要用于农业、工业、地下水回灌和娱乐等方面。

（一）农业回用

再生水利用于农业在美国有着悠久的历史，将市政的再生水回用于农业拥有许多优势，包括：

● 再生水水源的供应非常可靠，随着人口的增长通常会增加。

● 废水处理到二级标准（有时甚至更高）的成本普遍低于饮用水处理成本（例如，海水淡化）。

● 分配再生水用于灌溉往往是政府最乐意的选择。

● 再生水是替代用于灌溉的淡水源的补充和延伸。

在许多地方，再生水可能是向农民提供的最高质量的水，也是一种廉价的肥料来源。再生水用于农业已得到广泛的政策支持。例如，2009 年加利福尼亚州通过再生水政策和水回收标准两项政策促进农业再生水的使用。为了应对三角洲生态系统的崩溃、气候变化、人口的持续增长以及科罗拉多河严重的干旱所带来的前所未有的水危机，国家水资源控制委员会鼓励流域内各州使用再生水。因此，未来加利福尼亚州再生水利用估计在 2020 年之前会达到年均 25 亿 m³，在 2030 年之前会达到年均 30 亿 m³。加利福尼亚州目前水回用量每年约 8 亿 m³，在过去的 20 年中增加了一倍，农业占再生水用途的 29%。其他再生水用途见图 1—8。

佛罗里达州于 1966 年开始推广使用再生水。目前，该州 67 个县中有 63 个县的公用事业安装了再生水系统。最大的再生水项目之一位于奥兰治县。在 1986 年，那里的农民就已经开始使用再生水灌溉柑橘。再生水利用在美国的另一个长期服务的例子是得克萨斯州拉伯克市。该市自 1938 年以来开始使用再生水灌溉棉花、高粱、小麦。此外，在亚利桑那州、科罗拉多州和内华达州，再生水也是农业水资源可持续利用的重要组成部分（见表 1—4）。

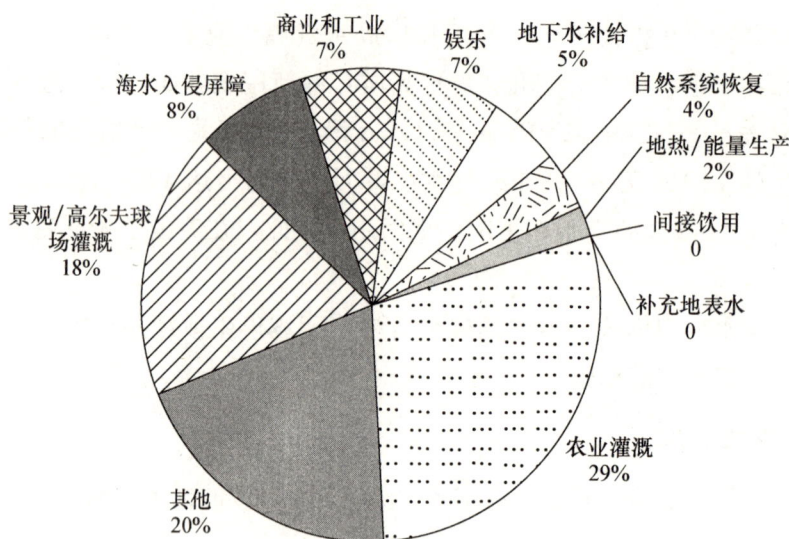

图1—8　2011年美国加利福尼亚州再生水利用途径

资料来源：改编自 Bryk。

表1—4　　　　　　　　美国部分州的农业再生水利用量情况　　　　　单位：万 m³/d

	农业再生水利用量
加利福尼亚州	102.21
佛罗里达州	96.91
亚利桑那州	8.71
得克萨斯州	7.34
内华达州	5.07
科罗拉多州	1.12
北卡罗来纳州	0.38
怀俄明州	0.34
犹他州	0.31

（二）城市回用

城市杂用是再生水利用在美国重要的用途之一。如娱乐场地和高尔夫球场的灌溉、园林灌溉和其他杂用，包括防火和冲厕。城市杂用通常分为向公众开放或限制区域的使用，限制区域通常设置围栏或限制访问等。

佛罗里达州的基本模式是非饮用水回用大规模地施行双管供水系统，以自来水40%左右的价格将再生水供给高尔夫球场、城市绿化和建筑物、住宅区的中水道用水；而在得克萨斯州，则根据各自用水的传统和水文地质特点，采取"间接回用"的模式，大规模进行再生水的地下回灌。

（三）环境利用

环境利用主要包括使用再生水建造或恢复湿地以及补充河流。通过再生水回用，可以建造新的湿地，使湿地面积和功能实现净增加。此外，可以对建造和恢复的湿地进行设计和管理，最大限度地提高景观内生多样性。一些州，包括佛罗里达州、南达科他州和华盛顿州，制定了专门针对再生水用于湿地系统的规定。排入天然湿地的再生水水质由联邦、州和地方机构监管，并且必须达到二级处理水平或更高。

（四）工业回用

传统的纸浆、造纸和纺织工业使用再生水回用于冷却塔，是再生水的主要工业用户。自2004年中水回用指南出版，工业用再生水范围从电子产品扩大到食品加工行业，尤其在发电行业得到广泛利用。在过去几年里，这些行业已经将再生水用于工艺用水、锅炉给水、冷却塔、冲厕和浇灌。工业和商业机构寻求能源与环境设计先锋（LEED）的认证，以提高它们的环保形象。此外，这些机构认识到，再生水是一种可以取代更昂贵饮用水的资源，同时不会降低产品性能。可口可乐已在北美和欧洲的12个水处理系统安装了回收循环设施。循环设施回用处理过的水用于冷却、补给锅炉或清洗，每个系统平均每年可节省2 200万 m^3 的水资源。

二、加利福尼亚州再生水利用

（一）利用现状

加利福尼亚州再生水利用的历史可以追溯到19世纪初期，但大规模使用是在20世纪后期。2003年，再生水年使用量超过6亿 m^3，是1970年的3倍。图1—9为2003年加利福尼亚州再生水回用用途分类。目前再生水利用已经成为加利福尼亚州水资源的有机组成部分：再生水被应用于城市绿化杂用（高尔夫球场、墓地、高速路中间绿地带、公园、校园、居民区等灌溉；城市灭火、融雪、冲厕等）、农业灌溉、景观用水（湖泊河流补给水、湿地恢复等）、工业回用（工业冷却水、锅炉用水等）以及地下水回灌等方面。其中，农业和城市绿地灌溉约占加利福尼亚州再生水利用总量的近70％。根据最新的用水规划，加利福尼亚州再生水利用目标是2020年达到年利用25亿 m^3，占规划新增水源的40％左右。

（二）加利福尼亚州再生水利用的法律法规

在《国家污染物排放削减制度》（The National Pollutant Discharge Elimination

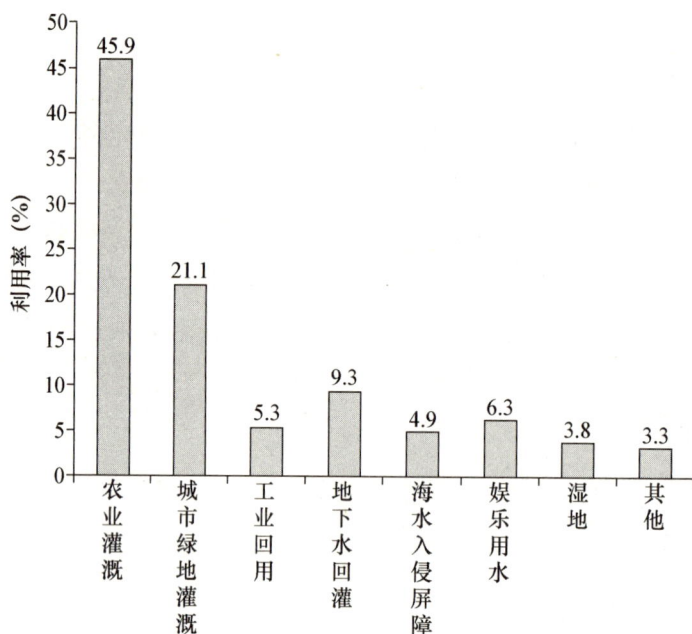

图1—9 2003年美国加利福尼亚州再生水回用用途分类

System，NPDES）或州《废物排放要求》（The Waste Discharge Requirements）的授权下，加利福尼亚州的9个区域水资源管理局均有权发行排放许可证。向溪流、河流或海洋等自然水体排放处理的污水，要遵循NPDES要求；而排放于陆地的处理污水，如再生水用于灌溉，则需遵循加利福尼亚州《废物排放要求》。再生水使用的相关规章制度由加利福尼亚州各区域水资源管理局、加利福尼亚州公共卫生署及当地卫生署制定并强制执行。在由地区委员会批准颁发给个体再生水经销处或生产厂商的许可证中，通常明确地列出这些规章制度的具体要求。

加利福尼亚州水法明确指出，再生水利用是加利福尼亚州水源的重要组成部分，加利福尼亚州各立法机构应尽可能采取各种措施鼓励再生水利用，以满足其日益增长的用水需求。同时亦指出在可以利用再生水的情况下，将饮用水用于非饮用目的是不合理的，而且是一种浪费。为促进再生水的利用，加利福尼亚州从再生水源水水质控制、再生水生产与输送，以及再生水利用风险控制等多个层面进行了详细立法和管理。为提高再生水源水水质，加利福尼亚州政府要求各区域水质管制局必须对工业排放充分监测并严格执行《工业废水预处理方案》（The Industrial Waste Water Pretreatment Program），确保工业污水在排入市政污水管道之前能充分去除有害物质，并尽可能将工业污水分开处理。为减少再生水中的盐分，加利福尼亚州通过了《水软化与预处理装置法案》（The Water Softening and Conditioning

Appliances Bill)，要求经授权的当地机构限制或禁止硬水软化设施的使用以减少公共污水处理系统盐分的输入。为了控制非点源污染，加利福尼亚州水资源管理局2004年颁发的备忘录中明确了各相关机构的责任并列出了地表径流的管理方案，以实现地表径流的有效管理，提高再生水源水水质。在加利福尼亚州再生水水质管理标准体系中，对于污水处理水平及消毒效果（总大肠菌群的数量）进行了严格限定，但对一些具体水质指标没有限值规定（其水质指标必须符合加利福尼亚州公共卫生署规定的排放标准）。当利用过程中可能会发生人体接触时，再生水水质必须达到严格的处理水平；无人体接触的情况下，再生水处理水平可相对宽松。

目前，加利福尼亚州再生水水质管理分为三类：二级处理—2.3类再生水，二级处理—2.2类再生水和三级处理类再生水。其中数值代表再生水中总大肠菌群的平均数量（见表1—5）。三级处理类再生水可用于各种非饮用途径（用于地下水回灌需另行评定），而二级处理类再生水只能用于一些规定的类别。除了表1—5中所列再生水用途之外，加利福尼亚州还分别对地下水回灌及工业回用制定了相关法规。当再生水用于地下水回灌时，加利福尼亚州公共卫生署需对提议项目提案中包括提供的处理工艺、出水水质和出水量、传输操作特性、土壤性质、水文地质特点、残留时间以及至取用点的运输距离在内的所有相关方面都进行系统评价，对项目的要求依评价结果而定。当再生水用于提高或维持水生态系统功能时，目前加利福尼亚州并未做出具体要求。

表1—5   **美国加利福尼亚州污水再生利用标准**

再生水类别	处理要求	总大肠菌群 (MPN/100mL)	用途类别
三级处理类	氧化、絮凝、过滤、消毒	平均2.2；30d 最高值23	无限制的城市利用，农业回用（食物作物），无限制的娱乐用水
二级处理—2.2类	二级处理、氧化、消毒	平均2.2；30d 最高值23	限制的娱乐用水
二级处理—2.3类	二级处理、氧化、消毒	平均23；30d 最高值240	限制的城市利用，非食用作物灌溉

（三）启示

污水资源化不是权宜之计，而是实现可持续发展的必由之路和重大战略。加利福尼亚州再生水得到了广泛成功的应用，有效地缓解了加利福尼亚州水资源短缺的现状，其成功利用主要归结于以下五个方面：

（1）科学的再生水利用规划。再生水可以用于多种途径，而每种利用途径对水质的要求不尽相同。在加利福尼亚州各个区域，其管理部门都结合实际情况制定了详细完备的再生水利用规划，选择其最佳利用途径。如在洛杉矶附近的帕姆代尔市每年排放超过 2 000 万 m³ 污水，根据当地情况，污水处理厂租用了大片的土地，将污水经过二级处理后用于农业灌溉，取得了明显的经济效益。灌溉作物（小麦、玉米、阿尔法草等）长势良好，不需额外施肥。目前的环境监测结果显示，使用了 20 多年的再生水没有造成任何不良环境影响。与此同时，再生水灌溉也避免了过量的氮污染地表水体（二级处理不能有效除去污水中的氮）。

（2）严格的源水水质控制方案。通常的污水处理过程并不能有效去除那些有潜在危害的物质，如重金属和一些难降解的有机污染物等。从源头上控制这些污染物进入城市公共排污系统，是提高再生水水质、降低其利用风险的有效途径。加利福尼亚州各水资源管理局严格执行《工业废水预处理方案》，根据不同排放情况设定不同标准，同时执行《水软化与预处理装置法案》以及《地表径流的管理方案》。这些方案的实施确保了再生水源水的水质。

（3）简单易操作的再生水水质标准。加利福尼亚州政府认定，如果再生水可以达到要求的处理水平，再生水中的化学物质将不会对人体或者水体构成危害，因而现有的加利福尼亚州再生水水质管理标准主要基于对污水处理水平及消毒效果的限定，对一些具体水质指标没有限值规定，根据处理水平和消毒效果可将再生水的利用标准分为三类，而每一类的使用对象有明确规定。这些简化明了的标准，提高了再生水利用的可操作性，为扩大再生水利用提供了坚实的基础。

（4）明确的管理责任。在加利福尼亚州，再生水的管理主要由两个机构负责：水资源管理局主要负责再生水利用的审批（特殊情况需公共卫生署审核）；而公共卫生署负责再生水利用的监督与管理，确保再生水利用项目符合规定要求。管理机构责任相对明确，申请再生水利用项目程序简单易操作。

（5）完备的风险控制体系。在加利福尼亚州，从再生水的源水水质、生产、输送，到终端用户等多个层面形成了一个详细完善的再生水安全利用风险管理体系。在加利福尼亚州，再生水利用有明显的标识，采取各种措施以降低再生水利用场地公众和放牧牲畜接触再生水的可能性，以有效减缓再生水利用的健康风险，同时，采取各种措施降低再生水利用的环境风险，如盐分的累积等。

第三节　亚太地区再生水利用

一、新加坡

新加坡是一个岛国，国土面积狭小，四面环海且自然资源匮乏。其地理条件使得本土自产水资源十分有限，与马来西亚的供水之争一直影响着其国内政治、经济等各个方面。因此，自其独立以来，保证水资源供应一直是新加坡政府和民众优先考虑的头等大事。为保持社会经济稳步增长，新加坡政府把水资源视为国家存亡的命脉。为了确保水源对国家社会经济发展计划的支撑，新加坡从国家战略角度上对其水资源进行管理，形成了系统、全面的水资源开发利用战略。

（一）水资源概况

新加坡位于东南亚，地处马来半岛的南端，是一个城市岛国。其四面环海，由一个大岛和 63 个小岛屿组成，国土面积约 714 平方公里。新加坡地势平坦，海拔最高 163 米，受地形所限，河流均较为短小。属于热带海洋性气候，全年气候湿热，昼夜温差较小，年平均气温为 24～32℃。雨量充沛，年平均降水量 2 345 毫米。

尽管四面环海，但是由于地理条件限制，新加坡是世界上最缺水国家之一。因为国土面积狭小，河流多短小，并且缺乏天然的蓄水层，导致淡水资源较少。截至 2010 年，新加坡人口达到 499 万，并且以年平均 1.9% 的速度增长，其 GDP 则以年平均 7.7% 的速度增长，年用水量约 6 亿 m³。人口增长和经济发展带来的压力，使得水资源的形势更为严峻。据估计，2060 年新加坡人口可能增加至 650 万～690 万，总需水量将增加一倍。新加坡自产水资源十分有限，50% 的水源依赖从马来西亚进口，人均水资源位列世界倒数第二位，严重缺水。

（二）水资源开发利用的国家战略

为了确保水资源对国家经济社会发展的持续支撑，新加坡在各个层次上实施了一系列措施，从国家机构设置、法律法规保障到观念教育、技术投入等各个角度，对水资源的开发利用进行了规划和管理。

1. "ABC Waters" 全民共享水源计划

2006 年，新加坡公用事业局推出了 "ABC Waters" 全民共享水源计划，目的在于建设可持续发展城市，其目标是建立 "活跃、优美、清洁" 的水环境。

该计划包括 100 多项在未来的 10～15 年将要进行的改造项目，截至 2012 年，目标已实现 20 项，并且规划了奖励和培训等各项政策予以支持。"ABC Waters" 计划的第一层次是由公用事业局牵头，对新加坡的 17 座蓄水池、32 条主河道等通过疏浚、美化、建立娱乐设施等，使这些工程在提供收集雨水和防洪功能的同时，能够成为市民休闲享受的去处。其第二层次是让全体国民共享水源设计。目标是在投入不会大幅增加的前提下，使各个净化雨水设施的设计融入城市建筑设计当中，例如建设雨水花园、人工湿地等，这样既能够提供活动场所，也能够起到减缓雨水、使生态多样化的作用，保持收集入沟渠和集水池的水的清洁度。通过这项计划，新加坡政府希望实现"依靠社会，服务于民"的宗旨，让居民能够享受到成本低、看得见的水利用设施。

2. 国家"四大水喉"战略

为了确保水源对国家社会经济发展计划的支撑，新加坡公用事业局提出了国家"四大水喉"（Four National Taps）战略，即本地集水、外购水、新生水和淡化海水四大水源，使供水得到保障。主要目标是改变目前主要依靠雨水和马来西亚外购水的被动局面，实现水资源的多元化，赢得水源的主动权，完全实现淡水自给自足，同时实现供水成本的不断下降。这项规划首先强调加大新生水的利用，2010年新生水利用占用水总需求的 30%，2020 年达到 40%，2060 年可望达到 50%。

3. 节约用水规划

新加坡政府对日常用水的管理给予高度重视。这项规划包括四方面的举措：家庭节水 10L 挑战计划、商业节水 10% 挑战计划、水配件节水产品解决方案和节水激励机制。政府号召居民每天节水 10L，并采取有效措施管理自来水的传输和分配系统，最大限度地减少去向不明的水资源浪费。通过上述措施，居民生活用水从 1994 年的每人日均 176L 降低到 2003 年的每人日均 165L 和 2009 年的每人日均 156L，可望最终实现 2030 年降低到每人日均 140L 的目标。

（三）水资源开发利用的系统设计

1. 多层次机构设置

在国家层面上，新加坡政府设有环境与水资源部，管理所有与水相关的事务。它的主要职能包括制定各项法规政策，创建国际交流合作平台等。这个部门下设环境战略政策研究室、水资源研究室等。其中比较有特色的是公共网络处，其职能是将民众、公共机构和私人部门联合起来，共同开发、利用和保护水资源。而这个部门下面分设两个执行机构：国家环境机构和公用事业管理委员会暨国家水务机构，主要负责落实上级制定的各项政策。国家水务机构主要负责新加坡的淡水供给、采集和污水处理等，近年来管理效果较好。

2. 多领域综合利用

新加坡政府还注意综合利用政府、学校和商业机构的各自优势，将三者结合起来，整合运作，提升水源开发利用和水资源管理水平。政府既积极拓展国内外交流合作的平台，又努力引进先进技术，重视人才培养，为水务产业的发展奠定人才基础。政府鼓励支持各个大学、研究机构等进行相关领域的研究，既针对技术层次，也包含管理层面。研究成果则可以通过招标，选择有竞争力的企业和研发团队一起开发应用新技术，不断修正改进后推向市场。

3. 建立全民"水观念"

近年来，新加坡政府着重号召全民节约用水，在社会生活的各个方面对公众进行节水指导，促使居民养成节水习惯。还制定了"全民共享水源计划"，有规划引导全民节水。

（四）新加坡膜新生水

新加坡的"四大水喉"战略逐渐使新加坡找到了化解自身水资源危机的途径，政府期望未来通过海水淡化和新生水解决其用水需求的80%。在政策的引导和鼓励下，新加坡的海水淡化和新生水产业得到了快速发展，同时也形成了自身的技术优势。经过不断的研究和探索，新加坡放弃了传统的"相变"等蒸馏技术，而采用膜技术进行海水淡化和新生水的生产，大大降低了成本，同时处理效果有所提高，这也促成了新加坡膜产业的蓬勃发展。

所谓新生水，就是充分利用高科技手段，回收所有的工业和家庭生活废水，然后经过各种过滤和消毒，使其达到可以饮用的水标准。新生水的生产利用了微滤、反渗透、紫外消毒等技术。新生水各项水质指标都优于目前使用的自来水，新加坡98%的民众对此持接受态度。目前新生水主要供应给工商业用户使用，由于其高度纯净，所以是高质量晶片厂的理想用水。另有少量（2%左右）的新生水被注入国家蓄水池，与其他生水混合，最后再处理成饮用水。目前新加坡共有五座新生水厂，所生产的新生水差不多能够满足全岛30%的用水总需求。分别是2003年投产的勿洛和克兰芝，2004年投产的实里达，2007年投产的乌鲁班丹以及2010年投产的樟宜。其中樟宜新生水厂由新加坡胜科集团设计、建造、拥有并经营，耗资1.8亿新元，日产量达22.8万m^3，是新加坡规模最大的新生水厂。图1—10为2010年新加坡五家新生水厂的处理水量比例，新生水年生产总量为5.42亿m^3。

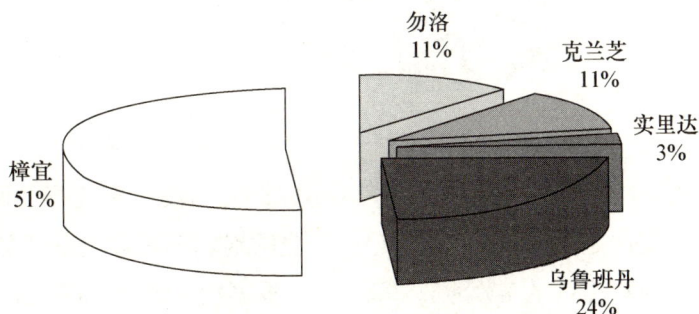

图1—10　2010年新加坡五家新生水厂处理水量比例

二、澳大利亚

澳大利亚水资源丰富，年人均水资源量能达到约 13 万 m^3，但时空分布很不均匀，降雨主要集中在东北部地区，人口却大部分集中在东南地区。预计到 2050 年澳大利亚的人口将达到 3 500 万。澳大利亚人均水消耗量在亚太经合组织国家中排名第三，仅次于加拿大和美国。2011 年，全国用水量比 2010 年增加 20.1%，其中农业用水量中占 62%。越来越多的人口、快速发展的经济以及气候变化的影响急剧增加了澳大利亚的水需求总量，也对澳大利亚水资源的开发和利用（特别是非常规水资源）提出了巨大的挑战。

雨水回用、污水回用、海水淡化作为澳大利亚三种非常规水资源在其水资源供给中占据重要的地位。2009—2010 年，澳大利亚年均用水量达 26.86 亿 m^3，其中地表水占其供给水源 78%，雨污水回用占 10%，海水淡化占 3%（见图 1—11）。地表水与地下水的开发随着水资源利用率的提高而逐步扩大，其可利用量也越来越有限。随着污水处理技术、脱盐技术的快速发展，雨污水的回用、海水淡化的市场将被进一步打开。2004 年，澳大利亚水服务协会的报告表明：城市的用水大户是居民用水（占 59%），而居民用水中的 40% 用于非饮用目的，如冲厕、洗涤和花园浇灌；只有 1% 的自来水供给是作为饮用的。这说明澳大利亚非常规水资源在非饮用领域的开发潜力很大。

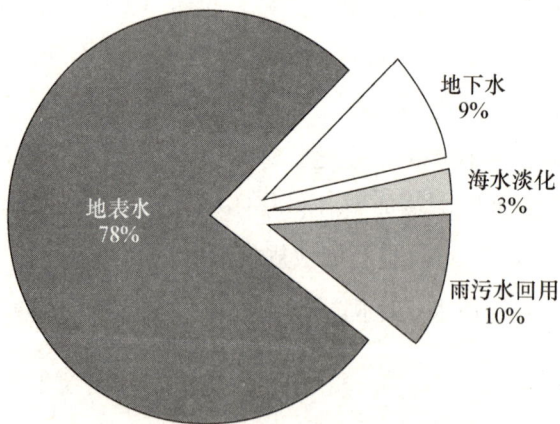

图 1—11　2009—2010 年澳大利亚各类水源占比

由于地域差异，各州的供给水源比例不尽相同，南澳大利亚州的回用水比例最高，占 28.1%，其次是昆士兰州（23.7%）。北领地和南威尔士州则以地表水水源为主，分别占其水源总量的 93.8%、92.3%。根据澳大利亚 2015 年的回用规划，再生水回用在澳大利亚水源供给的比例将继续提高。

根据国际水务情报的预测，2009—2016 年，世界再生水量将增长 19.5%。澳大利亚作为全球再生水回用的主力军之一，产出总量仅次于美国、中国、西班牙、墨西哥和印度。

1998 年，南澳大利亚州委托弗吉尼亚公司建立国内第一个再生水农业回用的管道；2001 年，悉尼启动劳斯山城市发展水回用方案。发展至 2010 年，澳大利亚再生水回用率已达到 16.8%，2010 年总回用再生水量约 2.79 亿 m^3。

近 20 年来，澳大利亚各州再生水回用量总体呈上升趋势。2012 年，除了新南威尔士州和塔斯马尼亚岛外，大部分的辖区都已接近或达到 30%。其中南澳大利亚州（28%）、维多利亚州（24%）和昆士兰州（24%）三个州发展较快；塔斯马尼亚州、北领地、新南威尔士州发展相对较慢。维多利亚州西部的回用率高达 81%，而新南威尔士州的高斯福地区只有 1.7% 的回用率。

同时，澳大利亚城市地区与乡村地区再生水回用发展情况也有较显著的差别（见图 1—12）。2010 年乡村地区再生水回用量占该地区总用水量 2.4%，城市地区则为 8.4%。但从 2009 年之后，城市再生水回用量略有下降的趋势，而农村的再生水回用量下降更为明显，这种急剧变化与 2010—2011 年澳大利亚的洪灾密切相关。这表明气候变化对农村再生水回用影响较大，对城市再生水回用则影响相对较小。雨污水回用不仅可以作为非常规水资源的主力军之一，更是一种应对气候变化弹性较大的水资源。

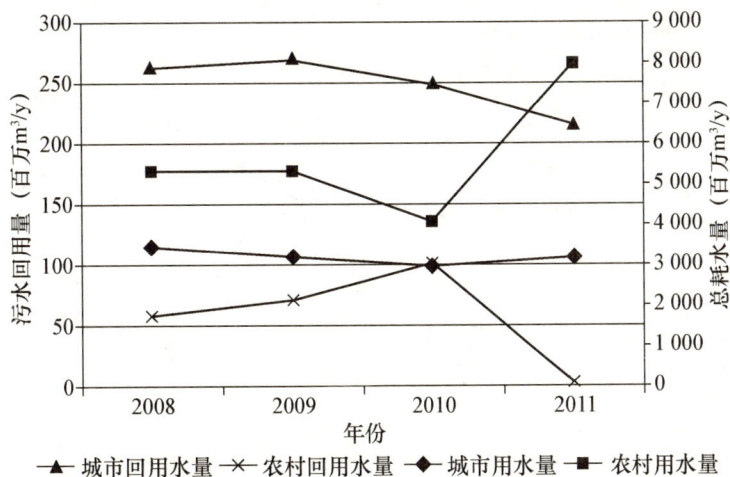

图 1—12　2008—2011 年澳大利亚城市和农村地区用水量与再生水回用量

截至 2013 年底，澳大利亚已经有 580 多个不同的再生水回用计划，大部分与非饮用回用有关，主要用于农业、森林、城市非饮用用途、工业、渔业、娱乐和环境、居民、景观灌溉、湿地修复和建造等。饮用回用则包括直接饮用回用、间接饮用回用和地下水补给。

2012 年，澳大利亚再生水的 41% 用于农业，35% 应用于市政回用（见图 1—13）。根据规划，2015 年，再生水应用于农业与市政领域的比例均将降低。而间接饮用回用的比例将大幅增加 7%、居民回用和环境回用也会有小幅增加。

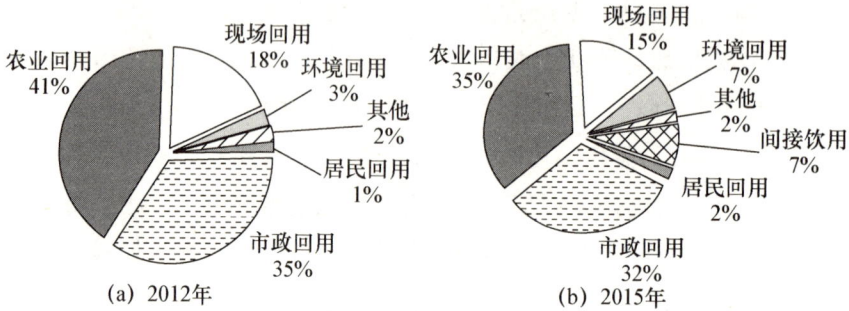

图 1—13　2012 年与 2015 年澳大利亚再生水在各领域的应用

注：（b）为规划值。

1. 农业回用

农业回用是澳大利亚再生水回用的重要用途。到 2013 年，澳大利亚已经有 270 个不同的农业灌溉计划。2011 年，澳大利亚农业用水量占全国总用水量的 62%，比 2010 年增加了 5%；而回用于农业的再生水量却从 2010 年的 1.24 亿 m³ 下降到 2011 年的 4 530 万 m³，这与 2015 年规划中要降低在农业回用方向上再生水回用比例的趋势保持一致（见图 1—14）。

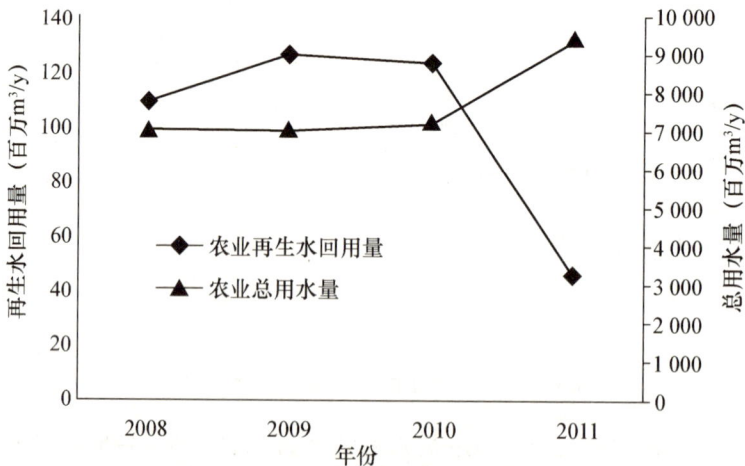

图 1—14　2008—2011 年澳大利亚农业总用水量与再生水回用量年度变化

资料来源：Australian Bureau of Statistics 4610.0-Water Account，Australia，2011—12 LATEST ISSUE Released at 11:30 AM (CANBERRA TIME) 13/11/2013；http://www.abs.gov.au/AUSSTATS/abs@.nsf/Lookup/4610.0Main+Features202011—122011—12。图中灌溉用地仅占所有农业用地的 0.5%。

2. IPR 与 DPR 项目①

截至 2013 年底，全球典型的饮用回用项目共 28 项，其中美国 18 项，新加坡 3 项，澳大利亚 2 项；直接饮用回用项目共 7 项，美国 3 项，纳米比亚 2 项，南非 2 项。借鉴国际上特别是美国 IPR 项目的成功经验，澳大利亚也在积极发展 IPR 项目，目前两个项目分别在昆士兰州东南部的 Western Corridor Project（23.2 万 m^3/d）和珀斯的直接灌注地下水补给工程。Toowoomba（昆士兰州）和 Goulburn（新南威尔士州）也在规划建设 IPR 项目。2012 年澳大利亚的 IPR 项目还未形成规模，估计到 2015 年，IPR 项目能够为澳大利亚供给 7% 的水源。

值得一提的是，澳大利亚对于再生水回用于和人类紧密接触的用途上的经验并不丰富，不少公众反对这些回用项目，例如图文巴提出的饮用回用计划遭到公民投票否决，最初悉尼市西北地区的市再生水饮用回用处理厂，也是因为公众的担忧而停止建设。

为解决水资源短缺问题，澳大利亚耗资约 32 亿美元应用于污水的再生利用，其中大部分投资投入悉尼区，约 23 亿美元。据统计，澳大利亚 2011—2014 年间完成的再生水回用项目共 19 项，总投资超过 1 亿美元（见表 1—6）。

表 1—6　　　　　　　　　　澳大利亚各地区污水回用投资项目

	项目	资助额度（美元）	规模（万 m^3/y）	预计完成时间
新南威尔士州	Bathurst 水过滤厂——上层清液回收项目	826 444	—	2012 年
	Midcoast 水回收和回用计划	6 189 000	47.5	2012 年 6 月
	Penrith 水回用方案	2 700 000	13.5	2012 年 6 月
昆士兰州	Mossman 水回用方案	2 119 670	30.4	2012 年 6 月
	澳大利亚卓越水回收中心	22 000 000	—	2013 年
南澳大利亚州	McLaren Vale 回用水	3 500 000	1.5	2012 年 6 月
	Naracoorte 地区牲畜交易所再生水回用项目	1 850 000	4.0	2012 年 6 月
	Port Augusta 污水回用方案	914 500	18.0	2012 年 6 月
	Port Pirie 社区水回用项目	2 500 000	35.0	2012 年 6 月
	保障饮用水供给安全——水回用方案	459 150	13.4	2012 年 6 月
	Whyalla 防水工程——回用水灌溉网络的扩建	2 271 340	26.5	2012 年 6 月

---

① DPR（direct potable water reuse），再生水直接回用于饮用用途。IPR（indirect potable water reuse），再生水间接回用于饮用用途。

续前表

	项目	资助额度（美元）	规模（万 m³/y）	预计完成时间
维多利亚州	Phillip 岛回用水方案	2 850 000	19.4	2012 年 6 月
	墨尔本东部处理厂污水回用计划	—	12 000	2012 年
	维多利亚冲浪海岸回用水厂	10 000 000	300.0	2013 年 9 月
	Geelong-Shell 水回收利用项目（也称北部水厂）	20 000 000	181.7	2013 年 3 月
	Torquay 水回用项目扩建	10 500 000	60.0	2014 年 11 月
西澳大利亚州	Kalbarri 污水处理厂升级改造	1 950 000	—	—
首都领地	澳大利亚植物园非饮用管道	1 500 000	—	—
总计	预计最小规模	101 129 604	13 070.9	

注：该统计数据为不完全统计，2011 年统计数据不完整。资助项目包括澳大利亚国家城市和集镇水供给安全保障计划以及其他国家和州的拨款项目。

澳大利亚已经基本攻克雨污水回用和海水淡化的关键技术，包括生物处理、吸附和膜分离技术；风险管理实践也步入成熟阶段，在州和联邦水平上都有严格的司法和指南；对于无机物和固体废物残留的处理处置，澳大利亚也在污水处理工业中建立了较为完善的工艺流程。现阶段部分难题在实验室研究中已有解决办法，但在生产实践中仍无法完全解决。在线监测、病毒去除、内分泌干扰物、药物、个人护理产品等的去除是目前再生水回用的瓶颈，也是多数公众反对再生水回用的重要原因，只有在生产阶段克服这些瓶颈，才能让再生水回用从粗放式回用（如农业经济作物灌溉、景观灌溉、工业冷却水回用、消防和道路洒水等）扩大到更广泛的领域（与人类紧密联系的家庭用水包括饮用回用、粮食作物灌溉等）；能耗和温室气体排放更是澳大利亚海水淡化产业一直面对的重要问题。随着澳大利亚水资源紧缺的加剧，非常规水资源的开发与利用速度将会继续加快。

三、日本

（一）发展历程

日本降雨量充沛，水资源相对丰富，但由于国土面积狭窄，水资源有效利用率不是很高。20 世纪 70 年代起，随着日本社会经济的高速发展和工业化，生活用水和工业用水量日益增加，日本部分地区（特别是一些大中城市）频发严重的缺水断水现象，这迫使日本不得不大力修建水库和人工引水渠，进行大规模的水资源开发，但由此也引起了公众对生态破坏的担忧，新建水库的选址也变得越来越难。在此背景下，日本政府大力加强了节水和水循环利用措施，污水再生利用也从 20 世纪 80 年代开始进入高速发展阶段，当时日本通产省专门设立了一个从事污水再生利用技术开发和推广的机构——财团法人造水促进中心。

在日本，城市污水集中处理回用和分散处理回用都大量存在，其突出的特点有两个：一是分散处理并回用于城市生活杂用的再生水所占比例很大；二是独特的工业水道，即在各大城市创建并使用至今的"工业用水道"纵穿全市，形成与自来水管道并存的又一条城市动脉，此举又被称为日本模式。日本为发展中国家的城市规划提供了一个很好的再生水回用的典范，因为它在历史上的建设目的即是满足城市用水需要，而不只是农业灌溉。此外，该国对再生水水质的要求和美国是不同的，因为对于无限制地使用有更严格的大肠菌群限制，而其他应用限制较少。福冈市最早于 1980 年就开展污水再生利用工作，此后日本一些缺水城市也相继启动了技术研发和应用，建立了一批示范工程，经过实践逐渐制定出相关的指南规程标准等。在日本政府的大力推动下，再生水被广泛应用于工业用水、补充河流、美化环境等，成为一种重要的水源。相关工作不仅促进了再生水产业的技术进步，也收到了一定的社会和经济效益。

2009 年日本公布的《下水道白皮书》明确了污水再生利用对于日本的重要性。日本国土交通省统计结果显示，全国污水处理厂年均总处理量为 143 亿 m^3，而再生水产量为 2.042 3 亿 m^3，约占总处理量的 1.43%。目前日本的再生水主要用途包括河流补给、景观用水、融雪用水、冲厕用水、戏水用水、绿化带/道路/施工洒水用水、农业灌溉用水、生产/服务业用水以及工业用水等，各部分所占比例见图 1—15。

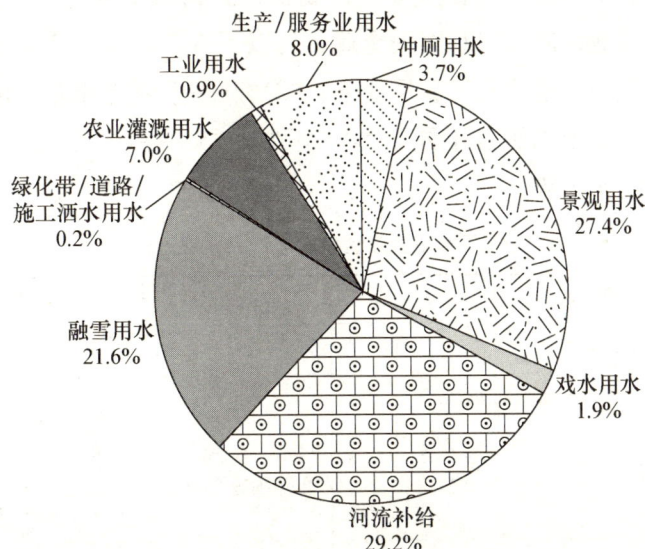

图 1—15　2009 年日本再生水各用途占总回用量比例

从各地区的再生水利用设施的数量来看，以水资源紧缺的关东临海地区（东京都、横滨市等）最为集中，共计 1 280 多处；其次为频繁出现干旱和缺水现象的北九州地区（福冈市）和东海地区，分别有再生水利用设施 646 处和 273 处。日本各地均实施有污水再生利用的项目，不过总体来看，日本再生水利用在全国呈现不均衡现象，再生水利用与当地水资源短缺程度有关，但目前日本再生水生产量占污水处理总量的比例还较小，主要是环保目的的再生水利用（景观用水、河流补水用水和戏水用水三种占 58% 以上）。

（二）日本推动全球再生水利用的贡献

日本在膜法水处理技术的研究及应用推广方面走在全球顶尖行列，包括首创浸没式 MBR（膜生物反应器）系统的研究，以及多种不同商业膜系统的发展。第一个外置式完整的商业 MBR 处理厂也是 20 世纪 80 年代在日本建成。在 20 世纪 80 年代中后期，日本的 MBR 系统还是只用于一些小规模的家庭污水处理系统，包括在线污水处理净化槽系统、粪便处理系统以及工业废水处理工程。但随着 MBR 技术的发展，MBR 也逐渐开始应用于大规模的市政污水处理厂。1998 年，日本下水道事业启动了一个为市政污水处理厂发展和评估 MBR 系统的研究和开发项目。根据研究结果，日本于 2003 年发表了"MBR 设计建议"，制定了 MBR 系统的系统配置和设计参数。此后，日本下水道事业进行第二期中试实验（2001—2004 年），重点关注降低运营成本。基于这些研发项目和设计材料，日本第一个大规模的市政 MBR 在 2005 年 3 月建成（Fukusaki WWTP，2 100m³/d）。

日本膜企业生产的膜产品在全球的市场份额中占有重要比重，表 1—7 为日本主要的膜企业及其业绩简介。日本膜企业具有以下特点：（1）产业领域宽，几乎每家企业都在发展微滤、超滤和反渗透业务；（2）产品系列化和专用化，可根据用户的需要，开发多种类型的膜和不同系列膜组件；（3）注重利用公司以往的技术积累，发挥自己的技术优势。

表 1—7　　　　　　　　　　　　日本主要膜企业的膜产品概况

膜企业	主要膜产品	主要应用	主要市场分布	主要工程业绩
久保田株式会社	平板膜	污水处理（MBR）	日本、美国、欧洲等国家和地区	至 2012 年，在全球的应用业绩已达到 4 200 处
东丽株式会社	反渗透膜	海水淡化、苦咸水淡化	日本、美国、欧洲等国家和地区	世界上最早从事反渗透膜技术开发的企业之一，全球膜产品已达到累计 1 600 万 m³/d 以上的工程业绩
日本电工集团美国海德能公司	反渗透膜、纳滤膜、超滤膜	海水淡化、饮用水处理、工业水处理	全球	其生产的反渗透膜是全球十大首位产品之一，膜产品在世界各种应用领域每天生产超过 270 万吨

续前表

膜企业	主要膜产品	主要应用	主要市场分布	主要工程业绩
旭化成公司	超滤膜、微滤膜	饮用水处理、污水处理等	日本、美国等国家和地区	在全球的水处理超微滤膜市场中拥有近20%的市场占有率,目前在全球有500多套Microza膜装置在运行
三菱丽阳公司	中空纤维膜	污水处理、净水处理	全球	1970年首次开发聚乙烯中空纤维膜,目前,其生产的中空纤维膜在国内外已经积累有2 000项以上的业绩
东洋纺织公司	反渗透膜	海水淡化	中东及全球	早在1979年,当时世界上最大的沙特阿拉伯利雅得海水淡化装置就采用了日本东洋纺织公司生产的反渗透膜,淡水生产量为56 800m³/d
日本住友电气工业株式会社	微滤膜	工业废水处理（MBR）	日本、中国、韩国等	2003年研发并生产出亲水性水处理膜产品,在全球不同国家和地区都有工程业绩分布

日本的生活污水处理管理比较复杂,在不同的法律体系和政府部门的监管下有几个不同的系统共存。其中,截至2009年3月,膜分离——MBR独立装置在生活污水处理中主要应用于以下五个方面:

城市污水处理系统——主要的污水处理系统,由日本国土交通省管理。虽然这种大型的市政污水处理厂已有2 000座,覆盖全国73%的人口,但MBR是从2005年才开始应用到城市污水处理。目前只有10个MBR处理厂在运行,其中9个MBR处理厂运行情况见表1—8,另外有10个处理厂正在建设或处于规划设计阶段。现有处理厂的处理能力在$0.24 \times 10^3 \sim 4.2 \times 10^3 m^3/d$（总处理能力为$12.5 \times 10^3 m^3/d$）。这些MBR污水处理厂都是按照2003年日本污水工程机构的JS MBR设计建议而配置的标准化流程和设计。

表1—8 目前日本9个MBR污水处理厂运行状况

市町	设施名	总体计划规模（m³/d）	目前设施规模（m³/d）	膜的种类	运行状态
静冈县沼津市	户田净化中心	3 200	2 140	平板膜	运行中
静冈县滨松市	城西净化中心	1 375	1 375	中空纤维膜	运行中
北海道标茶町	塘路终端处理厂	150	150	平板膜	运行中
福井县若狭町	海越净化中心	230	230	中空纤维膜	运行中
岛根县云南市	大东净化中心	2 000	1 000	平板膜	运行中
冈山县镜野町	奥津净化中心	580	580	中空纤维膜	运行中
高知县梼原町	梼原净化中心	720	360	平板膜	运行中
栃木县鹿沼市	古峰原处理中心	240	240	平板膜	运行中
兵库县福崎市	福崎净化中心	125 000	2 100	平板膜	运行中

农村污水处理系统——主要是农村地区（通常为农业农村地区）的小规模污水处理系统，由日本农林水产省管理。虽然有超过 5 000 个处理系统，但仅覆盖 3% 的人口，1999 年第一个 MBR 设施安装并投入使用，目前 MBR 设施已有 50 座。这些 MBR 装置大多由日本农村资源回收处理协会推广使用，并且大多为浸没式 MBR。

净化槽系统——主要是在线污水处理系统，处理来自独栋住宅的生活污水，以及其他地方包括公共设施（如学校）、商务楼、餐厅和办公室的污水等。目前有 9% 的人口使用净化槽系统处理生活污水。虽然没有确切数据，但根据 8 家膜供应商和工程公司的调查，日本至少安装了 1 930 多个净化槽 MBR 系统，这主要是由于 MBR 占地面积小、维护费用少，所以得到市场的肯定。

粪便处理系统——主要在没有污水处理系统的农村地区，卫生间废水（人类粪便）被收集集中处理，通常与从净化槽收集的剩余污泥一起处理。目前大约有 1 000 座粪便处理厂，其中有 206 座应用了 MBR 系统，总处理量为 $18.7\times10^3\,\mathrm{m^3/d}$。传统处理方法需要将收集的废水进行稀释后进行处理，而 MBR 系统则可不经稀释直接处理高浓度的有机废水。

建筑污水回用系统——主要是大型建筑的在线污水处理和回用系统，处理后的水可用于厕所冲洗等。在一些城市中，达到一定规模的建筑物被强制安装污水回用系统。在 20 世纪 80 年代主要安装的是外置式 MBR，但由于浸没式 MBR 的占地面积更小，因此自 90 年代之后，浸没式 MBR 的安装数量不断增长。

第四节　欧洲国家再生水利用

一、英国

英国利用经处理回用的污水维持河水流量（和生态系统），并抽取河水用于饮用水源和其他用途。这种做法在英格兰南部和东部的主要河流区域特别流行，包括泰晤士河。例如，在 1994 年的东英格兰的水资源规划中，国家河流管理局（现环境局的前身）确认污水回用于补给谢尔梅河和在埃塞克斯郡的汉宁菲尔德水库的重要性，由此欧洲第一个污水间接饮用水回用工程在 1997 年实施。这个项目的水质被严格监测，包括病毒和激素的监测，有关部门还就用再生水补给的河流生态系统对环境和公众健康的影响进行大量研究。该项目开发历经两个阶段。第一阶段用临时系统通过紫外线消毒对兰福德厂的出水进行预处理，然后排入泰晤士河畔的汉宁菲尔德水库，水库容积 2 700 万 m^3，覆盖 $354hm^2$，原水存储时间为 214 天。从水库抽水进入汉宁菲尔德处理厂经过高级处理可用于饮用。在 1997 年至 1998 年该处水库污水排放许可申请为 30 000 万 m^3/d。此中期/长期计划在 2000 年被批准，2002 年初，新的三级污水处理厂投入运行。再生水排入谢尔梅河并在河流下游 4 000 米处被抽取到兰福德处理厂处理后，直接用于饮用水供应。

也有一些直接的再生水回用的例子，主要用于灌溉高尔夫球场、公园、道路路边以及为商业、洗车、冷却、养鱼和工业（例如发电厂冷却）提供用水。例如名为"水智慧"的项目开始于 1999 年 1 月，循环使用毕哲房屋（公司名）的水。500 户家庭的污水用常规方法处理，其中 70% 的水排放到河流中，其余 30% 经过三级处理被重新分配给 130 间连接到一个双重管道的家庭作为回用水。

二、法国

法国人均年可用水资源量为 3 047m^3，可认为是自给自足。然而，不均匀的水资源分布和全国水需求增加，导致在该国部分地区存在季节性缺水。自 19 世纪以来，法国一直实行非饮用再生水回用。最古老的项目是阿谢尔再生水厂（巴黎附近）和兰斯水厂。法国中水回用的驱动力是：（1）弥补水资源的不足；（2）改善公共卫生；（3）保护环境；（4）消除沿大西洋海岸娱乐和贝类养殖区的污染。该国多数中水回用项目集中在南部的岛屿和沿海地区。

众多无计划再生水间接饮用回用（Non-Planning Indirect Potable Water Reuse）在法国实践，地表水和污水稀释后用于饮用水源供应。一个例子是巴黎地区的奥伯格维尔，25% 的废水经处理后补给塞纳河的含水层。1999 年实施的克莱蒙费朗工程是一个巨大的农业回用工程，用来应对水资源短缺和经济发展问题。污水处理设施包括活性污泥工艺和熟化池消毒。每天有超过 10 000 万 m^3 的再生水被用来灌溉 $750hm^2$ 的玉米地。欧洲污水再生利用纳入统一水管理的第一个案例出现在努瓦尔穆捷岛。由于缺乏水资源，暑假期间旅游人口增加 10 倍以及密集的农业活动要求该岛必须实施中水回用。岛上有两个污水处理厂处理废水，总处理能力为 6 100m^3/d。处理后的污水有 30% 用于灌溉 $500hm^2$ 蔬菜，未来计划将 100% 的污水全部回用。

法国的监管框架基于 1989 年世界卫生组织的导则制定，但其规定更为严格，其中有额外关于灌溉管理、时间、距离和其他措施的要求，以防止人类身体接触引起的健康风险和对环境的负面影响（即潜在的地下水污染）。法国新的中水回用指南对不受限灌溉引进了一些新的微生物指标（即沙门氏菌、猪带绦虫卵）以及更严格的操作限制。

三、希腊

希腊水资源失衡严重，降雨时空分布不均，这些先天不利条件促使其将再生水利用整合到水资源管理中。目前，希腊83％以上的再生水用于水失衡地区，这表明，中水回用在某种程度上要满足这些领域实际的用水需求。推动希腊使用再生水的另一个重要因素是输送成本较低，希腊88％的废水处理厂位于距离耕地不到5公里的地方。超过15个污水处理厂计划将其污水回用于农业灌溉，主要的中水回用项目见表1—9。此外，无计划回用仍然在某些地区实践着，废水间歇性排入河流，下渗后被农民通过邻井泵出。

表 1—9　　　　　　　　　　　　　　希腊主要中水回用项目

厂名	处理能力（m³/d）	用途
利瓦迪亚	3 500	灌溉棉花
阿姆菲萨	400	灌溉橄榄树
帕雷卡斯特罗	280	存储，灌溉橄榄树
哈尔基达	13 000	景观和森林灌溉
卡瑞斯托斯	1 450	景观和森林灌溉
伊里罗斯	1 200	景观和森林灌溉
圣康斯坦丁诺斯	200	景观和森林灌溉
肯塔克斯	100	景观和森林灌溉

四、意大利

由于周期性的干旱，意大利南部存在水资源短缺问题，且缺乏优质水。此外，废水排放到河流或海洋导致重大环境问题和水体富营养化，对灌溉用水的需求在许多方面呈现稳步增加。因此，意大利自20世纪初就已经回用未经处理的污水。其中最古老的著名的案例是Marcite，工业废水和城市污水排入Vettabia河，然后农民从河中取水用于灌溉。然而，由于水质较差，越来越少的农民采纳这种做法，高浓度的硼会损坏非常敏感的作物，如柑橘。

水资源缺乏和工农业消费需求的不断增长，促使意大利的再生水研究转向非传统水供应。再生水开始被认为是一种具有成本竞争力的水源，在水资源管理中发挥着越来越重要的作用。调查估计意大利水处理厂的年总处理污水流量是24亿 m³，主要的中大型厂处理了约60％城市污水量，可以生产既符合水质要求且成本合理的再生水。目前，再生水主要用于农业灌溉，灌溉面积超过4 000hm²。其中最大的一个回用项目的实施在艾米利亚—罗马涅大区，每天来自郎世宁、切塞纳、切塞纳蒂科、切尔维亚和加泰奥的超过1 250m³的城镇污水经处理后用于灌溉超过400hm²

的农田。

在西西里岛，不受控制的污水回用是很常见的，一些新的再生水系统已计划使用季节性存储水库。在格米克里，每天大约有 1 500m³ 的再生水用于柑橘果园灌溉。最近，另外两个再生水项目已经在巴勒莫和杰拉得到授权和资助，再生水将用于数千公顷的农业灌溉。另有工业再生水回用工程是设在都灵污水处理厂中，处理能力 50 万 m³/d，需进行脱氮除磷。约 8% 的出水经过三级处理，过滤，加氯消毒，然后回用于农业和工业。

五、比利时

比利时是欧盟可用水资源量最少的国家之一。污水回用量虽然不多，但再生水对工业越来越有吸引力，如电厂和食品加工厂。高耗水的其他行业、位于地下水位下降地区的产业或夏季用水需求大的产业也正在越来越多地转向利用再生水。在环境敏感地区削减污水排放量是该国开发再生水回用项目的另一个原因。目前已投产的一个间接饮用水回用工程，已被证明是一个符合经济效益和有利于环境的解决方案。该系统不仅提供了额外的水，而且还提供了一个防止海水入侵的屏障。在 Wulpen 污水处理厂，每年高达 2.5 亿 m³ 的城市污水通过微滤和反渗透处理，在含水层中保存 1～2 个月，然后回用。另一种方案是日均回用 10 000～24 000m³ 的废水补给海斯特的含水层，然而，由于低水力传导性，水无法通过土壤下渗，唯一的替代选择是直接再利用。最终，项目团队决定使用地表水作为原水水源。第三个可能的中水回用项目仍在研究中。它涉及瓦勒海姆污水处理厂约 8 000 万 m³/d 的出水直接再利用于周边纺织行业。技术可行性研究已经表明，通过砂滤、微滤和反渗透的组合工艺，该再生水可达到行业所需的水质标准。

第二部分

管理与科研篇

第二章 再生水回用政策、标准评估与技术经济分析

第一节 再生水回用政策、标准评估

一、国内外再生水回用政策措施

(一) 美国

根据美国环境保护署 2012 年 9 月 29 日发布的《污水回用指南 (2012)》中的表述，目前美国还没有直接针对再生水利用的联邦性法规，政府仅出台了一份参考性的水回用管理指南，各州可在该指南的基础上根据各州水资源实际需求情况，在保证保护环境、有价回用及人类健康的前提下设计、构想和运行再生水工程。此外，许多州也颁布了自己的再生水法规或指南，截至目前，已有 31 个州和地区颁布了再生水的相关法律法规，15 个州和地区颁布了再生水指南或设计标准，而在其他没有制定相关法律或指南的州和地区，再生水项目需根据具体情况单独审批。影响各州再生水回用法制机制的主要政策法规包括水权法、供水和用水法规、污水法规及相关环境法规、饮用水水源保护法规、土地利用法规和污水回用法规和指南等（见表 2—1）。

表 2—1   美国污水再生利用相关政策法规

项目名称		发布部门	注释
水权法	占有水产权系统	联邦、各州政府部门	规定个体用户所能使用的具体水量；确定贮存水的所有权或使用权问题
	沿岸所有水产权系统		保证每个土地所有者都拥有可用水资源，水的使用仅限于沿岸的土地，且不允许贮存水源
供水和用水法规	限制用水	联邦、各州政府部门	一般规定对污水进行再生利用，但在某些情况下，由于再生水难以获取、不适用、缺乏经济可行性或环境友好性，才允许使用饮用水在原被禁止的"不合理"场合。当再生水已被普遍接受、易获取且价格相对低廉时，地方用水限制会促进再生水的利用
	用水率目标		在实行强制或自愿用水率目标的地区，项目经理在规划再生水项目时，应确认再生类型符合用水率的要求，才能使再生水用户从中受益
	削减供水		通常在旱季实施的节水法规。缺水现象会有力促进再生水项目的实施，用水限制可以提高公众关于供水成本的意识，而有些成本可通过再生水的利用来控制，同时也能帮助策划者评估缺水后果，进而提高对再生水项目的评估值
污水法规及相关环境法规	水质限制	环境保护署、各州立水污染控制部门	通常依据《清洁水法》（CWA）的主要目标严格限制某些特殊污染物的排放，同时限制排入受纳水体的污染物总量、即日排放总量，以及对受纳水体本身的水质设定要求
	水量限制		污水处理厂向受纳水体排放出水时，水量也会受到一些法规的约束，如《濒危物种法》；当地居民对再生水的需求量也会对排水流量有所限制，通常对已经达到一定质量的再生水应尽量再利用，限制排放以保护短缺的水资源
饮用水水源保护法规		联邦、各州政府部门	再生水需满足《安全饮用水法》（SDWA）的要求，以避免对饮用水源产生影响，同时环境保护署也设立了一些基于健康的国家标准或者最高污染水平（maximum contaminant levels，MCLs）以保证饮用水水质，并监督州、地方和水资源供应商执行。州再生水法规需与联邦和州的 SDWA 保持一致，以保障饮用水水源的安全
土地利用法规		各州政府部门	美国西部一些州政府通过法律鼓励再生水回用以适应可持续的水资源管理计划。在长期缺水或环境敏感的地区，使用再生水甚至已成为寻求新发展的先决条件
污水回用法规和指南		联邦、部分州政府部门	根据实际需求管理再生水的使用，按再生水的用途分类规定相应的水质标准和适合的处理方法

(二) 欧盟

欧盟一直都高度重视水资源的管理,自 1973 年制定第一个环境行动计划开始,欧盟已将水资源作为独立的环境要素予以管理和保护,其水资源管理政策经历了从单一化到一体化的发展阶段。1991 年欧盟颁布的《城市污水处理指令》(UWWTD,91/271/EEC)要求成员国在"任何合适的时候"回用处理后的污水,但"合适的条件"却一直没有明确界定。随着水质不断恶化和水资源相关法规过于零散等问题逐步得到各成员国的普遍关注,经过长期的讨论协商,欧盟于 2000 年在整合原有水资源管理法规的基础上颁布了统一的《水框架指令》(WFD,2000/60/EC),作为欧盟在水政策方面为采取一体化行动而必须遵守的综合性法律框架(见表 2—2)。通过一体化的水资源管理方法,可以促使城市污水回用在供给水源扩大和减少人为活动对环境影响等方面取得更为广泛的成效。

但 WFD 只是一个软性的法律文件,它只为达到可持续的水资源管理提供了原则,而没有指明方法。由于仍缺乏统一认识,污水回用的可行性研究与实际运用间存在明显的时间延迟,尤其是在水资源和公共卫生服务分属不同机构管理的地区。为解决各国在污水回用中存在的分歧,欧盟在第五次框架计划中提出一项名为 AQUAREC(2003.3.1—2006.2.28)的项目,该项目旨在通过建立"处理污水回用的集成概念",评估具体情况下污水回用的标准条件以及污水回用在欧洲水资源管理框架下的潜在作用,从策略、管理和技术三方面为终端用户和各级公共机构在污水回用方案的设计、实施和运行维护中的决策提供指导。

表 2—2   **欧盟再生水利用相关政策法规**

项目名称	发布部门	发布时间
城市污水处理指令 (UWWTD, 91/271/EEC)	欧洲理事会	1991 年 5 月/1998 年 3 月修订/2003 年 11 月修订/2008 年 12 月修订
水框架指令 (WFD, 2000/60/EC)	欧洲议会、欧洲理事会	2000 年 10 月/2001 年 12 月修订/2008 年 3 月修订/2009 年 1 月修订/2009 年 6 月修订/
污水污泥指令 (SSD, 86/278/EEC)	欧洲理事会	1986 年 6 月/1991 年 12 月修订/1995 年 1 月修订/2003 年 6 月修订/2009 年 4 月修订
硝酸盐指令 (ND, 91/676/EEC)	欧洲理事会	1991 年 12 月/2003 年 11 月修订/2008 年 12 月修订
地下水指令 (GD, 80/68/EEC)	欧洲理事会	1979 年 12 月/1991 年 12 月修订
饮用水指令 (DWD, 98/83/EEC)	欧洲理事会	1998 年 12 月/2009 年 8 月修订

续前表

项目名称	发布部门	发布时间
洗浴水指令 （BWD，76/160/EEC）	欧洲理事会	1975 年 12 月/1991 年 12 月修订/1995 年 1 月修订/ 2003 年 6 月修订/2008 年 12 月修订
地表水指令 （SWD，75/440/EEC）	欧洲理事会	1975 年 6 月/1991 年 12 月修订/2007 年 12 月修订
淡水鱼指令 （FFD，78/659/EEC）	欧洲理事会	1978 年 7 月/1994 年 12 月修订/1995 年 1 月修订/ 2003 年 6 月修订/2006 年 10 月修订
贝类水指令 （SFWD，79/923/EEC）	欧洲理事会	1979 年 10 月/1979 年 11 月修订/1991 年 12 月修订/ 2007 年 1 月修订

尽管欧盟目前还没有统一的再生水利用指南和法规，但毫无疑问，再生水的利用在欧盟正发挥着越来越大的作用，而欧盟再生水法规和再生水利用指南的缺失阻碍了再生水的进一步利用。目前已有一些国家和地区颁布了各自的标准或法规（见表2—3）。

表 2—3　　　　　　　　　　欧盟内国家/地区现行的再生水回用准则

国家/地区	准则类型	注释
比利时：弗拉芒	Aquafin Proposal to the Regional Government（2003）	基于澳大利亚环保局指南
塞浦路斯	临时标准，1997	用于灌溉的水质标准比 WHO 标准严格，但较美国加利福尼亚州的第 22 号条例宽松（TC 在每月 80% 的情况下＜50/100mL 并一直小于 100/100mL）
法国	Art. 24 décret 94/469 3 juin 1994 Circulaire DGS/SD1. D. /91/n°51	均主要基于 WHO 的农业再生水利用标准；增加对灌溉技术的限制以及对灌溉地点与居民区和公路间的回退距离的规定
意大利：西西里岛、艾米利亚—罗马涅和普利亚区	环境部法令 185/2003	为农业、非饮用城市用水和工业用水 3 种再生水用途设定了水质要求；对地区当局来说可能需要改变一些参数值，或者执行更为严格的地区标准
	回用指南	艾米利亚—罗马涅和普利亚区微生物标准与美国加利福尼亚州第 22 号条例相同；西西里岛则与 WHO 标准相同
西班牙：安达卢西亚、巴利阿里群岛和加泰罗尼亚	法律 29/1985，BOE n. 189，08/08/85，皇家法令 2473/1985	在污水回用方面设立了自己的回用指南，尤其是在灌溉方面，其内容是基于 1989 年版的 WHO 回用指南

（三）澳大利亚

从 20 世纪 90 年代末至 21 世纪初，随着处理技术的成熟和经济性的提高，澳大利亚水务部门开始逐渐将再生水列入潜在的水资源以满足日益增长的需水量。2000 年之后，多数州政府开始制定相关法规以鼓励再生水的利用，一些州还设立了相应的水行业发展目标。由于再生水是全新而陌生的水源，其并未被纳入州的环境保护、公共健康、水产业和经济监管框架内，因此，这些目标将促进政府改革现有的监管框架以利于再生水利用的实施。目前，澳大利亚的再生水回用指南是基于国家水质管理策略制定的，它们不具有强制性，但可以为再生水项目的优化和可持续提供权威性的指导，同时州和地方政府也制定了各自的再生水回用指南。2004年，澳大利亚科学技术与工程学院的一份名为《澳大利亚的再生水回用》的报告，促使环境保护和文物局与自然资源管理部长委员会在原指南的基础上扩展和更新了新的国家再生水利用指南（见表 2—4）。

表 2—4　　　　　　　　　　　　澳大利亚再生水回用指南

项目名称	发布部门	发布时间
污水处理系统指南——再生水的使用	农业和资源管理委员会（澳大利亚、新西兰）、环境保护委员会（澳大利亚、新西兰）、国家健康与医学研究会（澳大利亚）	2000 年 11 月
澳大利亚水回用指南：健康和环境风险管理概述	自然资源管理部长委员会、环境保护和文物局、澳大利亚卫生部长会议	2004 年 3 月
澳大利亚水回用指南：健康和环境风险管理	自然资源管理部长委员会、环境保护和文物局、澳大利亚卫生部长会议	2006 年 11 月
澳大利亚水回用指南：健康和环境风险管理（第二阶段）：饮用水供应的扩大	自然资源管理部长委员会、环境保护和文物局、澳大利亚卫生部长会议	2008 年 5 月
澳大利亚水回用指南：健康和环境风险管理（第二阶段）：雨水收集与回用	自然资源管理部长委员会、环境保护和文物局、澳大利亚卫生部长会议	2009 年 7 月
澳大利亚水回用指南：健康和环境风险管理（第二阶段）：监管下的含水层回灌	自然资源管理部长委员会、环境保护和文物局、澳大利亚卫生部长会议	2009 年 7 月

（四）日本

为了推动再生水事业的发展，日本再生水利用行政主管部门、地方政府和行业协会等分别制定了相关的指南、规定、纲要和条例等，并形成了一套完整的政策标准体系。日本各级政府相继出台了《污水处理水循环利用技术方针》《冲厕用水、绿化用水：污水处理水循环利用技术指南》《污水处理水中景观、戏水用水水质指南》《再生水利用事业实施纲要》《再生水利用下水道事业条例》《污水处理水的再利用水质标准等相关指南》（见表 2—5），除此还制定了《污水处理水循环利用技术指南》《污水处理水中景观、亲水用水水质指南》等再生水水质标准。地方政府均对处理设施出口和供水口的再生水水质进行日常检查。

表 2—5   日本再生水回用相关政策措施

项目名称	发布部门	发布时间
污水处理水循环利用技术方针	国土交通省	1980 年 3 月
冲厕用水、绿化用水：污水处理水循环利用技术指南	日本下水道协会	1981 年 9 月
污水处理水中景观、戏水用水水质指南	国土交通省	1990 年 3 月
再生水利用事业实施纲要	东京都	1995 年 3 月
再生水利用下水道事业条例	福冈市	2003 年 7 月
污水处理水的再利用水质标准等相关指南	国土交通省	2005 年 4 月

（五）中国

我国在 20 世纪 40 年代开始将市政污水用于农田灌溉，这在当时仅是一种处置污水的手段。"六五"期间，政府经尝试后公告，经过合理的处理，污水可被再利用且是一项具有潜力的水资源。从 20 世纪 80 年代开始，随着城市发展，污水收集和处理系统、再生污水循环利用等得到逐步推广。纵观我国再生水发展历程，可将其大致划分为起步、引导、示范和发展四个阶段（见图 2—1），每个阶段均有对应的研究主题与政策法规。

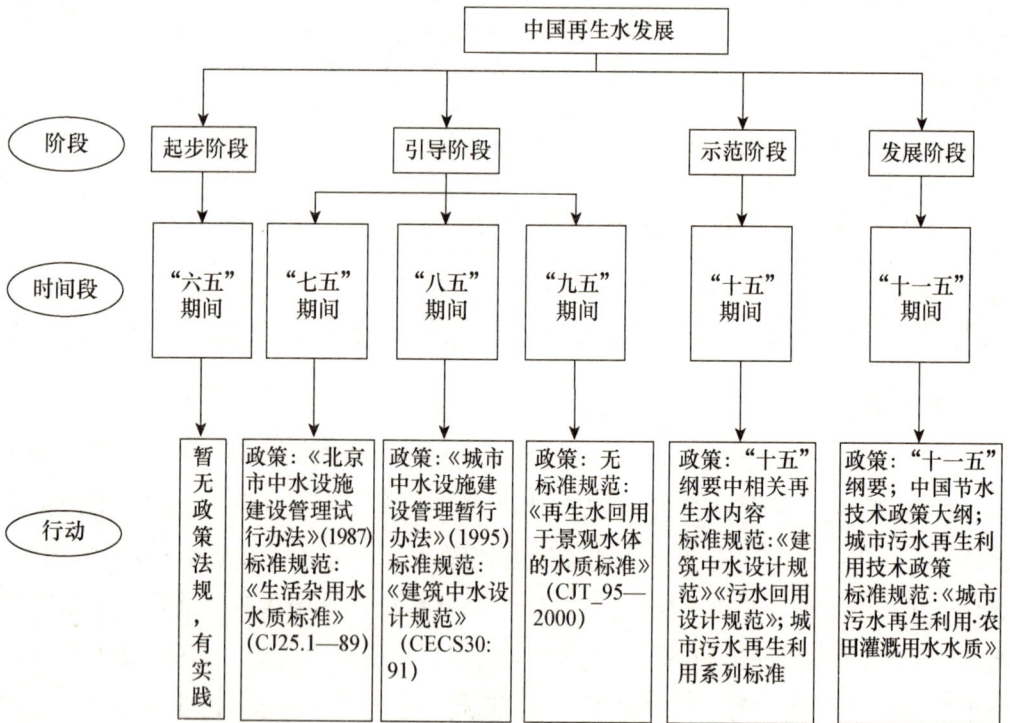

图 2—1　中国再生水发展历程

近年来我国陆续颁布了城市污水再生利用系列水质标准，指导、应用于全国城镇污水处理再生利用中，这对解决我国水资源的短缺、水资源的循环利用和可持续发展起到了重要作用。截至 2012 年底，我国已颁布了 1 项行业标准（《再生水水质标准》），1 项污水再生利用工程设计规范（《污水再生利用工程设计规范》），6 项推荐性国家水质标准（《城市污水再生利用分类》《城市污水再生利用·城市杂用水水质》《城市污水再生利用·景观环境用水水质》《城市污水再生利用·工业用水水质》《城市污水再生利用·地下水回灌水质》《城市污水再生利用·绿地灌溉水质》）和 1 项强制性国家水质标准（《城市污水再生利用·农田灌溉用水水质》），具体见表 2—6。

表 2—6　　　　　　　　　　我国再生水回用相关政策措施

项目名称	水质指标数量	标准类别	发布时间	实施时间	发布部门	同时废止标准
《再生水水质标准》(SL368—2006)	5类、基本控制指标 21/13/15/12/13 项	水利行业标准	2007 年 3 月 1 日	2007 年 6 月 1 日	中华人民共和国水利部	首次发布
《污水再生利用工程设计规范》(GB/T 50335—2002)	—	推荐性国家标准	2003 年 1 月 10 日	2003 年 3 月 1 日	中华人民共和国建设部	首次发布
《城市污水再生利用分类》(GB/T18919—2002)	5类	推荐性国家标准	2002 年 12 月 20 日	2003 年 5 月 1 日	中华人民共和国国家质量监督检验检疫总局	首次发布
《城市污水再生利用·城市杂用水水质》(GB/T18920—2002)	控制指标 13 项	推荐性国家标准	2002 年 12 月 20 日	2003 年 5 月 1 日	中华人民共和国国家质量监督检验检疫总局	《生活杂用水水质标准》(CJ/T48—1999)
《城市污水再生利用·景观环境用水水质》(GB/T18921—2002)	基本控制指标 14 项、选择控制项目 50 项	推荐性国家标准	2002 年 12 月 20 日	2003 年 5 月 1 日	中华人民共和国国家质量监督检验检疫总局	《再生水回用于景观水体的水质标准》(CJ/T95—2000)
《城市污水再生利用·工业用水水质》(GB/T19923—2005)	控制指标 20 项	推荐性国家标准	2005 年 9 月 28 日	2006 年 4 月 1 日	中华人民共和国国家质量监督检验检疫总局、中国国家标准化管理委员会	首次发布

续前表

项目名称	水质指标数量	标准类别	发布时间	实施时间	发布部门	同时废止标准
《城市污水再生利用·地下水回灌水质》(GB/T19772—2005)	基本控制项目21项、选择控制项目52项	推荐性国家标准	2005年5月25日	2005年11月1日	中华人民共和国国家质量监督检验检疫总局、中国国家标准化管理委员会	首次发布
《城市污水再生利用·绿地灌溉水质》(GB/T25499—2010)	基本控制项目12项、选择控制项目22项	推荐性国家标准	2010年12月1日	2011年9月1日	中华人民共和国国家质量监督检验检疫总局、中国国家标准化管理委员会	首次发布
《城市污水再生利用·农田灌溉用水水质》(GB20922—2007)	基本控制项目19项、选择控制项目17项	强制性国家标准	2007年4月6日	2007年10月1日	中华人民共和国国家质量监督检验检疫总局、中国国家标准化管理委员会	首次发布

二、国内外再生水回用标准比较

目前国际上还没有得到一致认可的再生水利用指南可指导再生水的回用，世界各国和地区通常是在卫生安全、感官美感、环境耐受和技术经济可行的基础上，根据再生水的利用途径设定对应的水质标准和适宜的处理工艺。不同国家在再生水的用途分类方面也不尽相同：美国环境保护署的《污水回用指南（2012）》将污水再生利用分为城市用水、农业用水、蓄水、环境用水、工业用水、地下水补给和饮用性利用7大类；欧盟目前还没有正式的再生水使用的指南或条例，本文选取AQUAREC项目报告中的推荐指标进行比较，报告中将再生水的使用大致分为城市和灌溉用水、环境和水产养殖用水、间接含水层补给、工业冷却用水4类；澳大利亚的《污水处理系统指南——再生水的使用》将再生水用途分为直接饮用水、间接饮用水、城市用水（非饮用）、农业用水、休闲娱乐用水、环境用水、工业水7大类；日本的《污水处理水的再利用水质标准等相关指南》将再生水的使用分为冲厕用水、绿化用水、景观用水、戏水用水4类；我国的《城市污水再生利用分类》将再生水用途分为城市杂用、景观环境、工业用水、地下水回灌和农业用水5大类（见表2—7）。

表 2—7　　　　　　　　　　　**各国再生水回用标准分类**

国家/地区	美国		欧盟	澳大利亚	日本	中国
再生水回用标准分类情况	城市用水	非限制性	城市和灌溉用水	直接饮用水	冲厕用水	城市杂用
		限制性				
	农业用水	食用作物		间接饮用水	绿化用水	景观环境
		加工后食用和非食用作物				
	蓄水	非限制性	环境和水产养殖用水	城市用水（非饮用）	景观用水	工业用水
		限制性				
	环境用水			农业用水		地下水回灌
	工业用水			休闲娱乐用水		
	地下水补给		间接含水层补给	环境用水	戏水用水	农田用水
	饮用性利用	非直接饮用利用	工业冷却用水	工业用水		

为了便于比较，将各国再生水回用标准统一划分为城市用水、农业用水、工业用水、景观环境用水和饮用性用水五大类。

（一）城市用水回用标准

通过比较各国或地区的城市用水回用标准可以看到，我国的城市用水分类较细，各主要限值与其他国家差别不大，主要区别在于浊度指标要求偏低，而微生物指标要求和余氯量均较高，此外还有一个明显的特点就是控制性指标数目偏多，与之相似的情况还出现在欧盟 AQUAREC 项目的推荐标准中，该标准的指标项同样过多，但其在微生物指标的限值方面要求偏低（见表 2—8）。

（二）农业用水回用标准

通过对农业用水回用标准的比较可以发现一个明显的特点，即各方对农业用水的分类都十分细致，分类的情况也反映出各方制定标准时体现出因地制宜的特点（见表 2—9）。例如，我国农业用水主要侧重在农作物种植用水方面，而澳大利亚的标准则涉及农、林、牧业以及水产业，分类十分详尽。另外，在与其他国家的比较中发现，我国的农业用水分类没有对农作物的食用方式进行区分，在执行过程中可能会缺乏针对性和灵活性，不能很好地结合实际农业生产用途来选择合适的再生水水质，同时也可能留下食品安全隐患；而从指标限值设计上来看，我国对 BOD、微生物指标的要求较高，对 SS 的要求相对宽松，但仍存在控制指标数目过多的问题（欧盟情况类似），就我国的农业现状来说，执行起来的难度较大，经济适用性和灵活性方面需要进一步探讨。

表2-8 城市用水回用标准比较

<table>
<tr><td colspan="2"></td><td colspan="8" align="center">主要控制性指标限值</td></tr>
<tr><th>国家/地区</th><th>标准分类</th><th>pH值</th><th>BOD (mg/L)</th><th>TSS (SSª)</th><th>浊度 (NTU)</th><th>色度</th><th>微生物指标</th><th>余氯 (mg/L)</th><th>其他</th></tr>
<tr><td rowspan="2">美国</td><td>非限制性</td><td>6.0~9.0</td><td>≤10</td><td>—</td><td>≤2</td><td>—</td><td>粪大肠杆菌数不得检出</td><td>≥1</td><td>—</td></tr>
<tr><td>限制性</td><td>6.0~9.0</td><td>≤30</td><td>≤30</td><td>—</td><td>—</td><td>粪大肠杆菌数≤200/100mL</td><td>≥1</td><td>—</td></tr>
<tr><td rowspan="3">欧盟</td><td>住宅</td><td rowspan="3">6.0~9.5</td><td rowspan="3">10~20</td><td rowspan="3">10~20</td><td>—</td><td>—</td><td>总细菌数<1 000~<10 000 cfu/mL</td><td rowspan="3">0.2~1</td><td rowspan="3">对COD、DO、UV254、EC、氮磷指标、阴阳离子、药物、DBP's等均有限值</td></tr>
<tr><td>洗浴</td><td>—</td><td>—</td><td>总细菌数<1 000cfu/mL</td></tr>
<tr><td>城市公共设施</td><td>—</td><td>—</td><td>总细菌数<10 000cfu/mL</td></tr>
<tr><td rowspan="4">澳大利亚</td><td>住宅</td><td>6.5~8.5</td><td>—</td><td>—</td><td>≤2</td><td>—</td><td>耐热大肠杆菌<10cfu/100mL</td><td>1（30min后，或同等消毒水平）</td><td></td></tr>
<tr><td>冲厕</td><td>—</td><td>—</td><td>—</td><td>—</td><td>—</td><td>—</td><td>1（30min后，或同等消毒水平）</td><td></td></tr>
<tr><td>非限制性</td><td>6.5~8.5</td><td>—</td><td>—</td><td>≤2</td><td>—</td><td>耐热大肠杆菌<10cfu/100mL</td><td>1（30min后，或同等消毒水平）</td><td></td></tr>
<tr><td>限制性</td><td>—</td><td>—</td><td>—</td><td>—</td><td>—</td><td>耐热大肠杆菌<1 000cfu/100mL</td><td>—</td><td></td></tr>
<tr><td rowspan="2">日本</td><td>冲厕用水</td><td>5.8~8.6</td><td>≤20</td><td>—</td><td>≤2</td><td>—</td><td>大肠杆菌不得检出</td><td>游离余氯≥0.1、结合余氯≥0.4</td><td>外观、嗅味不快感</td></tr>
<tr><td>绿化用水</td><td>5.8~8.6</td><td>≤20</td><td>—</td><td>≤2</td><td>—</td><td>大肠杆菌不得检出</td><td>游离余氯≥0.1、结合余氯≥0.4</td><td>外观、嗅味不快感</td></tr>
</table>

续前表

国家/地区	标准分类	主要控制性指标限值							
		pH 值	BOD (mg/L)	TSS (SSª)	浊度 (NTU)	色度	微生物指标	余氯 (mg/L)	其他
中国	冲厕	6.0~9.0	≤10	—	≤5	≤30	总大肠菌群≤3 个/L	接触 30min 后 ≥ 1.0，管 网 末 端 ≥0.2	嗅味无不快感；TDS、铁、锰、LAS、DO 均有限值
	道路清扫、消防		≤15	—	≤10				
	城市绿化		≤20	—	≤10		粪大肠杆菌群≤200ᵇ/≤1000ᶜ 个/L 蛔虫卵数≤1ᵇ/≤2ᶜ 个/L	0.2 ≤ 管 网 末 端 ≤0.5	嗅味无不快感；TDS、氯化物、LAS、氨氮均有限值
	车辆冲洗		≤10	—	≤5				
	建筑施工		≤15	—	≤20				
	绿地灌溉		≤20	—	≤5ᵇ/≤10ᶜ				

a 中国标准中为 SS；
b 非限制性绿地；
c 限制性绿地。

表 2—9

农业用水回用标准比较

国家/组织/地区	标准分类	主要控制性指标限值							
		pH值	BOD (mg/L)	TSS (SS^a)	浊度 (NTU)	色度	微生物指标	余氯 (mg/L)	其他
美国	食用作物	6.0~9.0	≤10	—	≤2	—	粪大肠杆菌数不得检出	≥1	—
	加工后食用/非食用作物	6.0~9.0	≤30	≤30	—	—	粪大肠杆菌数≤200/100mL	≥1	—
WHO	非限制性灌溉	—	—	—	—	—	寄生虫卵数≤1/L，大肠杆菌<10^3/100mL	—	—
	限制性灌溉	—	—	—	—	—	寄生虫卵数≤1/L，大肠杆菌<10^5 (10^6)^b/100mL	—	—
	局部灌溉（滴灌）	—	—	—	—	—	寄生虫卵数≤1/L/无推荐指标^c，大肠杆菌<10^4/100mL	—	—
	水产养殖	—	—	—	—	—	寄生虫卵数≤1/L，大肠杆菌<10^5 (10^4)^d/100mL	—	—
欧盟	食用作物	6.0~9.5	10~20	10~20	—	—	总细菌数<10 000 cfu/mL	0.2~1	对COD, DO, 氮, UV$_{254}$, EC, 磷指标, 阴阳离子, 药物, DBPs等均有限值
	加工后食用						总细菌数<10 000~100 000 cfu/mL		
	林业/制性灌溉						总细菌数<100 000cfu/mL		
	水产养殖						总细菌数<100 000cfu/mL	0.05	

续前表

国家/组织/地区	标准分类	pH值	BOD (mg/L)	TSS (SSᵃ)	浊度 (NTU)	色度	主要控制性指标限值		
							微生物指标	余氯 (mg/L)	其他
澳大利亚	粮食生产（直接接触再生水）	6.5~8.5	—	—	≤2	—	耐热大肠杆菌<10cfu/100mL	1（30min后，或同等消毒水平）	—
	粮食生产（非直接接触再生水）	6.5~8.5	—	—	—	—	耐热大肠杆菌<1 000cfu/100mL	—	—
	粮食生产（食草动物牧场、饲料）	6.5~8.5	—	—	—	—	耐热大肠杆菌<1 000cfu/100mL	—	—
	粮食生产（产奶动物牧场、饲料）	6.5~8.5	—	—	—	—	耐热大肠杆菌<1 000cfu/100mL	—	—
	粮食生产（牲畜饮水、牛奶场清洗水）	6.5~8.5	—	—	—	—	耐热大肠杆菌<100cfu/100mL	—	—
	非食用作物	6.5~8.5	—	—	—	—	耐热大肠杆菌<10 000 cfu/100mL	—	—
	水产养殖（非人类食物链）		—	—	—	—	耐热大肠杆菌<10 000cfu/100mL	—	TDS<1 000mg/L，浊度波动<10%
中国	纤维作物	5.5~8.5	≤10	≤100	—	—	粪大肠菌群≤40 000个/L，蛔虫卵数≤2个/L	≥1.5	TDS、COD、石油类、氯化物、硫化物、LAS、挥发酚、DO、汞、镉、砷、铬、铝均有限值
	旱地谷物油料作物		≤15	≤90	—	—			
	水田谷物		≤20	≤80	—	—	粪大肠菌群≤20 000个/L，蛔虫卵数≤2个/L	≥1.0	
	露地蔬菜		≤10	≤60	—	—			

a 中国标准中为SS；
b 当暴露环境受限或可再生时采用；
c 低处生长时<1/L，高处生长时无推荐指标；
d 对产品消费者时<10⁵，对水产养殖工人和当地社区时<10⁴。

（三）工业用水回用标准

通过比较各国或地区的工业用水回用标准可以看到，我国对工业用水的分类相对其他国家较为详细，主要指标限值与其他国家或地区没有明显区别，但其他国家或地区关于工业用水的分类主要集中于冷却用水的需求考虑，我国标准中提到的工艺与产品用水的指标限值是否能够真正满足实际的工业过程需求，仍需要结合具体的工业过程与工艺以及当地的实际条件和情况确定。建议保留适当的灵活性，以便于标准的顺利接纳和执行（见表2—10）。同时，我国标准的控制性指标依旧太多，建议适当削减或者根据具体的工艺进一步细分，一方面满足实际需求，另一方面也能减轻工业用再生水的处理工艺成本。

表 2—10 工业用水回用标准比较

国家/地区	标准分类	主要控制指标限值							
		pH 值	BOD (mg/L)	TSS (SSa)	浊度 (NTU)	色度	微生物指标	余氯 (mg/L)	其他
美国	管内流动冷凝	6.0～9.0	≤30	≤30	—	—	粪大肠杆菌数 ≤200/100mL	≥1	—
	循环冷凝塔	6.0～9.0	≤30	≤30	—	—	粪大肠杆菌数 ≤200/100mL	≥1	不确定，根据循环比例
欧盟	工业冷却b	7.0～8.5	—	10～20	—	—	总细菌数＜ 10 000 cfu/mL	0.05	对 COD、DO、氮磷指标等均有限值
澳大利亚	循环冷却水	—	—	—	—	—	耐热大肠杆菌 ＜1 000cfu/ 100mL	—	其余指标视具体情况而定
	矿山/除尘								
中国	直流冷却水	6.5～9.0	≤30	≤30	—	≤30	粪大肠菌群≤ 2 000 个/L	≥0.05	TDS、COD、铁、锰、氯离子、二氧化硅、总硬度、总碱度、硫酸盐、氨氮、总磷、石油类、LAS 均有限值
	敞开循环冷却水	6.5～8.5	≤10	—	5				
	洗涤用水	6.5～9.0	≤30	≤30	—				
	锅炉补给水	6.5～8.5	≤10	—	5				
	工艺与产品用水	6.5～8.5	≤10	—	5				

a 中国标准中为 SS；
b 除食品行业。

（四）景观环境用水回用标准

通过比较各国或地区的景观环境用水回用标准可以看到，我国在对景观环境用水的分类上存在一些问题：其他国家或地区的标准多数依据公众是否接触或者是否该项景观为限制性用水来划分，而我国的标准中缺少对人体是否接触水体的区分，仅根据河道湖泊、水景来区分水体不足以避免再生水补给水体后可能对周边人群造成的健康安全风险（见表2—11）。建议对分类做出调整，进一步细化再生水用途。同样，由于缺少前述的分类，我国标准中的微生物指标限值的设置缺少针对性和灵活性，在实际执行过程中难以保证水体周围人群的人身安全。另外，我国标准中依然存在指标项过多的问题，建议精简或细化分类。

表 2—11　　　　　　　　　　　　景观环境用水回用标准比较

国家/地区	标准分类	主要控制性指标限值							
		pH值	BOD (mg/L)	TSS (SSᵃ)	浊度 (NTU)	色度	微生物指标	余氯 (mg/L)	其他
美国	非限制性蓄水	6.0～9.0	≤10	—	≤2	—	粪大肠杆菌数不得检出	≥1	—
	限制性蓄水	—	≤30	≤30			粪大肠杆菌数≤200/100mL	≥1	—
	环境回用	—	≤30	≤30			粪大肠杆菌数≤200/100mL	≥1	不确定，各指标为不超过值
欧盟	地表水/非公众接触娱乐性蓄水	6.0～9.5	10～20	10～20			总细菌数<10 000 cfu/mL	0.05	对COD、DO、UV₂₅₄、EC、氮磷指标、阴阳离子、药物、DBPs等均有限值
	公众接触娱乐性蓄水						总细菌数<10 000～100 000 cfu/mL		
澳大利亚	娱乐性蓄水	—	—	—	—	—	耐热大肠杆菌<1 000cfu/100mL	—	—
	河流扩充	视具体地点而定							
日本	景观用水	5.8～8.6	≤20	—	≤2	≤40	大肠杆菌群数≤1 000cfu/100mL	从生态保护考虑不予规定	外观、嗅味无不快感
	戏水用水	5.8～8.6	≤20	—	≤2	≤10	大肠杆菌不得检出	游离余氯≥0.1，结合余氯≥0.4	外观、嗅味无不快感
中国	观赏性	6.0～9.0	≤10/6ᵇ	≤10/20ᶜ	—	≤30	粪大肠菌群≤10 000/2 000个/Lᵈ	≥0.05	嗅味无不快感；氨氮、总氮、总磷、石油类、LAS、DO均有限值
	娱乐性		≤6	—	≤5		粪大肠菌群≤500个/L/不得检出ᵉ		

a　中国标准中为SS；
b　河道类限值为10，湖泊类、水景类为6；
c　河道类限值为20，湖泊类、水景类为10；
d　河道类、湖泊类为10 000，水景类为2 000；
e　河道类、湖泊类为500，水景类不得检出。

（五）饮用性用水回用标准

通过比较各国或地区的饮用性用水回用标准可以看到，我国的饮用性用水的回用方式相对于其他国家或地区采用的方式，对人体可能造成的健康风险更大。各控制性指标的限值需要将实际的水体、土壤以及回用方式综合考虑，在目前的国家标准中并没有很好的区分，缺少针对性和灵活性，这样在执行中难以很好地保障回灌水体周围人群的健康安全和生态环境的稳定（见表2—12）。建议结合各地实际情况选取合适的控制性指标和限值，削减过多指标项，便于实际执行。

表2—12 饮用性用水回用标准比较

国家/地区	标准分类	主要控制性指标限值							
		pH值	BOD (mg/L)	TSS (SSª)	浊度 (NTU)	色度	微生物指标	余氯 (mg/L)	其他
美国	地下水补给（非饮用）	视具体地点和用途而定							—
	非直接饮用	6.5～8.5	—	—	≤2	—	总大肠杆菌数不得检出	≥1	污水初始TOC≤2mg/L，达到饮用水标准
欧盟	含水层补给（通过土壤渗滤）	7～9	—	—			总细菌数<100 000 cfu/mL	—	对COD、DO、AOX、UV₂₅₄、EC、氮磷指标、阴阳离子、药物、DBPs等均有限值
澳大利亚	地表水（非直接饮用）	—	—	—			耐热大肠杆菌<1 000cfu/100mL	—	—
	地下水（渗入饮用水层）	视具体地点而定，对含水层水质或土地资源无害							—
	地下水（注入饮用水层）	—	—	—			耐热大肠杆菌<10cfu/100mL	—	—
中国	地表回灌	5.5～8.5	≤10	—	≤10	≤30	总大肠菌群≤1 000/3个/Lᵇ	—	TDS、COD、总硬度、硫酸盐、氨氮、总磷、石油类、动植物油、氯化物、硫化物、氟化物、LAS、硝酸盐、亚硝酸盐、挥发酚均有限值
	井灌		≤4	—	≤5	≤15		—	

a 中国标准中为SS；
b 地表回灌限值为1 000，井灌为3。

综合上述比较和分析可以发现，各国再生水利用标准中大多都包含pH值、TSS（SS）、BOD、浊度、色度、微生物指标、余氯等主要控制项目，我国的再生水利用标准则被认为是较为特别的一类，除了前面提到的指标，还额外地对TDS、氮磷类指标、阴阳离子以及LAS等物质设有指标限值，这样可能会提高再生水在利用过程中的再生水处理工艺的运行成本、再生水使用过程中的水质监测和维护的难度，同时一些控制性指标和限值缺乏针对性和适当的灵活性，在具体的实际情况下可能需要做出一些有针对性的调整和优化。另外，建议相关部门增加对再生水回用过程中可能产生的人体健康风险和生态环境风险的预计和评估，以便进一步细化和完善再生水利用的水质标准。

第二节　再生水回用工艺技术经济分析

一、再生水回用工艺分类

污水的处理流程通常划分为预处理、初级处理、二级处理和深度处理（见图2—2），而再生水回用的处理工艺往往都需要经过深度处理才能达到回用的水质标准。深度处理也可称为三级处理，通常定义为二级处理后的进一步处理，其处理工艺主要包括：（1）过滤；（2）紫外线处理去除亚硝基二甲胺（NDMA）；（3）硝化；（4）反硝化；（5）除磷；（6）混凝—沉淀；（7）活性炭吸附；（8）膜技术。

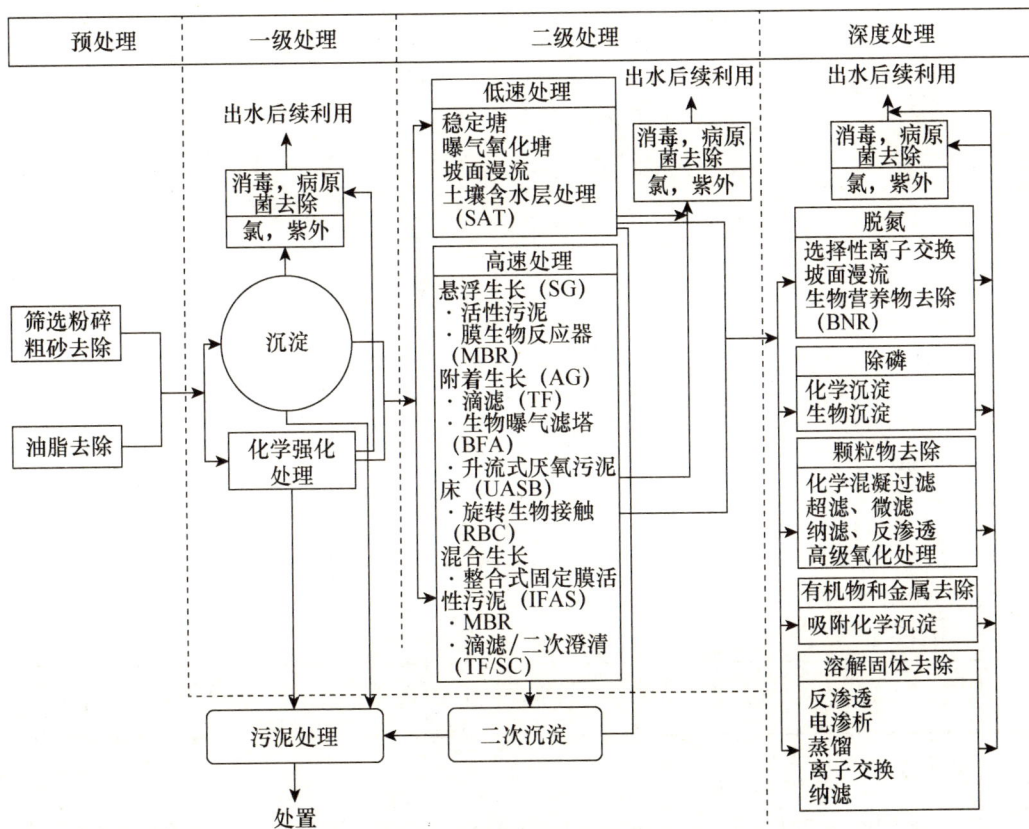

图 2—2　污水处理的工艺流程

再生水回用的原水通常选择城市污水处理厂的二级生化出水。由表2—13可以看到，国内外采用不同处理工艺的城市污水处理厂的二级出水，其各项指标总体上来说没有明显的规律性差异，对此可以理解为均处在一个合理的波动范围。因此，我们可以认为，在再生水回用处理工艺的原水水质基本一致的前提下，影响再生水回用处理工艺的选取和经济成本的主要因素就是其使用目的对应的不同水质目标。

表2—13 各国城市污水处理厂二级出水水质比较

国家	处理工艺	参数指标										
		pH值	TSS/SS[a] (mg/L)	浊度 (NTU)	色度	COD	BOD	TOC	氨氮	总氮	PO₄³⁻	总磷
中国	传统活性污泥法	7.54	28	3.6	—	41.88	—	15.76	38.86	66.34	—	1.55
	传统活性污泥法	7.56	30	8.72	—	50.16	—	18.54	48.54	59.54	—	1.25
	A/O工艺	7.5	4	1.3	—	36.38	—	15.25	0.88	17.21	—	1.76
	A²/O工艺	7.63	4.4	1.3	—	33.49	—	7.72	1.18	18.34	—	2.74
	A²/O工艺	6~9	20	—	—	60	20	—	9	20	—	1
	A²/O工艺	7.20~ 7.54	—	—	18~ 37.5	20.4~ 43.4	3.2~ 5.61	3.7~ 10.99	0.74~ 2.33	17.13~ 40.24	0.54~ 3.64	0.84~ 3.73
	氧化沟	6.5~ 8.0	—	—	—	92~ 155	—	—	24.5~ 32.7	37.7~ 45.1	4.2~ 4.7	4.5~ 5.0
	氧化沟	—	6.5	2.9	—	20.7	8.9	—	—	10.0	—	0.87
	CAST	—	10	—	—	40.2	8.7	—	6.17	15.64	—	1.73
澳大利亚	污水处理厂均值	7.9	—	—	—	—	—	—	8.4	15.2	—	5.9
	—	7.1	6.0	7.4	—	27	2	—	—	—	—	—
英国	传统活性污泥法	7.0	9	5.2	—	—	—	8.6	0.10	—	—	—
美国	—	7.1	24.5	—	—	31.9	27.0	21.0	—	—	—	4.5

a 中国标准中为SS。

针对不同的水质目标，再生水回用应选取相适应的处理工艺，而随着再生水水质目标的提高，对应的处理程度和成本费用也随之增大（见表2—14）。

表2—14　　　　　　　各种水回用方式与相应的不同程度的处理工艺

处理程度	处理程度逐渐增加			
	一级处理	二级处理	过滤和消毒	深度处理
最终用途	沉淀	生物氧化和消毒	化学絮凝、生物或化学营养物去除、过滤和消毒	活性炭、反渗透、高级氧化工艺、土壤渗透处理等
	无推荐用途	果园和葡萄园的地面灌溉	景观和高尔夫球场灌溉	非直接饮用回用（包括饮用水、含水层的地下水补给和地表水库补给，以及饮用水回用）
		非食用作物灌溉	冲厕用水	
		限制性景观水体	洗车用水	
		非饮用水含水层的补给	食用作物灌溉	
		湿地、野生动物栖息地、溪流补水	非限制性娱乐用水	
		工业冷却过程	工业系统用水	
人体接触	人体接触程度逐渐增加			
成本费用	成本费用逐渐增加			

由于不同再生水用途所能承受的用水成本并不相同，因此，在再生水利用处理工艺的实际选取过程中，不仅要考虑水质达标的问题，同时还要考虑其技术经济适用性。例如，美国加利福尼亚州的一项研究显示，再生水除去运行维护费用外的平摊成本约为每吨0.575美元，这个价格高于传统农业灌溉的承受能力，因而只能用于景观灌溉或其他城市用水。下面我们通过几组典型案例对不同回用目的的再生水处理工艺的经济性进行比较分析。

二、再生水回用案例分析

比较国内外再生水回用案例可以看到（见表2—15），国外的再生水处理通常选用较为严格的深度处理工艺，流程较复杂，同时投资成本和运行成本方面也较高。在计算再生水的成本和经济效益方面，国外更多地会结合再生水回用的社会效应和环境效应来考虑，在全面综合各影响因素的基础上，对再生水回用的价值进行评估和分析；从用途上看，其回用的再生水主要用于农业灌溉、景观环境、城市杂用、水源补给等。而国内的再生水处理工艺在选择上则较为多样化，多数采用了三级深度处理工艺处理，少数采用二级处理工艺处理后出水直接回用。由于工艺相对简单，国内的再生水回用成本较国外有明显的优势，因而从经济性方面来看也十分可观；国内的再生水用途除了农业灌溉、景观环境、水源补给、城市杂用之外，还有不少工业回用的案例。

表2—15　各国再生水回用案例经济性比较（暂定汇率：1美元＝0.751欧元＝6.17元）

项目地点	处理规模	再生水水源	处理工艺	最终用途	成本核算 投资成本($/m³)	成本核算 运行成本($/m³)	再生水经济性
希腊：爱琴海群岛	100~1 000m³/d	城镇污水处理厂出水	化学添加剂＋过滤＋消毒	农业/景观灌溉	0.25~0.35		海水淡化/淡水运输成本为1.5~3.5/5.0~7.0 $/m³
	1 000~2 500m³/d		化学添加剂＋过滤＋滤布过滤＋超滤＋消毒	冲厕用水	0.35~0.52		
	2 500~5 000m³/d		化学添加剂＋过滤＋消毒	农业/景观灌溉	0.15~0.20		海水淡化/淡水运输成本为1.0~2.0/5.0~6.0 $/m³
			化学添加剂＋过滤＋超滤＋消毒	冲厕用水	0.22~0.30		
			化学添加剂＋过滤＋消毒	农业/景观灌溉	0.15~0.18		海水淡化/淡水运输成本为0.75~1.25/4.0~6.0 $/m³
			化学添加剂＋过滤＋超滤＋消毒	冲厕用水	0.22~0.27		
西班牙：巴伦西亚13座污水处理厂	2 740m³/d	城镇污水处理厂出水	厌氧－好氧生物处理＋生物滤池＋膜处理	景观环境用水	—	0.33	再生水售价为1.16 $/m³
英国：千禧巨蛋	500m³/d	雨水、地下水和灰水混合水	生物滤池＋超滤＋反渗透	厕所冲洗水		0.46	再生水售价为0.48 $/m³
西班牙：略夫雷加特河	300 000m³/d	城镇污水处理厂出水	混凝沉淀＋过滤＋紫外消毒（＋反向电渗析）	河流补给/自然湿地恢复/农业灌溉	0.80~0.93	0.31	系统利用的再生水水质较地表水供应更为可靠；为满足农业灌溉用水和地下回灌水质要求而采用的反向电渗析和反渗透工艺成本分别高出3倍和10倍
			500μm微孔筛分＋超滤＋反渗透＋紫外消毒	地下回灌	3.19~3.64	0.48	
郑州：北区五龙口污水处理厂	50 000m³/d	城镇污水处理厂出水	氧化沟，二级处理	农作物、蔬菜灌溉	—	0.068	可实现净效益0.068 $/m³
郑州：	50 000m³/d		氧化沟，三级处理		—	0.092	可实现净效益0.050 $/m³
郑州：马头岗污水处理厂	300 000m³/d	城镇污水处理厂出水	UTC技术，二级处理		—	0.076	可实现净效益0.044 $/m³

续前表

项目地点	处理规模	再生水水源	处理工艺	最终用途	成本核算 投资成本 ($/m³)	成本核算 运行成本 ($/m³)	再生水经济性
北京：北京经济技术开发区	20 000m³/d	开发区污水处理厂二级出水	"微滤—反渗透"双膜法工艺	工业回用		—	再生水售价0.81$/m³，低于开发区工业自来水价格0.97$/m³
无锡：太湖新城再生水回用工程	20 000m³/d	城镇污水处理厂二级出水	直接过滤深度处理工艺	景观河道用水、工业冷却用水	0.004 4	0.019	
云南：云天化股份有限公司	4 800m³/d	厂区达标工业废水、排污及反洗污水、生活污水	"超滤+反渗透"双膜工艺	工业回用	—	0.24	化工厂自来水价格0.34$/m³，排污费0.029$/m³，由此每年可节约196.11万美元
中国：某化工有限公司	10 000m³/d	化工厂末端废水	水解酸化—接触氧化—超滤	一级排放标准、循环冷却水标准	0.069	0.11	
宁波：江东南区污水处理厂	10 000m³/d	城镇污水处理厂出水	三级处理（混凝沉淀、过滤、消毒）+生态净化+河道修复	河道水源补给	0.038	0.065	
北京：某客运站	550m³/d	洗涤废水	主体工艺（混凝沉淀、生物活性炭）+深度处理（石英砂过滤、臭氧氧化和消毒）		0.18	0.41	自来水价格为0.73$/m³，处理后中水全部回用，每年节水可获收益6.23万美元
中国：某污水处理站	6 000m³/d	城镇污水处理厂二级出水	曝气生物滤池/D型滤池工艺	电厂冷却水利和园林绿化用水	—	0.050	每年可节省32.41万美元
云南：昆明市呈贡新城	105 000m³/d	城镇污水处理厂出水	"湍流絮凝沉淀池/D型滤池"为主体的处理工艺	城市杂用水、景观环境用水		0.032	推荐再生水价现行二类水价0.62$/m³差价，主城区核算，每年可节省水费321.10万美元

三、结语与展望

由于目前国际上对于再生水的回用还没有一致认同的水质标准和法规，世界各国通常都是基于本国现有的水资源管理政策，结合实际的水资源需求和使用途径对再生水的回用进行分类，设定相应的水质标准和处理工艺。我国是一个严重缺水的国家，再生水作为常规水源的补充，对于我国国民经济和社会良性可持续发展具有重要的战略意义。相比于发达国家已较为成熟的再生水回用政策法规和标准体系，我们国家的再生水回用事业仍处于起步阶段，还存在许多缺点和不足，具体可从以下几个方面来说：

（1）政策法规方面。美国有水权法、供水和用水法规、污水法规及相关环境法规、饮用水水源保护、土地利用、污水回用法规和指南等，分别由环境保护署、联邦、各州政府部门等发布，各州可在全国性法规框架下根据实际情况颁布自己的再生水法规或指南；欧洲由欧洲理事会、欧洲议会颁布了一系列的地表水、地下水、饮用水、城市污水和水框架指令，各成员国可根据自身需求制定再生水回用准则；澳大利亚则在水回用的健康和环境风险管理方面制定了详细的回用指南，引导再生水的健康、合理利用；日本由国土交通省和日本下水道协会分别颁布了污水处理水的循环利用方针以及不同用途再生水回用的指南和实施纲要；我国在再生水利用方面主要依靠执行国家标准和行业标准来维护，除了《中华人民共和国水法》中简略提到鼓励使用再生水外，缺少系统的政策法规支撑。

（2）标准和分类方面。美国的再生水回用标准将再生水主要分为城市用水、农业用水、蓄水、环境用水、工业用水、地下水补给、饮用性利用等；欧盟主要分为城市和灌溉用水、环境和水产养殖用水、间接含水层补给、工业冷却用水；澳大利亚分为直接饮用水、间接饮用水、城市用水（非饮用）、农业用水、休闲娱乐用水、环境用水、工业用水；日本分为冲厕用水、绿化用水、景观用水、戏水用水；我国分为城市杂用、景观环境、工业用水、地下水回灌、农业用水。相比于其他发达国家的再生水标准，我国的再生水标准控制项目过多，部分指标设定缺乏具体问题具体分析的灵活性，给再生水项目的实际运行维护和监测带来了较大的操作难度；我国再生水标准中缺少针对不同水质需求所适用的推荐处理工艺，以供再生水项目在执行时灵活选择。

（3）技术与应用方面。从再生水回用案例分析可以看到，目前再生水回用工艺以"城市污水厂出水＋深度处理"工艺为主，与其他发达国家相比，我国的再生水处理工艺更为多样化，针对不同原水水质和再生水用途选取的处理工艺也不相同，总体来说较其他国家的再生水处理工艺的处理成本低，可能是目标用途的水质要求以及相关水质标准要求有所不同所致，同时也与推荐性再生水处理工艺的缺失有关。

针对上述问题，我国在大力推行城市污水再生利用的同时，也应当积极从其他发达国家的相关政策和标准中吸取经验教训，构建一套合理的再生水回用标准和相关政策体系。具体建议如下：

（1）建立健全我国的水资源管理法规，尤其是污水再生利用方面的法律法规和政策。

（2）削减再生水回用标准中的控制项目，鼓励各省区市和地方政府建立和完善自己的再生水回用标准和处理工艺，针对具体的流域可以考虑采取具体问题具体分析的方式灵活处理。

（3）在现有的再生水回用标准体系的基础上，对达到各标准指标限值适宜的处理工艺进行调研，并筛选出同时满足技术可行性和经济适用性的处理工艺，以进一步完善现有的再生水标准体系。

第三章　再生水回用研究态势

第一节　SCI 收录全球再生水技术论文分析

本节数据来源于汤森路透（Thomson Reuters）知识产权与科技信息集团出品的 Web of Science™核心集合中引文索引子库 Science Citation Index（科学引文索引，通常称为 SCI）。对 2000—2013 年关于再生水的文献进行计量分析，内容包括全球和中国的论文发表数年度变化，研究机构实力比较以及全球应用领域分布和各国研究实力比较，并根据这些数据分析比较全球和中国再生水技术的研究进展和趋势。

一、SCI 收录再生水论文发表年度分析

利用 SCI 检索关键词（再生水、中水、水回用、水资源再生能力、回用水、回收水、废水回收、污水再生利用和循环水），在主题检索中，TS＝（"reclaimed water" OR "middle water" OR "intermediate water" OR "reused water" OR "reuse water" OR "recycled water" OR "reclaimed wastewater" OR "recovered water" OR "recycled water" OR "water reuse" OR "water recycle" OR "water recycling" OR "circulating water" OR "circulation water" OR "cooling water" OR "water regeneration" OR "wastewater recovery" OR "wastewater reclamation and reuse" OR "sewage reutilization" OR "sewage recycling" OR "wastewater recycling"），2000—2013 年，

SCI 共收录以再生水为主题的论文一共有 6 823 篇。

在再生水的研究中，论文数量呈现稳步增长的态势。说明该领域的研究逐步进入发展的时期（见图 3—1）。

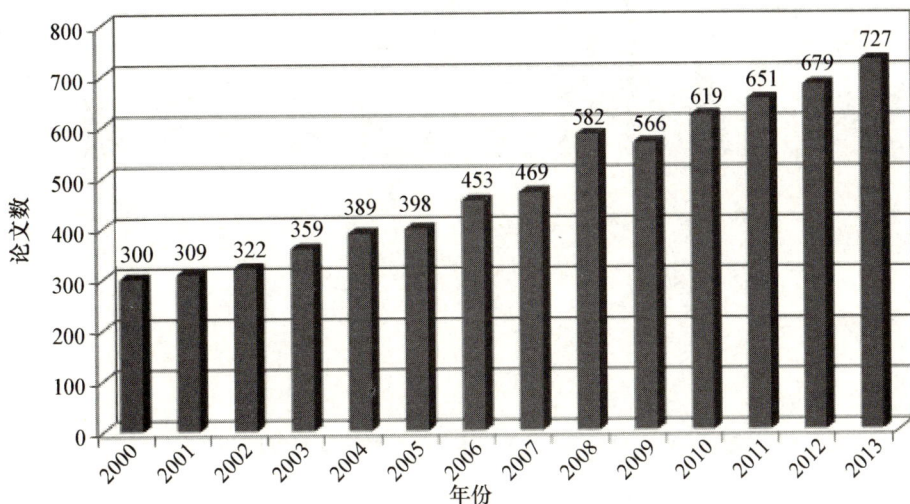

图3—1　2000—2013年再生水论文数量年度变化

二、学科领域分布

这 6 823 篇论文分别隶属于 157 个学科类别，前 10 位的学科类别分别为 Environmental Sciences、Water Resources、Engineering Chemical、Engineering Environmental、Oceanography、Geosciences Multidisciplinary、Energy Fuels、Thermodynamics、Engineering Civil、Engineering Mechanical（见图 3—2）。环境科学和水资源领域的论文有比较大的增长。

三、国家/地区研究实力比较

这 6 823 篇论文共来自 105 个国家和地区。其中论文数量最多的前 10 名国家所发表论文占论文总数的 85.17%。美国发表了 1 623 篇，占总数的 23.79%，论文数量在 200 篇以上的国家还有中国（含台湾）、日本、澳大利亚、德国、英国、西班牙、法国、韩国、加拿大和意大利（见图 3—3）。

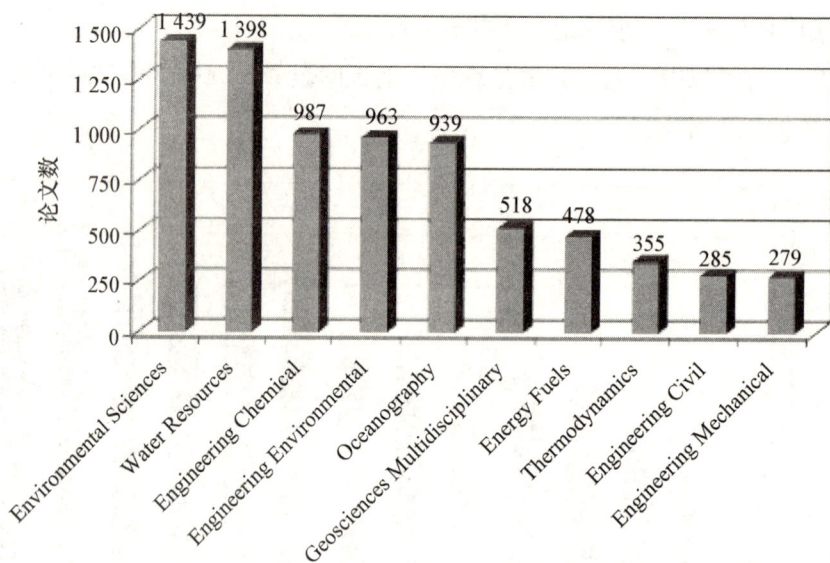

图 3—2　2000—2013 年再生水论文数量学科领域分布

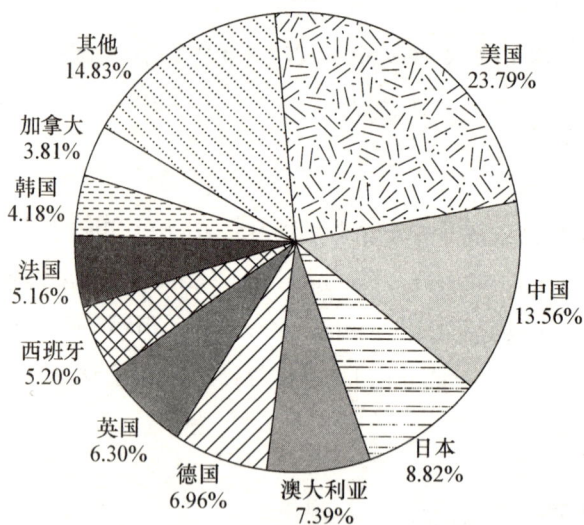

图 3—3　2000—2013 年再生水论文国家/地区分布

从国家/地区发表论文数量在 2000 年到 2013 年的年度变化趋势来看，大部分的国家都是在稳步增长。美国一直处于明显的增长趋势，数量始终处于第一位。中国（含台湾）的论文数量增长最为明显，从 2000 年的 6 篇增长到 2013 年的 143 篇，接近美国当年的发文量 146 篇。日本、英国和德国的增长比较稳定，澳大利亚、西班牙、韩国和巴西的增长也比较明显。

从图 3—4 也可以看出，中国（含台湾）的论文发表增速第一。

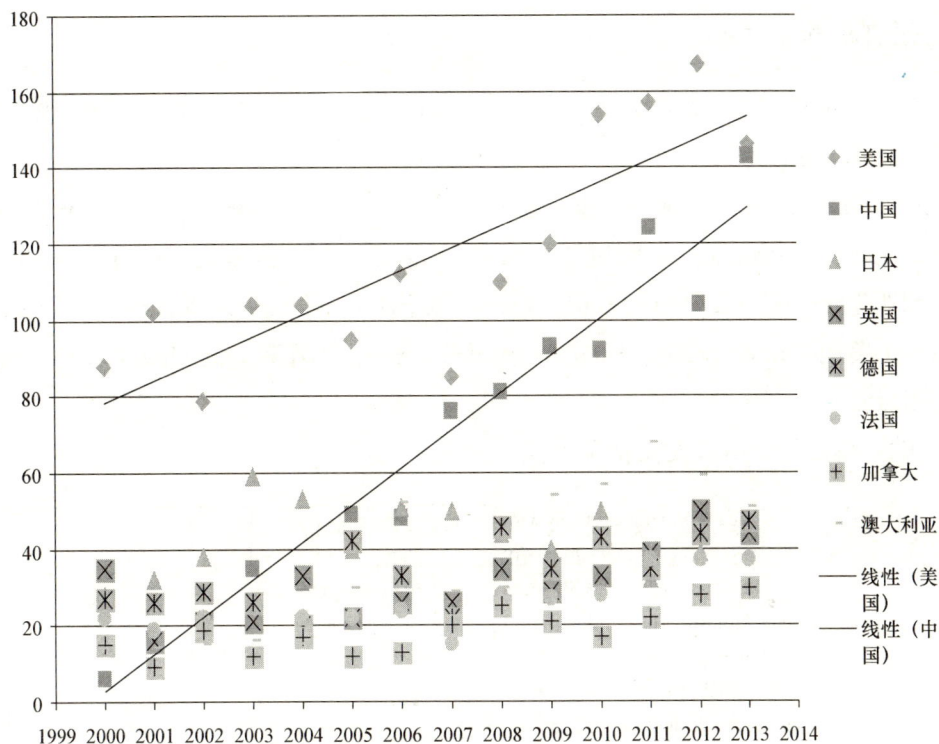

图 3—4　2000—2013 年再生水论文国家/地区的年度变化趋势图

从论文引用的情况来看，无论是总被引频次、篇均被引频次还是 H 指数（H-index），美国都处于领先位置。中国（含台湾）论文总数量处于第二，但篇均被引频次在论文数量排名前 10 位的国家中处于最后一位（见表 3—1）。

表 3—1　　　　　　　　　　2000—2013 年论文数量排名前 10 位的国家

国家	论文数	被引频次	篇均被引频次	H 指数
美国	1 623	25 185	15.52	70
中国	925	5 693	6.15	32
日本	602	7 277	12.09	39
澳大利亚	504	6 595	13.09	36
德国	475	7 225	15.21	38
英国	430	7 269	16.90	40
西班牙	355	3 467	9.77	28
法国	352	4 431	12.59	33
韩国	285	2 224	7.80	22
加拿大	260	3 362	12.93	30

四、研究机构实力比较

在再生水研究的机构中，以中国科学院的发文为第一。其余的科研机构依次分别为：日本 University of Tokyo、澳大利亚 Commonwealth Scientific Industrial Research Organization、日本 Hokkaido University、日本 Japan Agency for Marine Earth Science Technology、西班牙 Consejo Superior De Investigaciones Cientificas、澳大利亚 University of New South Wales、美国 United States Department of Agriculture、美国 United States Department of Energy、美国 Woods Hole Oceanographic Institute。

前 20 位的科研机构发文情况见图 3—5。

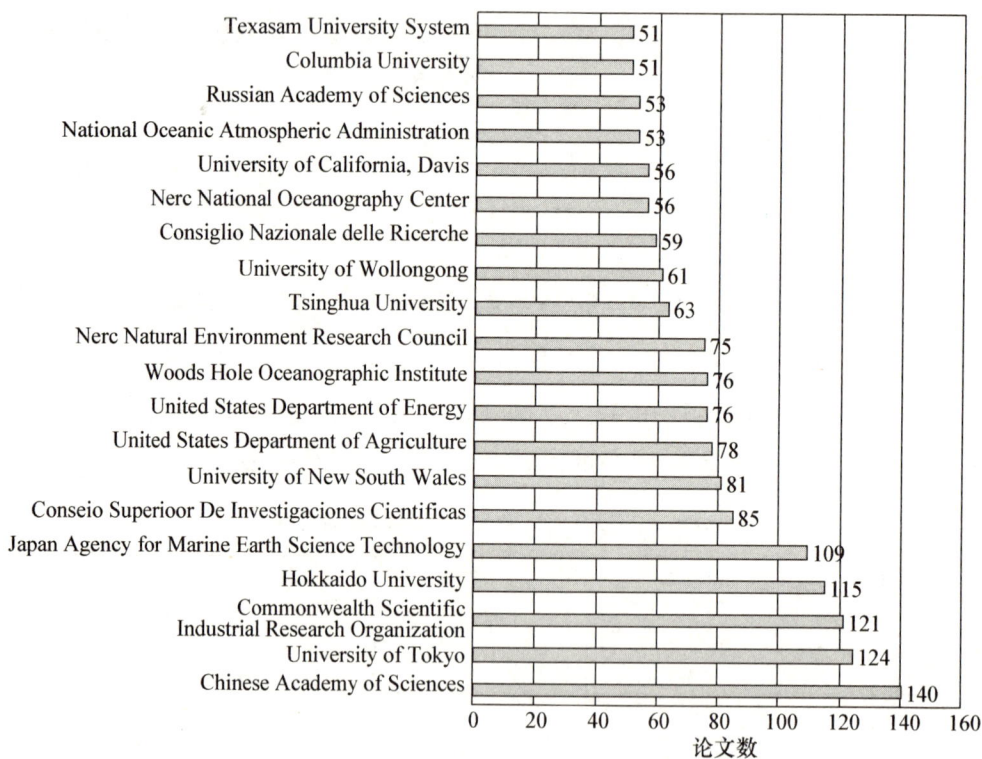

机构	论文数
Texasam University System	51
Columbia University	51
Russian Academy of Sciences	53
National Oceanic Atmospheric Administration	53
University of California, Davis	56
Nerc National Oceanography Center	56
Consiglio Nazionale delle Ricerche	59
University of Wollongong	61
Tsinghua University	63
Nerc Natural Environment Research Council	75
Woods Hole Oceanographic Institute	76
United States Department of Energy	76
United States Department of Agriculture	78
University of New South Wales	81
Conseio Superioor De Investigaciones Cientificas	85
Japan Agency for Marine Earth Science Technology	109
Hokkaido University	115
Commonwealth Scientific Industrial Research Organization	121
University of Tokyo	124
Chinese Academy of Sciences	140

图 3—5 2000—2013 年论文数量排名前 20 位的科研机构

五、来源出版物

这 6 823 篇论文来源于 849 种出版物，其中论文数最多的前 20 种出版物发表论文占 30.9%。前 20 种出版物见图 3—6。

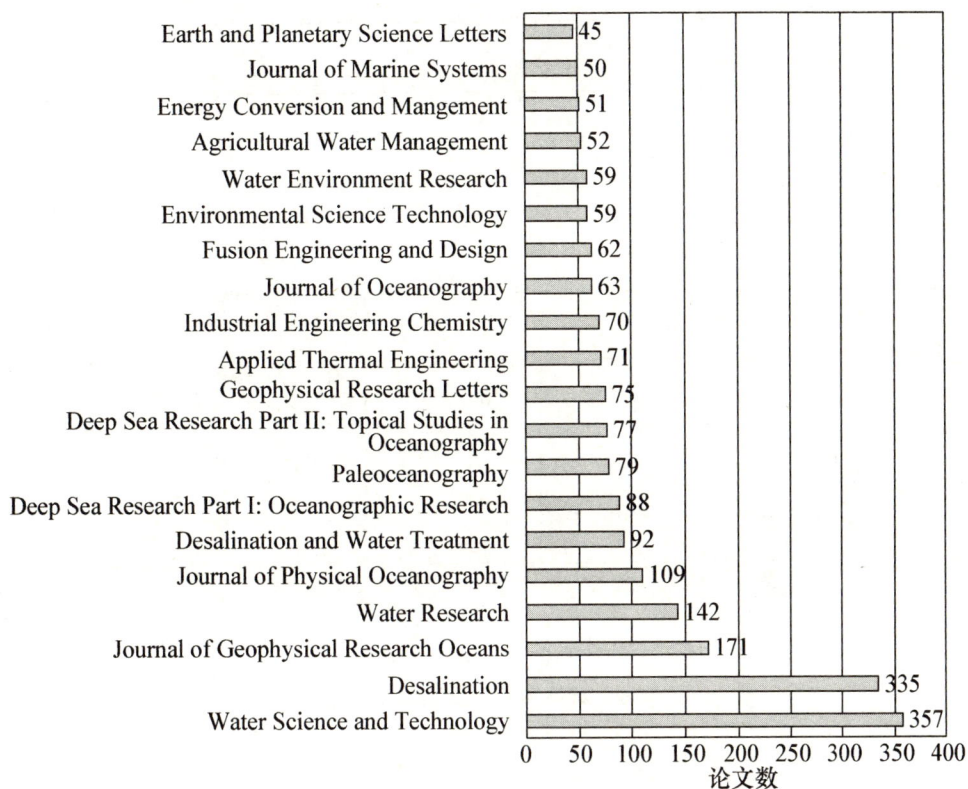

图 3—6　2000—2013 年论文数量排名前 20 的出版物

第二节　SCI 收录中国再生水技术论文分析

本节对 SCI 数据库收录的关于再生水技术的论文中国家/地区字段为中国（含台湾）的 925 篇论文进行计量分析。

一、论文发表数的年度变化

近年来，我国的再生水论文数量急剧增长（见图 3—7）。

二、研究机构的实力比较

在再生水研究领域，我国主要的科研机构是中国科学院，其次是清华大学和上海交通大学等（见图 3—8）。

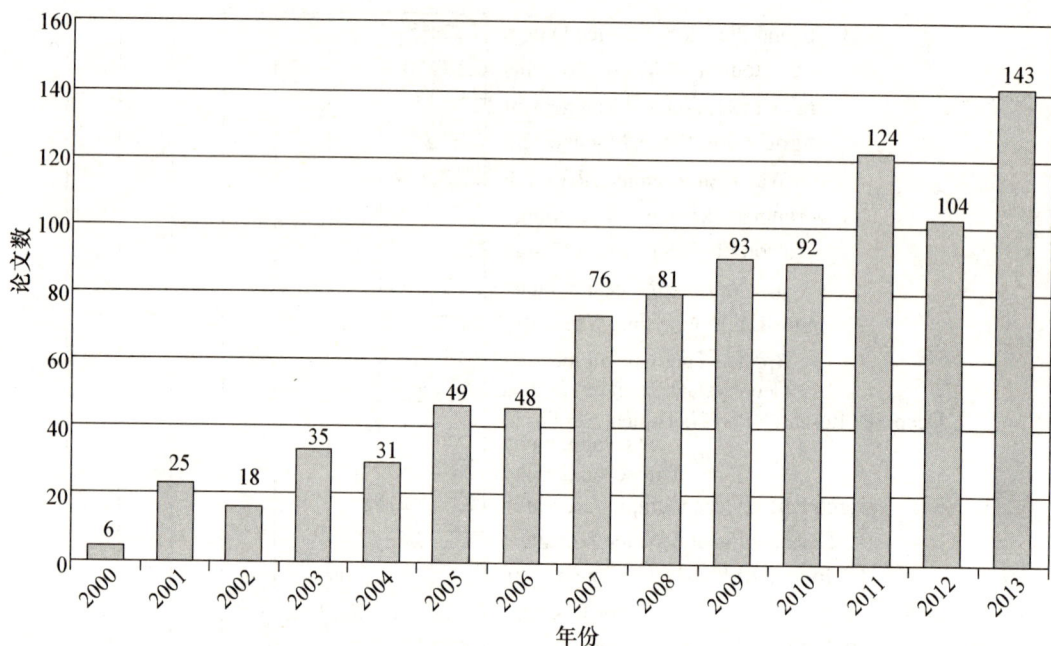

图 3—7　2000—2013 年中国发表 SCI 论文的年度变化

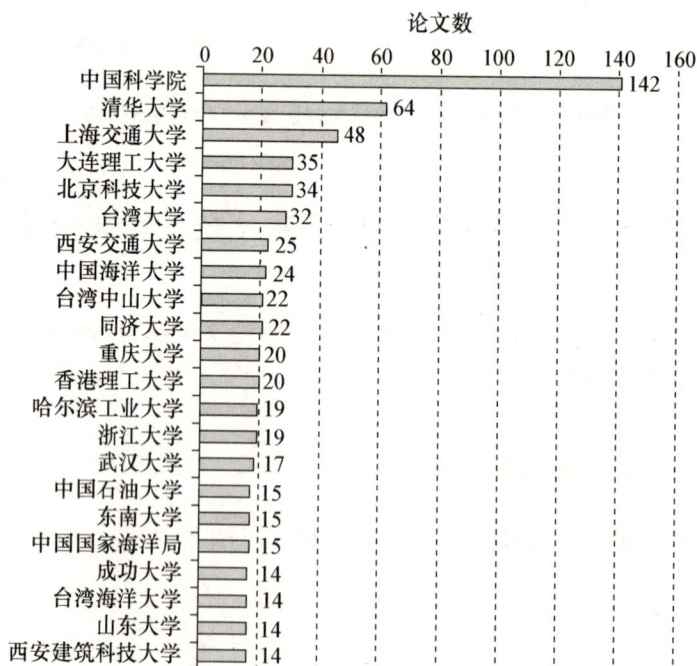

图 3—8　2000—2013 年中国发表再生水技术 SCI 论文的前 22 名科研机构

三、资助来源

在再生水领域，主要的经费资助来源是国家自然科学基金，其次为国家重点基础研究发展计划和国家高技术研究发展计划（见图3—9）。

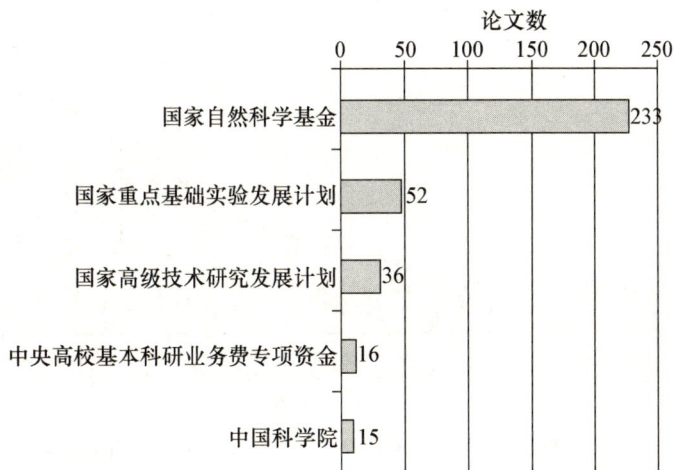

论文数

国家自然科学基金　　　　　　　　　　　233

国家重点基础实验发展计划　52

国家高级技术研究发展计划　36

中央高校基本科研业务费专项资金　16

中国科学院　15

图3—9　2000—2013年中国发表再生水技术SCI论文主要资助来源

第三节　CNKI收录再生水相关学术期刊论文分析

一、总体情况

从CNKI（中国知网）（正式出版的7 872种学术期刊，来源覆盖率99.9％，文献收全率99.9％）获得1984—2012年再生水的学术论文共17 920篇（主题词：中水、再生水、水回用、水资源再生能力、回用水、回收水、废水回收、污水再生利用和循环水）。

（一）论文发表数量变化

1984—2012年，CNKI共收录再生水相关学术论文17 920篇。从1984年至2012年的近30年时间里，再生水年度论文发表数量由150篇上升至1 750篇。1990年之前再生水论文发表数量较低且上升趋势不明显，1990年之后论文发表数量呈现稳步上升趋势，2006年之后上升幅度更为明显。出现这种趋势的原因可能是1990年之前我国的再生水整体处于起步阶段，国内仅有几处再生水试点研究单位，同时缺乏相关政策引导与经济支持。1990—2005年为再生水的推广阶段，此时全国范围内研究单位增加明显，同时论文发表数量也在逐渐增加。"十一五"之后，国家加大对再生水行业的扶持力度，且再生水领域存在诸多研究热点，因此论文发表数量上升明显（见图3—10）。

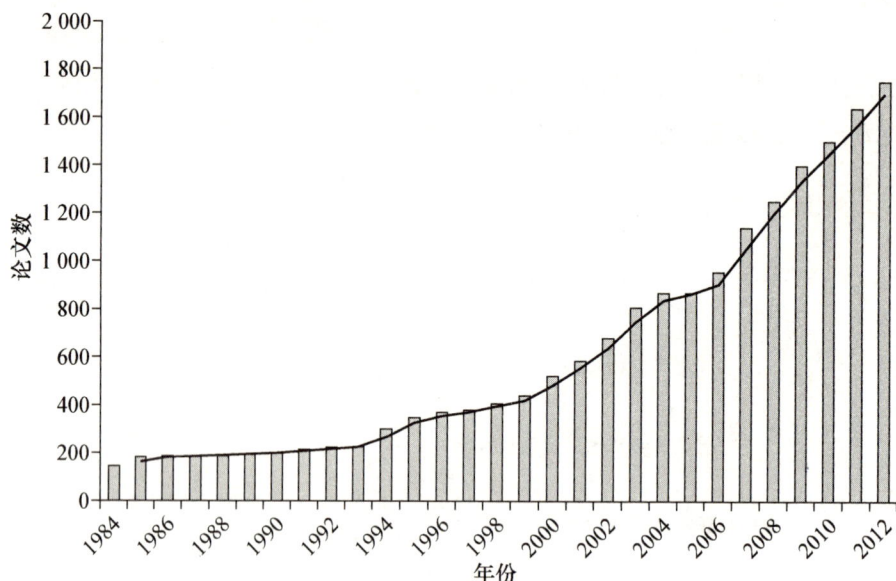

图 3—10 1984—2012 年 CNKI 收录再生水学术期刊发表数量年变化

（二）论文发表学科类别分布

在 CNKI 收录的 1984—2012 年再生水相关学术论文中，学科类别分布主要集中于环境科学与资源利用（4 662 篇）、有机化工（2 077 篇）、建筑科学与工程（2 021篇）、无机化工（2 014 篇）、电力工业（1 782 篇）等领域。从学科类别分布中推断，国内再生水研究主要集中于资源与环境、化工、工业生产等方面，1984—2012 年 CNKI 收录再生水相关学术论文前 20 位学科分布见图 3—11。

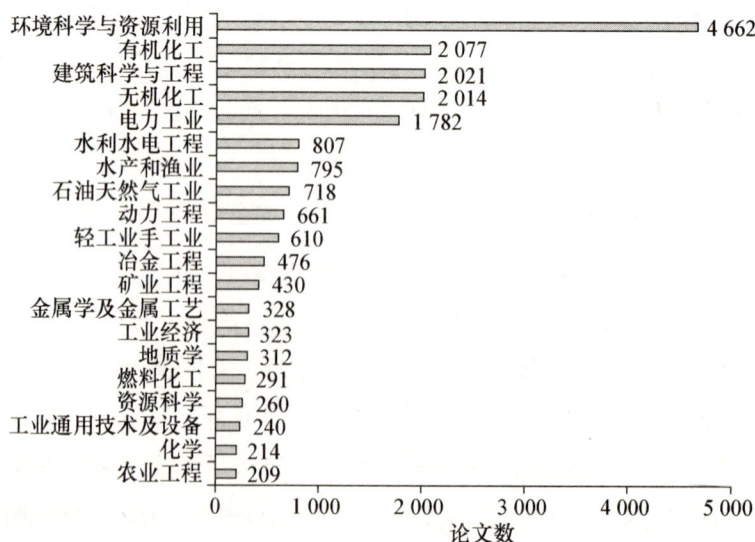

图 3—11 1984—2012 年 CNKI 收录再生水学术论文前 20 位学科分布

（三）论文发表期刊分布

1984—2012 年 CNKI 收录再生水相关论文发表期刊前 10 位分布见图 3—12，其中论文发表数量超过 200 篇的期刊有《工业水处理》（594 篇）、《给水排水》（413 篇）、《中国给水排水》（365 篇）、《工业用水与废水》（216 篇）。

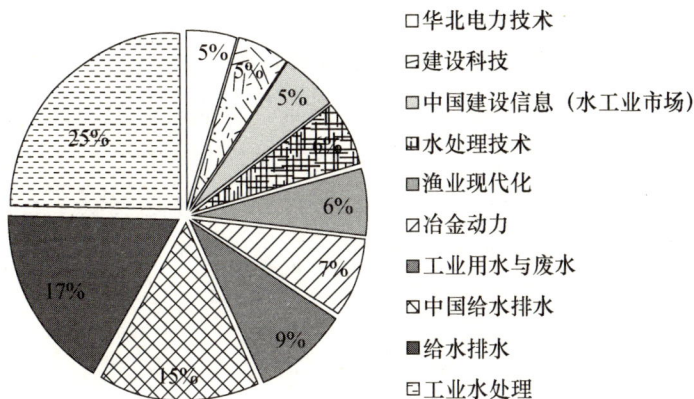

图 3—12　1984—2012 年 CNKI 收录中国再生水学术论文发表期刊分布

（四）基金资助情况

在基金资助方面，国家自然科学基金所支持的论文数目最多，达 698 篇，占资助基金前 20 位的 42%，中国科学院科学基金是首个为再生水相关研究提供资助的基金，最早资助时间为 1985 年。对再生水资助较多的基金还有国家高级技术研究发展计划（287 篇）、国家科技支撑计划（170 篇）、国家重点基础实验发展计划（109 篇）等。图 3—13 是资助论文数量排名前 20 位的基金，其中值得注意的是排名前 20 位的基

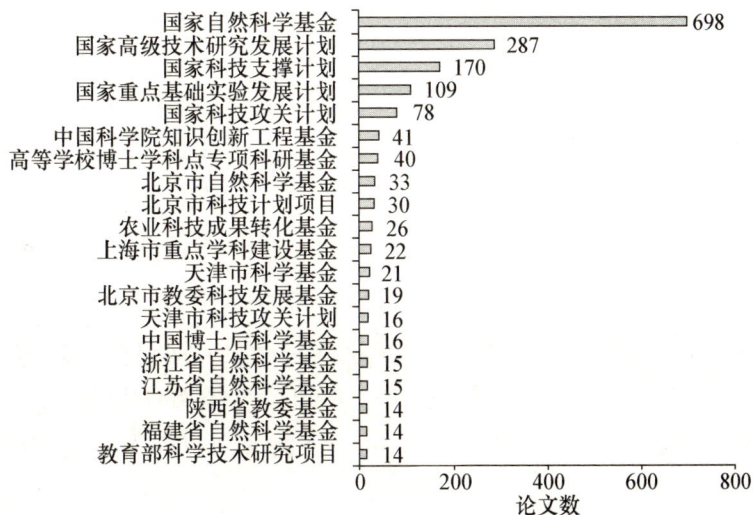

图 3—13　1984—2012 年 CNKI 收录再生水学术论文前 20 位基金资助分布

金中有 7 个地方单位，分别为北京市（82 篇）、天津市（37 篇）、上海市（22 篇）、浙江省（15 篇）、江苏省（15 篇）、陕西省（14 篇）、福建省（14 篇），这在一定程度上说明以上 7 个地区再生水相关研究处于较领先水平，可能的原因有：这些地区对发展再生水需求较为迫切，存在实力较强的科研单位，经济水平较高等。

（五）研究层次分布

1984—2012 年 CNKI 收录再生水相关学术期刊论文主要可分为 7 个研究层次，分布状况见图 3—14。其中工程技术（自然科学）方面的研究最多，占论文总数的 70% 以上；其次是基础与应用基础研究（自然科学），占比 12%；行业技术指导（自然科学），占比 7%；行业指导（社会科学），占比 3%。总体上自然科学的研究数量明显高于社会科学。具体来看，技术研究、基础研究两方面数量较大，政策研究相对较少。

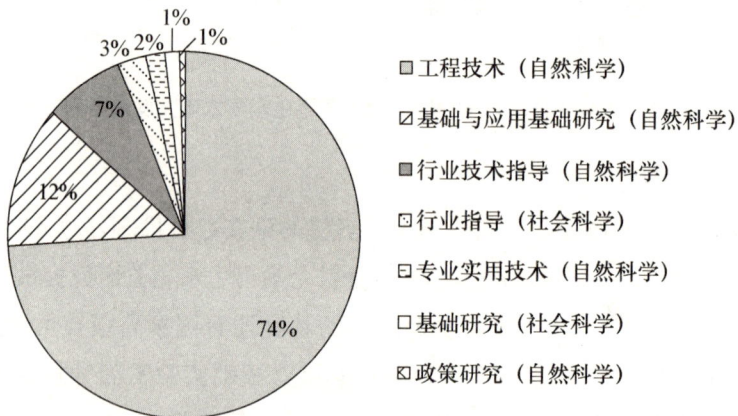

图 3—14　1984—2012 年 CNKI 收录再生水学术论文学科分布

（六）研究机构

论文发表数量排名前 16 位的科研机构中，排名第一位的清华大学发表论文 209 篇，占前 16 位论文发表机构总数的 14%；论文发表数量超过 100 篇的机构还有天津大学（132 篇）、同济大学（126 篇）、哈尔滨工业大学（115 篇）。领先科研机构主要分布在北京、天津、上海等东部地区，中西部的实力科研机构主要有西安建筑科技大学（78 篇）、兰州石油化工公司（70 篇）、武汉大学（68 篇）。在科研机构的性质方面，大部分领先机构依托于高校、研究院等科研单位，公司方面中国石油大庆石化公司（74 篇）、北京城市排水集团有限责任公司（71 篇）、兰州石油化工公司（70 篇）、齐鲁石油化工公司（62 篇）实力较为领先（见图 3—15）。

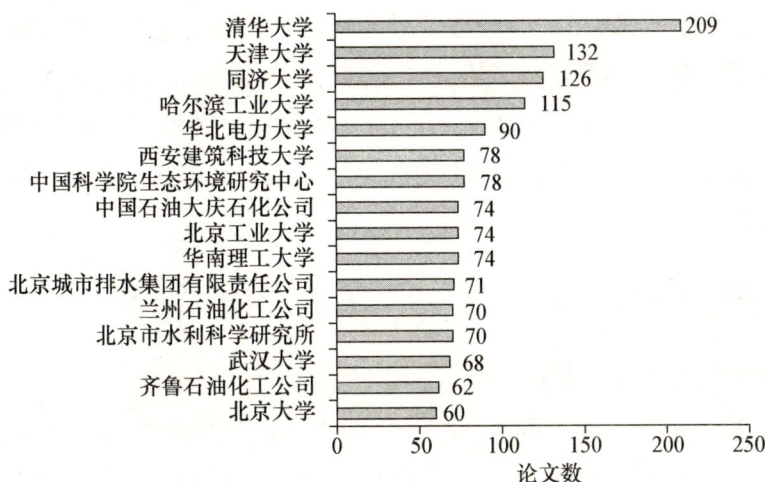

图 3—15　1984—2012 年 CNKI 收录再生水学术论文前 16 位研究机构分布

（七）关键词分析

分析 CNKI 收录的再生水相关学术期刊论文的关键词可知，出现数量超过 100 次的有效关键词主要有 8 个（见图 3—16），分别为循环冷却水（722 次）、循环水系统（281 次）、节水（226 次）、水质（170 次）、深度处理（167 次）、反渗透（156 次）、超滤（114 次）、膜生物反应器（103 次）。其中关键词含"循环冷却水"的论文数量最多，占总数的 37%，同时该词出现的时间也最早，为 1985 年；其次是"循环水系统"（1987 年），说明再生水在早期率先被应用于工业冷却方面。"水质"出现的时间是 1994 年，"深度处理"出现的时间是 1997 年，由此可判断此时再生水的用途开始由简单的工业循环冷却向其他领域发展。"节水"（1993 年）的出现说明再生

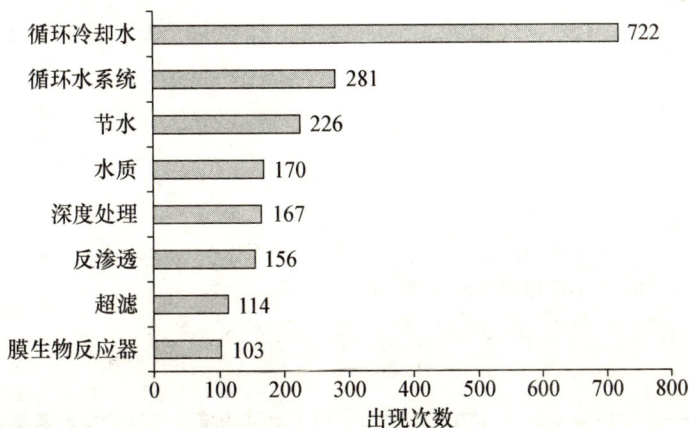

图 3—16　1984—2012 年 CNKI 收录中国再生水论文主要关键词分布

水利用成为我国节水战略的一个环节，该年前后，政府的相关政策开始提高对再生水的重视程度。"反渗透"（2002 年）、"超滤"（2000 年）、"膜生物反应器"（2002 年）出现的时间较为接近，可能是由于 2000 年前后中国膜产业的发展带动了污水回用膜分离技术研究的发展，同时也说明膜分离技术尤其是反渗透是再生水处理技术中的研究热点。

二、污水回用技术与应用

（一）污水回用处理技术

1984—2012 年，CNKI 共收录污水回用技术相关学术期刊论文 2 214 篇，包括化学氧化（651 篇）、膜分离（621 篇）、蒸馏（380 篇）、MBR（305 篇）、吸附（235 篇）、高级氧化（111 篇）、离子交换（84 篇）。以上数据说明有部分学术期刊论文进行了多种技术复合的研究。从论文发表数目来看，研究最多的污水回用技术是传统的化学氧化技术，1990 年之后一直处于稳步上升水平。膜分离技术相关论文在 2000 年之前数量较少，2000 年之后上升趋势明显，且增长速度不断提升，2006 年之后成为最热门的研究领域。吸附、蒸馏、MBR 技术在 2000 年以前并无明显的增长趋势，近几年也有了较快发展。离子交换和高级氧化方面的论文数目一直处于较低水平，可能的原因是离子交换的研究价值相对较小，而高级氧化技术虽然具有很好的应用前景，但是仍存在很大的研究难度（见图 3—17）。

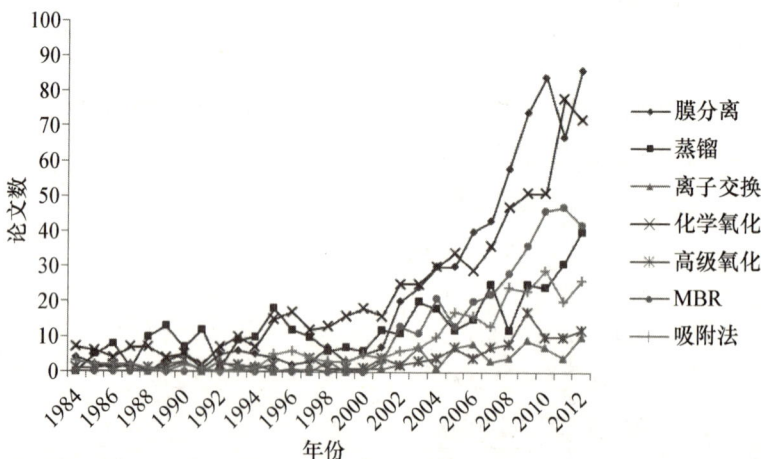

图 3—17 1984—2012 年 CNKI 收录中国污水回用技术学术论文数量年变化

膜分离技术作为目前污水回用技术的热门研究方向，它的论文发表情况也具有很高的研究价值。1984—2012 年，CNKI 共收录污水回用膜分离技术相关学术期刊论文 621 篇，包括反渗透（365 篇）、超滤（254 篇）、微滤（75 篇）、纳滤（51 篇）和电渗析（45 篇）（见图 3—18）。

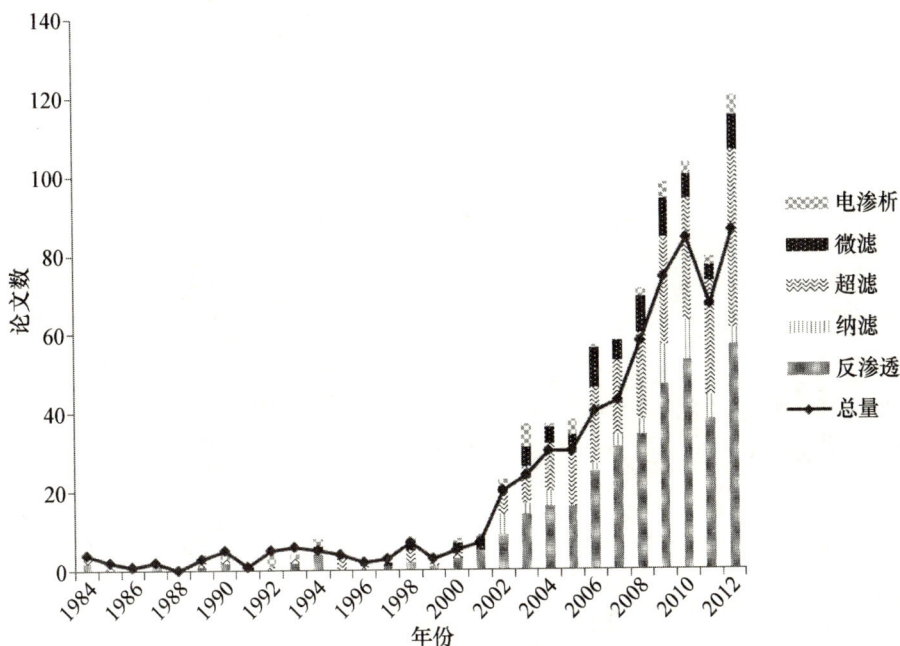

图 3—18　1984—2012 年 CNKI 收录中国污水回用膜分离技术学术论文数量年变化

2000 年之后，污水处理膜分离技术论文数增长迅猛。其中反渗透的数量最多，其次是超滤，这两种技术作为关键词首次出现的时间分别为 2002 年和 2000 年。而微滤、纳滤和电渗析的论文发表数与关键词出现时间均落后于前者。此外，2000 年之前膜分离技术论文的总数与单个技术之和基本相当，2000 年之后总数明显小于单个技术之和，可见多种技术联合研究是未来的趋势。

（二）污水回用消毒技术

1984—2012 年，CNKI 共收录污水回用消毒技术相关学术期刊论文 685 篇，包括氯消毒技术（428 篇）、臭氧消毒技术（219 篇）、紫外线消毒技术（50 篇）、过氧化氢消毒技术（24 篇）（见图 3—19）。

氯消毒作为传统的消毒方式，无论是在研究的起步时间上还是论文发表数量上都处于领先水平，1984—2012 年学术期刊中氯消毒技术论文占所有消毒技术论文的 62%。臭氧消毒作为新兴的消毒技术在 1996 年之后发展迅速，其论文发表数量上升趋势明显。过氧化氢和紫外线消毒论文数量较少，且上升趋势不明显。

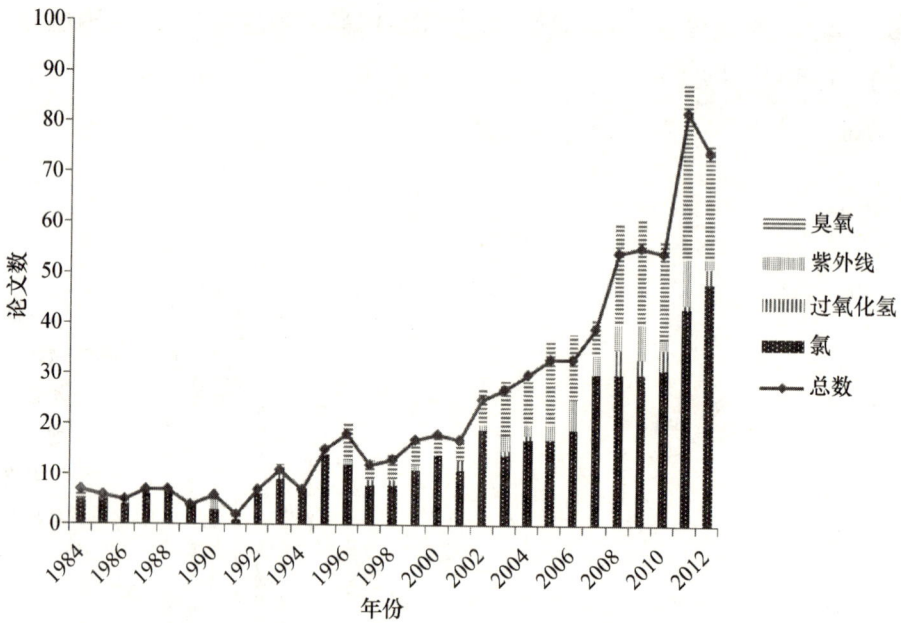

图3—19 1984—2012年CNKI收录污水回用消毒技术学术论文数量年变化

（三）安全控制与风险管理

1984—2012年，CNKI收录污水回用安全控制与风险管理相关学术期刊论文共368篇，论文发表数量年变化见图3—20。

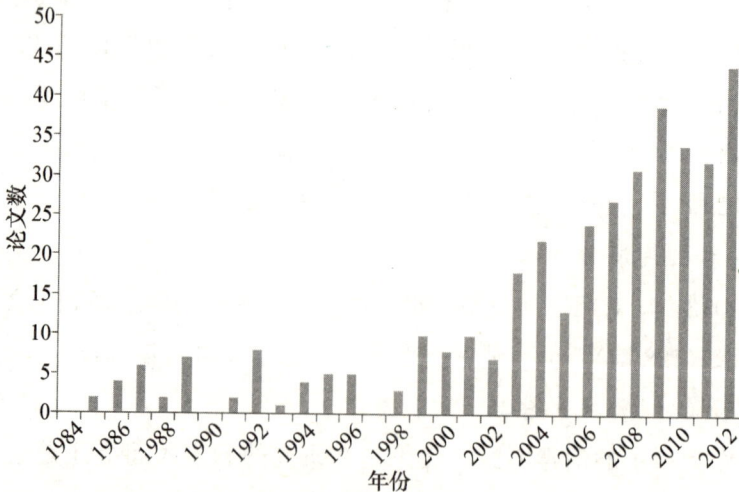

图3—20 1984—2012年CNKI收录污水回用安全控制与风险管理学术论文数量年变化

污水回用安全控制与风险管理的研究方向主要有健康、环境影响、微生物控制、水质评价。其中健康方面的研究论文数目最多，占总数的60%，其次是环境影响，占24%（见图3—21）。而在微生物控制和水质评价方面的论文数目相对较少，这也与我国再生水管理体系尚不完善，没有统一明确的再生水水质评价标准有关。

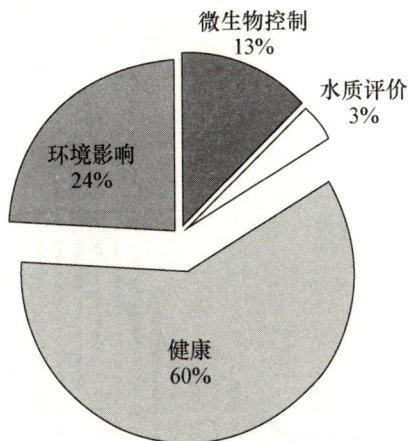

图 3—21　1984—2012 年 CNKI 收录污水回用安全控制与风险管理类别分布

（四）再生水管理

1984—2012 年，CNKI 共收录再生水管理相关学术期刊论文 1 765 篇。2000 年之前，再生水管理相关论文数量较少且增长趋势不明显，2000 年之后相关论文增长明显（见图 3—22）。

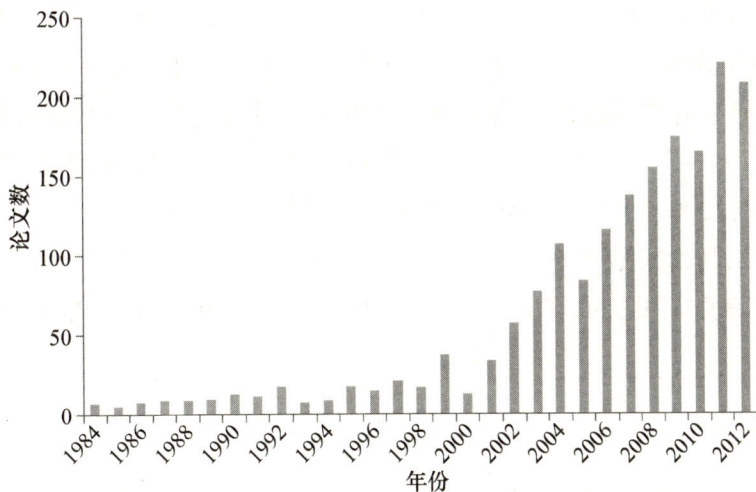

图 3—22　1984—2012 年 CNKI 收录中国再生水管理学术论文数量年变化

（五）再生水应用

1984—2012 年，CNKI 共收录再生水应用相关学术期刊论文 5 639 篇（见图 3—23）。在再生水的应用相关论文中，工业利用方面所占比例最大，占 48%；其次是环境和娱乐用水，占 31%。饮用回用、城市非灌溉回用水所占比例则相对较小。

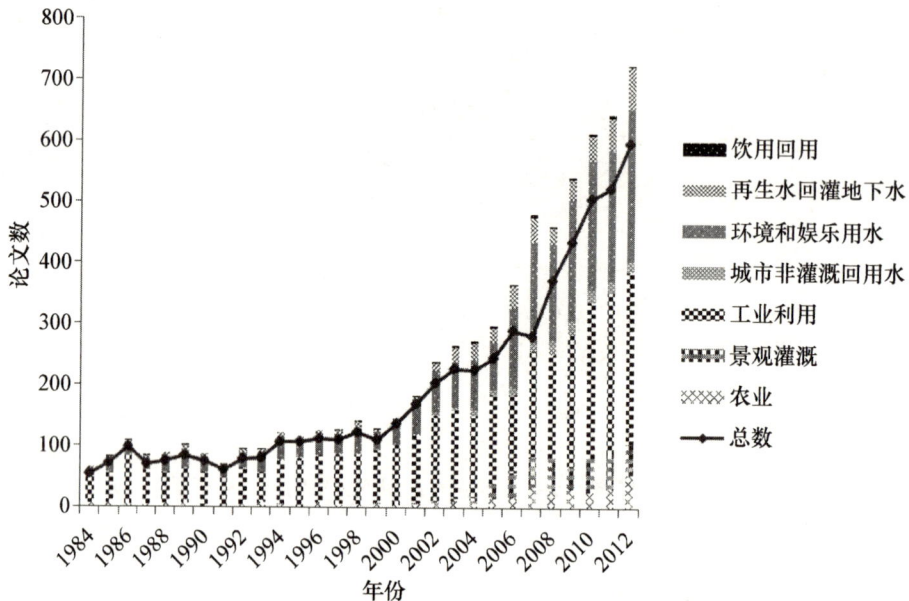

图中纵轴为"论文数"（0—800），横轴为"年份"（1984—2012），图例包括：饮用回用、再生水回灌地下水、环境和娱乐用水、城市非灌溉回用水、工业利用、景观灌溉、农业、总数。

图3—23　1984—2012年CNKI收录中国再生水应用学术论文数量年变化

在再生水应用研究领域的变化方面，通过考察2000—2002年与2010—2012年再生水应用研究领域分布情况可发现，工业利用一直占据最重要的研究地位：2000—2002年为62％，2010—2012年为40％。与此同时，就再生水在其他方面的应用进行研究的期刊论文比例大都有所增加，最为显著的是环境和娱乐用水，由2000—2002年的27％增长至2010—2012年的34％，可见我国近几年再生水应用的推广与发展主要集中在环境和娱乐使用方面。此外，再生水在饮用回用方面的学术期刊论文数量在2000—2002年与2010—2012年均为1％，比重较少且无增加趋势，可见我国再生水饮用回用在技术和政策上尚不成熟（见图3—24）。

三、总结

我国污水回用研究起步较早，在近30年尤其是2000年之后发展迅速，相关学术期刊论文数量多、覆盖面广。在污水回用技术方面，膜分离是近几年的研究热点且具有极高的研究价值，消毒技术方面传统氯消毒研究占据较大优势。在再生水应用方面，工业利用与环境和娱乐用水是热门研究领域。结合已有成果和相关政策可知，再生水行业具有较大研究价值和发展前景。

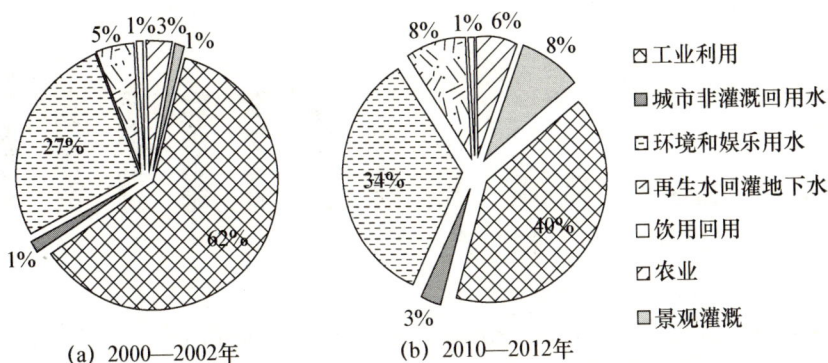

图 3—24 2000—2002 年与 2010—2012 年 CNKI 收录再生水应用研究方向分布

第四节 CNKI 收录再生水博硕士论文、专利、科技成果分析

一、博硕士论文

从 CNKI《中国博士学位论文全文数据库》（413 家博士培养单位，来源覆盖率 96％）和《中国优秀硕士学位论文全文数据库》（635 家硕士培养单位，来源覆盖率 96％）获得 2000—2012 年污水再生及回用技术的博硕士论文共 2 718 篇（主题词为：中水、再生水、水回用、水资源再生能力、回用水、回收水、废水回收、污水再生利用和循环水）。

（一）关键词分析

我国博硕士论文关于污水回用的研究起步较晚，2000 年才有硕士开始进行工业废水处理水的回用技术、活性炭吸附生活污水污染物等研究，这方面在近 10 年以较快的速度发展，截至 2012 年底，CNKI 共收录全国 2 718 篇博硕士论文（见图 3—25）。2000—2008 年，关于污水再生及利用技术的博硕士论文数平稳增长，2009 年之后进入一个平稳期，增幅较小；2012 年论文数迅速增多，污水研究热度继续升温。

从图 3—26 研究关键词的年度变化可以看出，每年的研究热点逐渐向深度处理的方向发展。清洁生产和生物曝气池是最早的研究方向，反渗透技术出现得相对较晚，但在 2007—2008 年研究数量达到 19 篇；在 2011—2012 年，关于污水资源化利用的数值模拟技术快速增加，该技术主要应用于"结合实验对氮素等的模型建立与分析"，自 2004 年开始逐步被用于再生水研究。同时，节能问题也开始得到较多的关注。

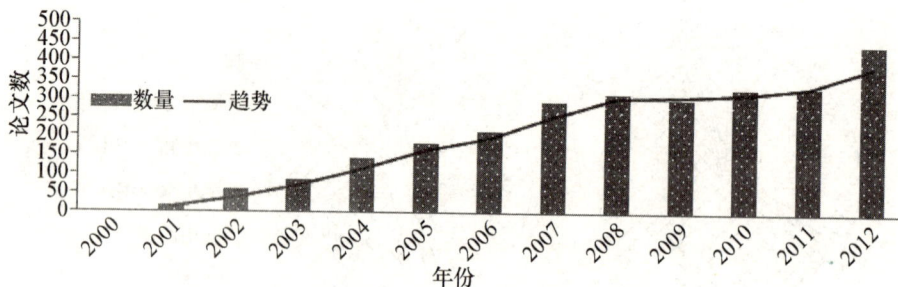

	2000—2002	2003—2004	2005—2006	2007—2008	2009—2010	2011—2012
关键词	清洁生产（3）	水资源（8）	深度处理（13）	反渗透（19）	水资源（14）	数值模拟（27）
	生物曝气池（2）	城市污水（5）	生活污水（8）	超滤（13）	深度处理（13）	膜污染（9）
				水资源（9）	曝气生物滤池（7）	节能（7）
						吸附（7）

图 3—25 2000—2012 年 CNKI 收录污水再生及回用技术博硕士论文数量变化及关键词变化

注：表中关键词为除去"回用""再生""中水"之外的研究关键词。

对 2000—2012 年总体关键词热度进行分析，数值模拟依然是博硕士论文研究的第二大热点。反渗透技术虽然出现得比较晚，但从研究热度来看，其发展速度很快，连同膜污染、膜生物反应器等技术位列最热关键词行列。吸附技术从2011—2012 年进入热门关键词列表中，也是博硕士论文研究的重要方向（见图3—26）。

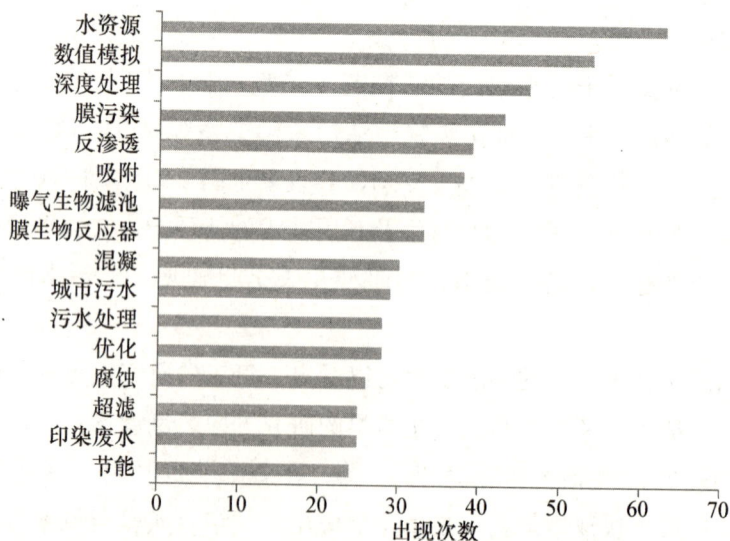

图 3—26 2000—2012 年总体关键词热度情况

（二）资助来源

2000—2012 年，污水回用领域的博硕士论文中的国家和地区投资支持项目共计 406 项。其中，国家自然科学基金是该领域的主要资助来源（175 篇），其次是国家高级技术研究发展计划（55 篇），国家重点基础实验发展计划、国家科技支撑计划（各 28 篇）等国家级的基金项目。此外，一些经济发达省市的自然科学基金和科技攻关计划（上海、山东、陕西等地）也对该领域博硕士论文提供了相应资助（见图 3—27）。

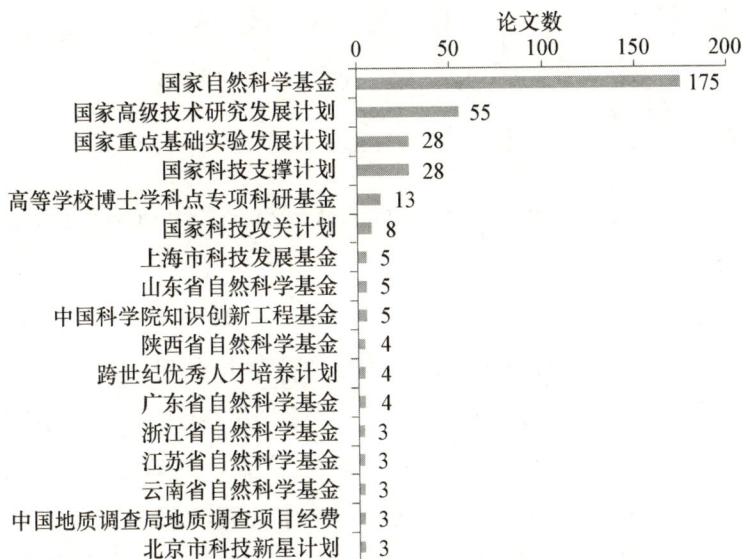

图 3—27 2000—2012 年 CNKI 收录污水回用博硕士论文主要资助来源

（三）领先群体分析（研究机构）

2000—2012 年污水再生领域的博硕士论文数在 50 篇以上的培养单位有天津大学（150 篇）、西安建筑科技大学（106 篇）、浙江大学（80 篇）、大连理工大学（78 篇）、重庆大学（71 篇）、中国海洋大学（69 篇）、华北电力大学（64 篇）、山东大学（62 篇）、哈尔滨工业大学（59 篇）、大庆石油学院（56 篇）、吉林大学（54 篇）。

膜分离技术（微滤、超滤、纳滤、反渗透和电渗析）和化学氧化技术（氯、高氯酸盐、过氧化氢）均是这些机构的研究热点，其中华北电力大学对膜分离技术的研究最多，其次是天津大学，化学氧化的研究实力普遍都较高。离子交换的研究较少，高级生物转化是较新的技术，也在西安建筑科技大学、天津大学、华北电力大学和山东大学等高校有一定的研究。蒸馏技术包括多效蒸发、多级闪蒸、蒸汽压缩蒸馏和膜蒸馏等，在大庆石油学院、吉林大学和重庆大学研究较多（见图 3—28）。

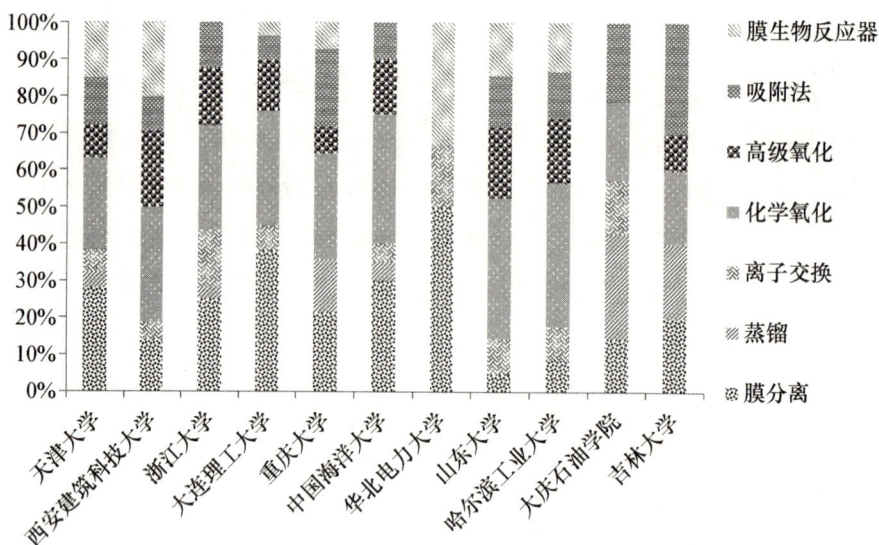

图 3—28　2000—2012 年 CNKI 收录博硕士论文领先群体的研究情况

（四）污水回用技术分类

1. 总体情况

在 CNKI 中有关污水处理技术的博硕士学位论文共有 750 篇，其中涉及化学氧化技术的有 254 篇，膜分离技术的有 178 篇，吸附法的有 155 篇，高级氧化技术的有 123 篇，膜生物反应器和离子交换技术的各有 92 篇，蒸馏技术的仅有 35 篇，很明显，许多论文的研究主题都关注了不止一种污水处理技术。

从 2000 年起，博硕士研究各项污水回用技术中的论文数量基本逐年递增（见图 3—29）。其中，化学氧化技术方面的博硕士论文数自 2000 年起就快速增长且一直处于最高水平，是博硕士研究的热点问题；膜分离技术论文数在 2006 年明显减少

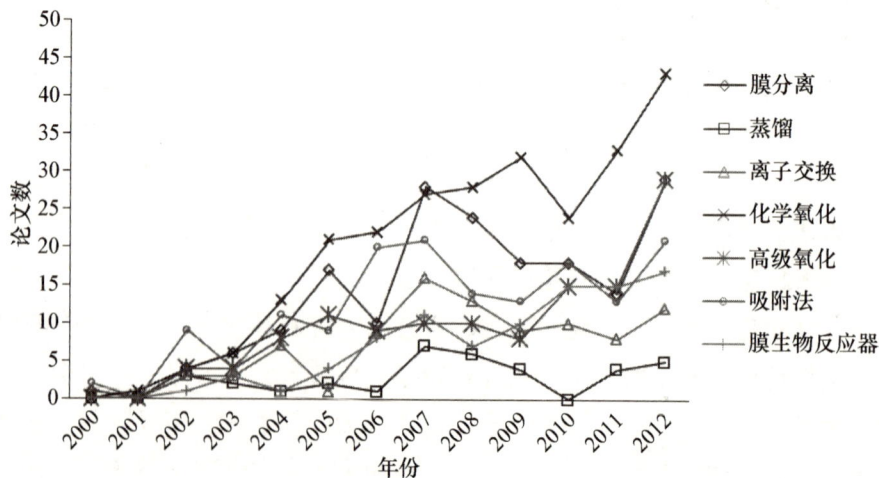

图 3—29　2000—2012 年 CNKI 收录博硕士论文不同污水回用技术论文数的年变化

之后的 2007 年突然增多，而之后的 4 年内不断减少，直到 2012 年才开始回升；吸附法、离子交换、高级氧化和膜生物反应器技术的年变化趋势基本保持一致；蒸馏技术论文数一直处于较低水平，年增长速度趋于平缓。

纵向对比 2001—2003 年和 2010—2012 年各项污水处理技术的博硕士论文数（见图 3—30），可以发现，化学氧化技术所占的比例一直最高，且由 19.3% 上升至 27.9%；膜生物反应器技术所占比重虽然不高，但是近年来已经提高了约 6 个百分点；高级氧化技术所占比例略有提高，但幅度很小；而膜分离技术、吸附法、离子交换技术和蒸馏技术所占比例都有不同程度的下降。

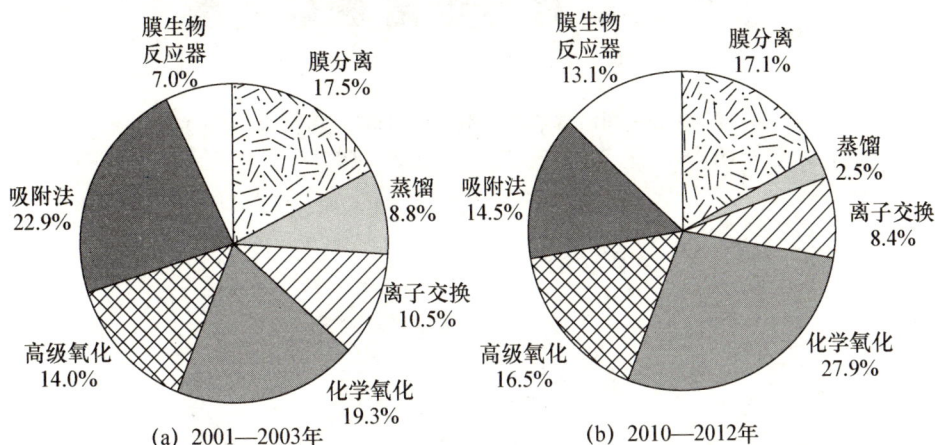

图 3—30 2001—2003 年与 2010—2012 年 CNKI 收录博硕士学位论文污水处理各项技术比重变化

注：由于各类技术的论文数有重复计算，同一篇文章可能涉及两种及以上的技术，所以论文总数小于各技术论文数之和。

2. 膜分离各种技术情况及总体情况

CNKI 收录博硕士论文中涉及反渗透、纳滤、超滤、微滤和电渗析这几项膜分离技术的论文数变化趋势基本同步（见图 3—31）：在 2000—2005 年稳步增长，2007—2011 年呈逐年下降趋势，2012 年开始回升，总体上博硕士论文中研究膜分离技术的数量呈周期性上升。

2001—2003 年，再生水中膜分离各项技术占比基本持平，超滤略多。到 2010—2012 年，超滤技术和反渗透技术所占比重分别增大到 29% 和 26%，研究纳滤技术的博硕士论文数量比重略有下降，电渗析技术的研究热度有明显的下降趋势（见图 3—32）。

3. 污水回用消毒技术

2000—2012 年，CNKI 收录博硕士论文中研究臭氧、紫外线、过氧化氢和氯消毒这四项污水回用消毒技术的共有 261 篇（见图 3—33 和图 3—34）。氯消毒的论文数逐年上升，在污水回用消毒技术中比重由 44% 上升至 59%，但在 2008 年之后其年发文量基本持平，2010 年进入低谷之后又在下一年回到 2008 年的水平；紫外线、过氧化氢和臭氧消毒技术论文数一直在低水平波动，但其中臭氧消毒的比重上升了约10%，而紫外线和过氧化氢技术所占比重有不同程度的下降。

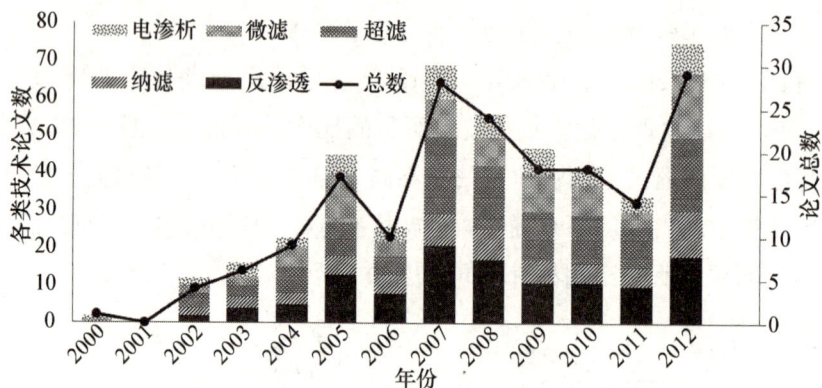

图3—31　2000—2012年各项膜分离技术博硕士论文数的年变化

注：由于各类技术的论文数有重复计算，同一篇文章可能涉及两种及以上的技术，所以论文总数小于各技术论文数之和。

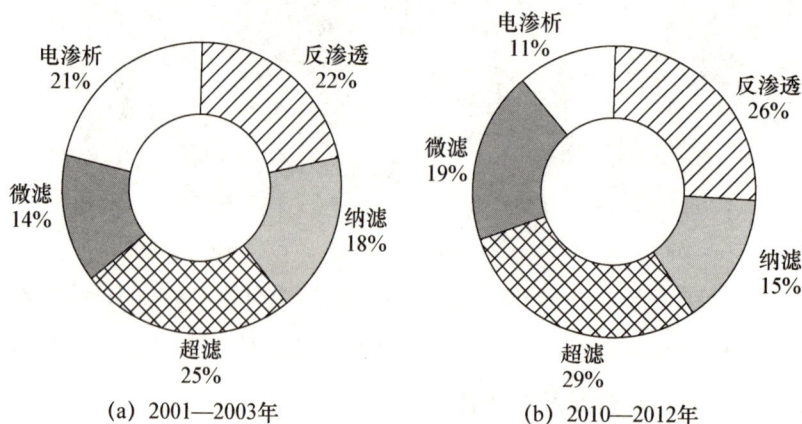

(a) 2001—2003年　　　　　　　　　(b) 2010—2012年

图3—32　2001—2003年与2010—2012年CNKI收录博硕士论文各项膜分离技术研究比重变化

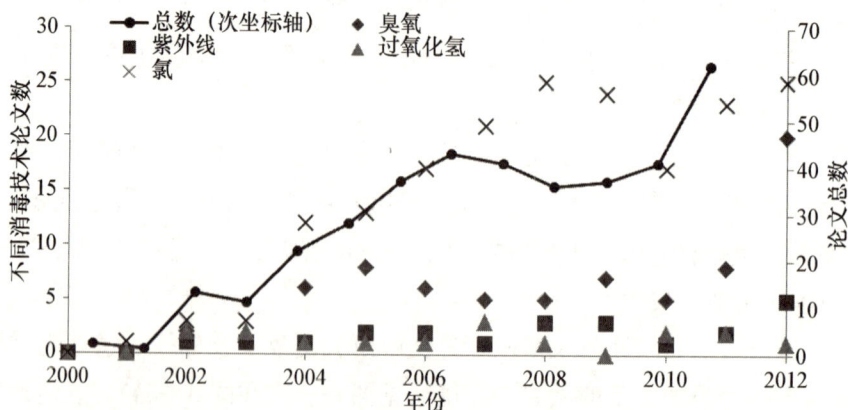

图3—33　2000—2012年不同污水回用消毒技术的博硕士论文数的年变化

注：论文因主题词的交叉重复而可能有部分重复计算。

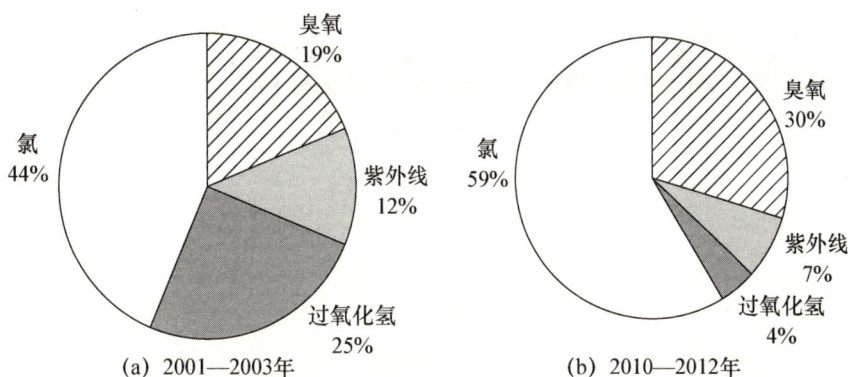

（a）2001—2003年　　　　　（b）2010—2012年

图3—34　2001—2003年与2010—2012年CNKI收录博硕士论文各项
污水消毒技术研究比重变化

（五）安全控制和风险管理

2000—2012年，CNKI收录的有关再生水安全控制和风险管理（包括微生物风险控制、化学物质风险评价、健康和环境影响，主题词为：安全控制、风险管理、安全评估、安全评价、风险评估、风险评价、微生物风险控制、化学物质风险评价、健康影响和环境影响）的博硕士论文共有127篇，占所有污水回用博硕士论文的4.67％，发表相关论文数最多的是西安建筑科技大学（12篇），论文数在5篇及以上的还有哈尔滨工业大学（9篇）、天津大学（8篇）、中国农业科学院（5篇）、重庆大学（5篇）和山东大学（5篇）。

（六）再生水管理

2000—2012年，CNKI收录的涉及再生水管理（包括政策、规划、标准、法规、技术指南、条例、部门规章、法律、规范、导则和水价管理）的博硕士论文仅有51篇，仅占污水回用博硕士论文总数的1.88％，自2000年起数量没有明显的年度变化。

（七）再生水的应用

CNKI收录关于再生水用途的博硕士论文中研究环境和娱乐用水回用的最多，占50％以上，并且近些年来增长速度很快；其次是研究工业利用的论文，但近几年来相关论文数处于平稳水平，没有明显增长；而研究农业、景观灌溉、城市非灌溉回用水、再生水回灌地下水和饮用回用的博硕士论文相当少，2000—2012年几乎没有明显的变化。其中，对于饮用回用的研究始于2006年，研究热度几年来没有上升（见图3—35）。

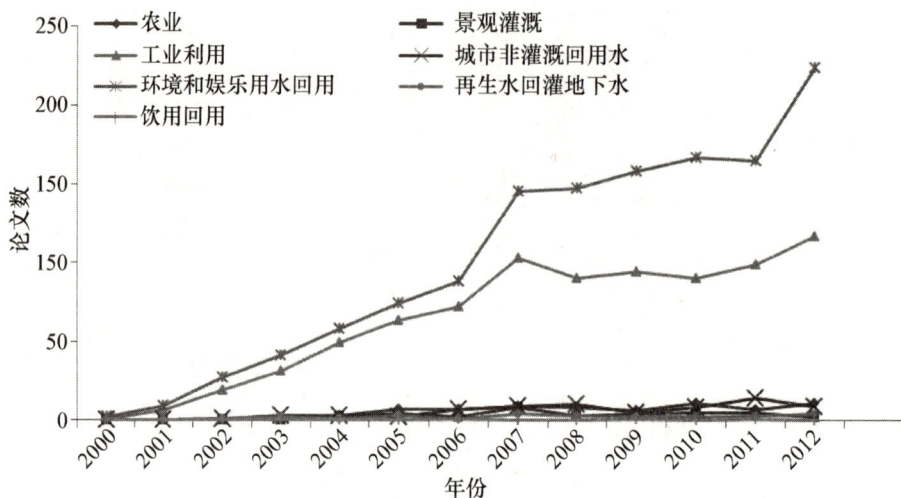

图 3—35　2000—2012 年再生水不同应用领域的博硕士论文数的年变化

二、专利

（一）总体情况

从中国知网国家知识产权局出版社出版的《中国专利全文数据库》（来源覆盖率 100%）获得 1986—2012 年污水再生及回用技术的专利共有 16 261 项（检索主题词：中水、再生水、水回用、水资源再生能力、回用水、回收水、废水回收、再生利用和循环水）。由于污水回用专利中多数为发明专利，外观设计专利和实用新型专利数比较少，此处不再对这三类专利具体划分。污水回用专利数变化可以分为三个阶段：第一个阶段（1986—1999 年），专利数较少并且年增长速度很慢；第二阶段（2000—2009 年），年增长速度逐渐加快，污水回用专利数逐渐增多；第三阶段（2010—2012 年），为快速增长阶段，污水回用的专利产出迅速增加（见图 3—36）。

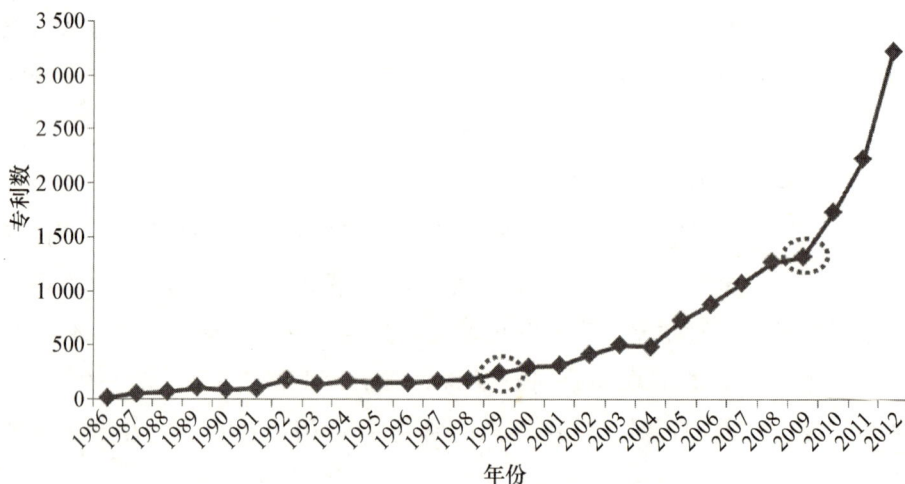

图 3—36　1986—2012 年污水回用专利数年变化

（二）研究层次

污水回用专利的研究层次分为基础与应用基础研究（自然科学）、工程技术（自然科学）和专业实用技术（自然科学），均属于自然科学范畴，各研究层次所占比例见图3—37。1986—2012年，污水回用专利总体上属于基础与应用基础研究（自然科学）层次的占41%，工程技术（自然科学）层次占34%，而专业实用技术（自然科学）占25%。同时，从图3—38可以看出，各项污水回用技术的研究层次分布情况各有不同，但基础与应用基础研究层次的专利在各项技术领域都是最多的。

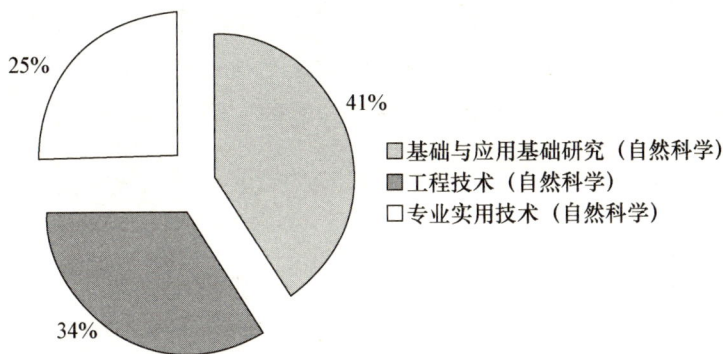

图3—37　1986—2012年污水回用专利的研究层次分布

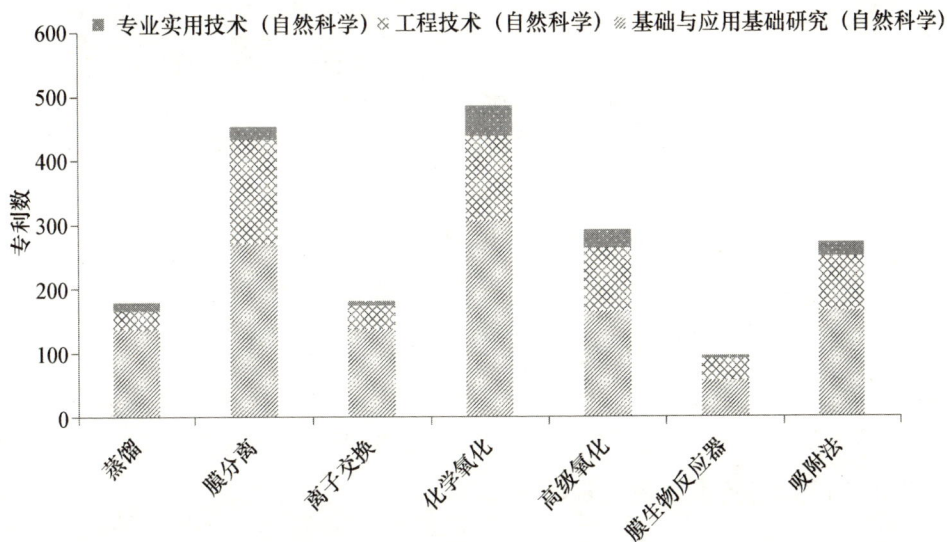

图3—38　1986—2012年各项污水回用技术的研究层次分布

（三）污水回用技术分类

1. 总体情况

1986—2012 年，CNKI 收录污水处理技术的专利共有 1 643 项，其中，化学氧化技术专利有 485 项，膜分离技术专利有 454 项，高级氧化技术专利有 293 项，吸附法专利有 273 项，离子交换技术专利有 181 项，蒸馏技术专利有 180 项，而膜生物反应器专利只有 96 项，很明显，部分专利研究了不止一种污水回用技术。如图 3—39 所示，2000 年以前，各项污水回用技术的专利数一直处于较低水平，几乎没有增长；2000 年以后，相关专利数开始逐年增多，特别是 2009 年之后增速加快；膜分离技术和化学氧化技术的专利所占比重很大，属于该领域的热点问题；高级氧化技术的专利年度波动较大，时增时减；吸附法专利数在近年来增速有明显加快的趋势；蒸馏技术、离子交换技术和膜生物反应器的专利数平缓地增长，但数量一直处于较低水平。

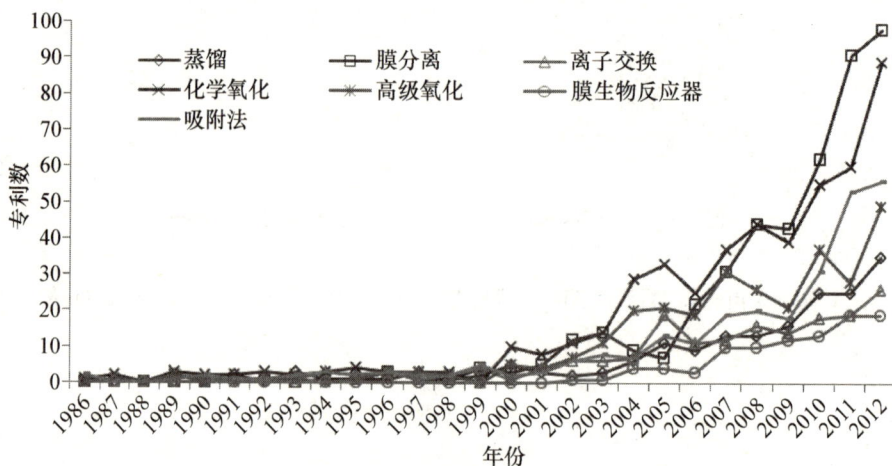

图 3—39　1986—2012 年各项污水处理技术的专利数年变化

纵向对比 2001—2003 年和 2010—2012 年各项污水处理技术专利所占比重（见图 3—40），膜分离技术所占比重保持在 20% 以上的水平，且比重有所提高，属于专利发明热点；化学氧化技术所占比重也在 20% 以上，但比重下降了 4 个百分点；高级氧化和离子交换技术的专利所占比重有明显的下降，研究热度降低；吸附法、蒸馏和膜生物反应器专利所占比重略有提高。

2. 学科分布

1986—2012 年，污水回用专利主要分布在环境科学与资源利用、化学、无机化工、有机化工、建筑科学与工程和轻工业手工业这六个学科（见图 3—41），最主要学科是环境科学与资源利用，其次是化学、无机化工和有机化工。

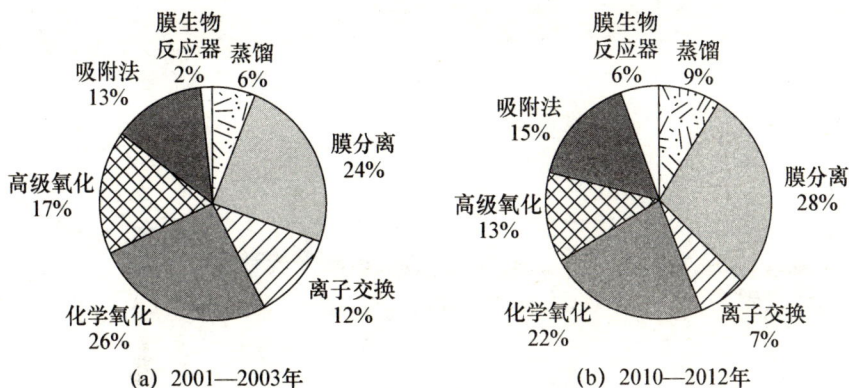

(a) 2001—2003年

(b) 2010—2012年

图3—40 2001—2003年与2010—2012年CNKI收录各项污水处理技术专利所占比重变化

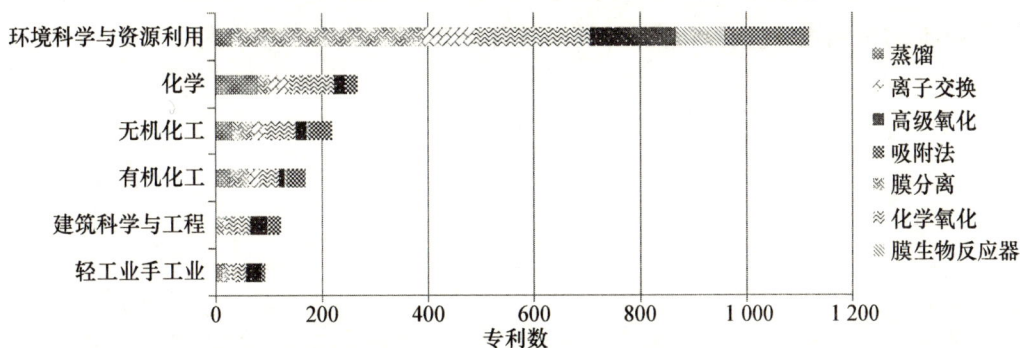

图3—41 1986—2012年污水回用技术专利学科分布

3. 膜分离各项技术情况

膜分离技术专利发明在2000年之前几乎空白，而2000年起开始逐渐增多，但2000—2006年的增长速度趋于平缓，在2006年之后整体数量有了大幅度增加。其中，反渗透和超滤的专利数增长很快，并且数目也处于高水平，在2011年同时达到了顶峰，2012年反渗透技术专利数有所下降，而超滤技术的专利数则开始保持平稳，纳滤、微滤和电渗析技术的专利数相对较少并且增长缓慢（见图3—42）。

4. 污水回用消毒技术

1986—2012年，污水回用消毒技术的所有专利中，臭氧消毒专利有243项，氯消毒专利有237项，紫外线消毒专利有127项，过氧化氢消毒专利仅有25项，这些污水回用消毒技术常被交叉运用于专利中。

2000年之前，各项污水回用消毒技术的专利仅有很少几项，在2000年之后开始逐渐增多。臭氧消毒技术的专利数在2008年之前波动较大，但2010年之后

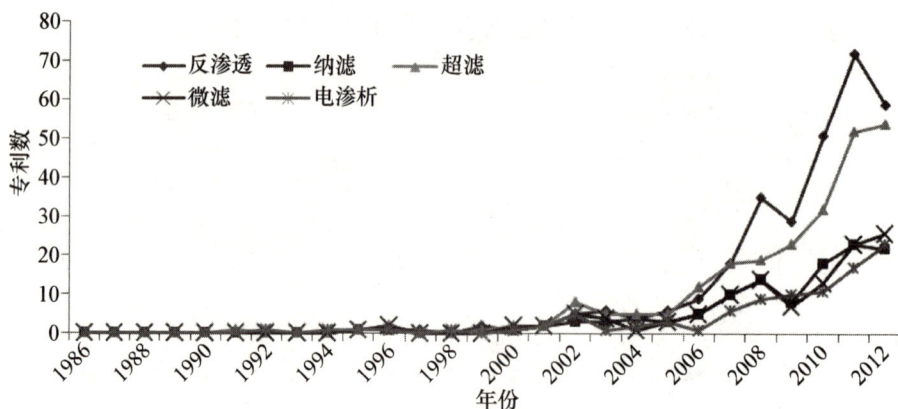

图3—42　1986—2012 年各项膜分离技术专利数年变化

快速增多；氯消毒技术和紫外线消毒技术的专利数呈波动上升趋势；而过氧化氢消毒技术的专利数一直处于很低水平，多年来没有大的进展（见图 3—43）。

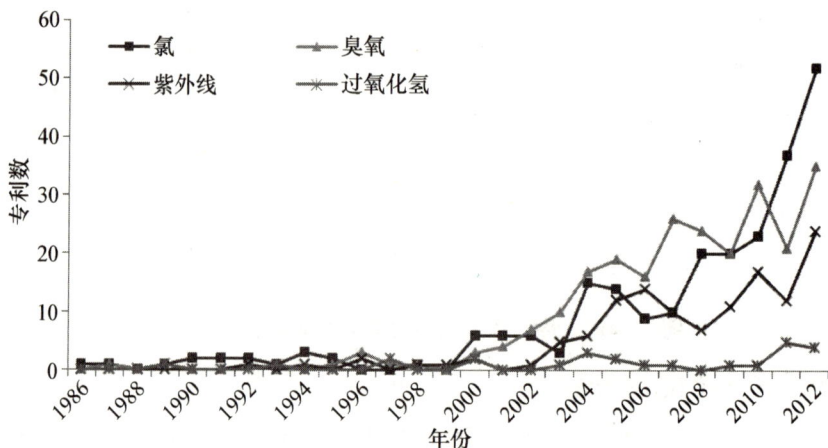

图3—43　1986—2012 年污水回用消毒技术的专利数年变化

三、科技成果

（一）总体情况

从中国知网《国家科技成果数据库》（35 个省部级单位的 83 个采集点，来源覆盖率 100%）获得 1995—2012 年的污水再生及回用技术的科技成果共有 11 606 项（主题词：中水、再生水、水回用、水资源再生能力、回用水、回收水、废水回收、污水再生利用和循环水）。2000 年以前，该类科技成果几乎空白；2000—2009 年十年间该类科技成果数迅速增多，增速逐渐加快，污水回用科技成果研究热度迅速升温；然而，从 2010 年起该领域内科技成果逐年减少，污水回用的科技成果研究逐步走向成熟（见图 3—44）。

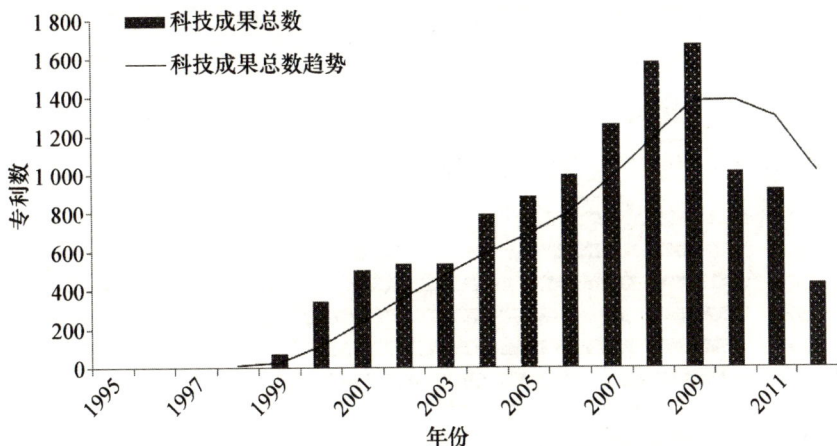

图 3—44 1995—2012 年污水回用的科技成果数的年变化

（二）污水回用技术分类

1. 总体情况

1995—2012 年，污水处理技术的科技成果共有 2 346 项（见图 3—45），化学氧化技术的科技成果有 769 项，膜分离技术的有 534 项，吸附法的有 386 项，离子交换技术有 311 项，高级氧化有 284 项，蒸馏技术有 202 项，很多科技成果的研究也都涉及多个污水处理技术。1999 年之前没有关于污水处理技术的科技成果，1999年起该领域的科技成果开始出现并且逐渐增多，2004—2006 年进入平稳时期，2007—2008 年进入快速增长时期，而 2009 年起整个领域内各项技术的科技成果数都有所减少，总数呈现快速下降的趋势。

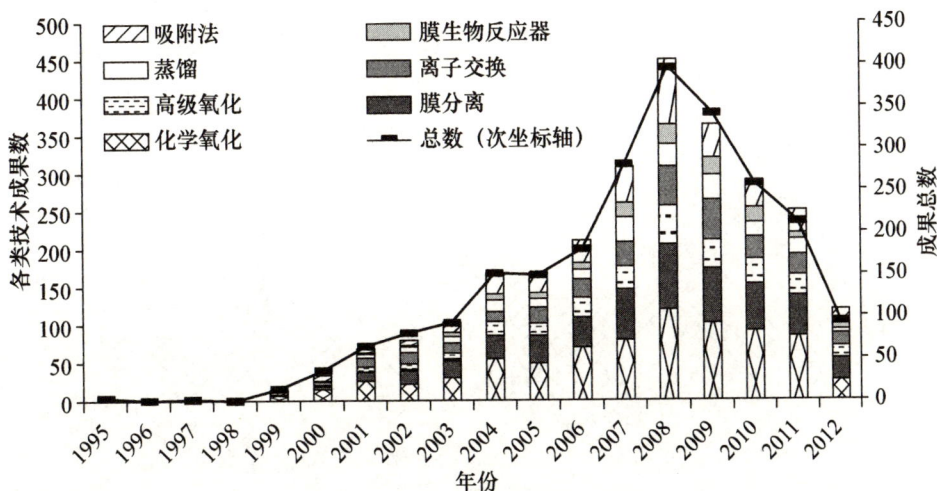

图 3—45 1995—2012 年污水回用技术科技成果总数和各项技术科技成果数的年变化

2. 膜分离各项技术情况

1995—2012年，各项膜分离技术科技成果数的变化趋势基本一致（见图3—46），2000年之前，膜分离技术科技成果总数几乎为零，但在2001年各项膜分离技术的科技成果数都有一个突增，并且持续八年增多，到2008年各项科技成果数达到顶峰，2008年之后逐渐减少，可见该领域的研究热度逐渐降温。

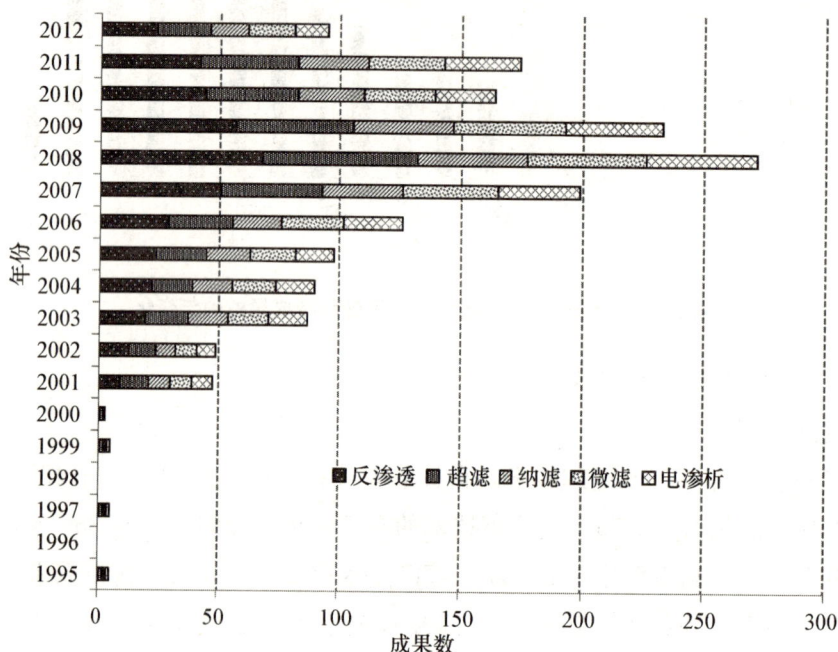

图3—46　1995—2012年各项膜分离技术的科技成果数的年变化

纵向对比2001—2003年和2010—2012年各项膜分离技术的科技成果比重变化（见图3—47），可以看出，各项膜分离技术科技成果所占比重比较均衡，并且多年来变化不明显；反渗透、超滤技术的科技成果比重有所提升；而纳滤、微滤和电渗析技术的科技成果略有下降。

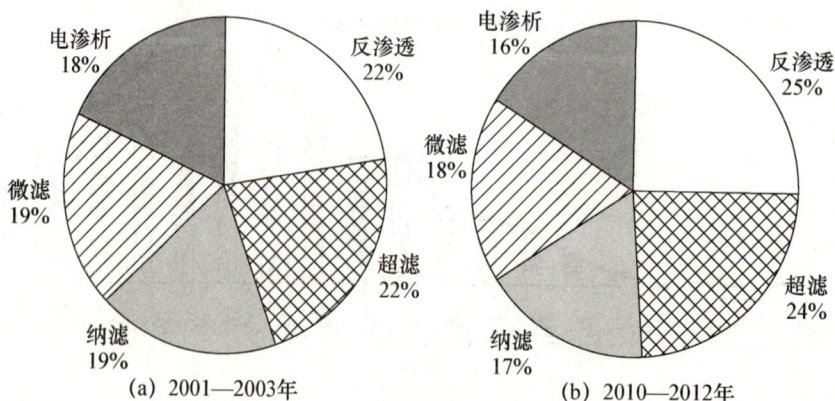

(a) 2001—2003年　　　(b) 2010—2012年

图3—47　2001—2003年与2010—2012年各项膜分离技术的科技成果比重的变化

3. 污水消毒技术

1995—2012 年，污水消毒技术的科技成果共有 797 项，其中，氯消毒技术的科技成果有 558 项，臭氧消毒技术的有 158 项，紫外线的有 69 项，而过氧化氢的有 37 项，说明部分科技成果的研究包含多种污水消毒技术。

各项污水消毒技术的科技成果总数在 1999 年之前几乎为零，1999 年之后开始增多，2005 年之后增加速度明显加快，2008 年达到最高峰，但是 2009 年开始下降，2012 年急速下降。氯消毒技术的科技成果数所占比重很大，臭氧技术次之，而紫外线和过氧化氢消毒技术的科技成果只占极少数（见图 3—48）。

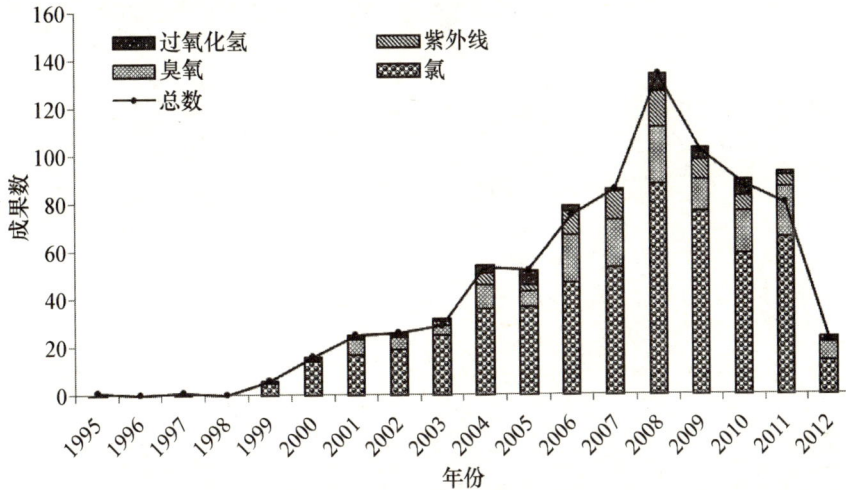

图 3—48　1995—2012 年污水消毒技术的科技成果总数和各项消毒技术的科技成果数的年变化

第三部分

应用篇

第四章　我国典型城市再生水工程建设发展进程与趋势

第一节　我国再生水工程建设发展进程与趋势

随着污水回用的示范工程越来越多，我国在污水回用领域的技术储备越来越雄厚。2000 年之后，污水再生利用进入全面启动与发展阶段。从 2001 年桥西污水处理厂中水回用工程和龙坑污水处理及回用工程获批开始，新千年的再生水利用设施建设拉开帷幕，并迎来快速发展的 15 年，特别在后 10 年，再生水工程数量快速增加，各级政府逐渐加大在再生水利用方面的投资力度，有力地推进了再生水利用的发展进程。

在中国工程项目网以"再生水""回用/中水""循环水"三个关键词进行检索再生水预审批项目（2001 年至 2014 年 3 月 14 日），共得到 525 个项目信息。

一、再生水项目总体情况

（一）项目数量和平均投资额年度变化

近 14 年来，我国再生水工程项目建设历程可分为三大阶段：2001—2005 年，再生水预审批项目数量以每年 2～5 个的速度缓慢增加。2005—2008 年，再生水项目数量的增加速度加快。2006—2007 年两年各有 15 个项目，其中广东省深圳市罗芳污水处理厂深度处理及中水回用工程（采用"脱氮—厌氧—T 形氧化沟"工艺）和河北省石家庄市深度处理回用工程（采用"前混凝—曝气生物过滤—后混凝—V 形滤池过滤—消毒"的处理工艺）是近年来规模最大的两个项目。投资额也是最大的，分别为 2.08 亿元和 3 亿元。2009 年至今，再生水工程数量快速增加，这一阶段除了工业废水回用和生活污水回用项目的数量增加外，配套再生水管线工程数量也快速增加，以沙河再生水厂（二期）及配套再生水管线工程、登封市污水处理厂71.25 公里配套管网工程和昆明滇池再生水处理站及配套管网建设工程等为代表。总体上看，在 2010 年之后，每年新增的再生水项目都很多，年均保持在 50 项之上。其中，2013 年达到顶峰的 133 项，2014 年只统计三个月的数据，但也已经有 39 项，预计 2014 年的总项目数相比于 2013 年将有增无减（见图 4—1）。同时，由于大型的再生水工程项目存在项目周期，而在一两年内政府将不再投入其他大型再生水工程，这便在一定程度上让再生水工程项目或者投资额度有波动上升的现象。

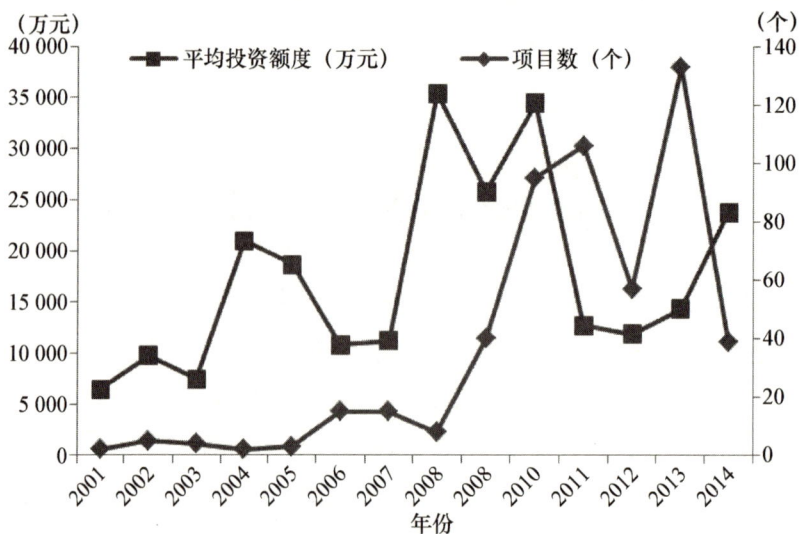

图 4—1　2001—2014 年再生水项目数和投资平均额度年变化

注：2014 年数据只统计 2014 年 1 月 1 日至 2014 年 3 月 13 日的数据，后同。

（二）项目类型

再生水项目分为工业废水回用（含循环冷却水）、生活污水回用以及配套再生水管线工程。在以上纳入统计的 500 多个项目中，生活污水回用项目（60%）占绝大部分比例，其次是工业废水回用（27%），配套再生水管线工程大部分是为市政污水回用而铺设的，且常和污水管网等基础设施同时建设（见图 4—2）。

2009 年之后，生活污水回用项目快速增长，到 2012 年项目数有较大的减缩（25 项），2013 年之后又继续快速增长（56 项）。工业废水回用项目以较缓慢的速度增长，2013 年后有快速增长的趋势。再生水管网起步较慢，在 2009 年之后开始大量增加，其中天津已有 28 个管网工程项目，北京有 7 个，吉林有 5 个，配套再生水管网工程的建设标志着再生水利用范围的进一步扩大（见图 4—3）。

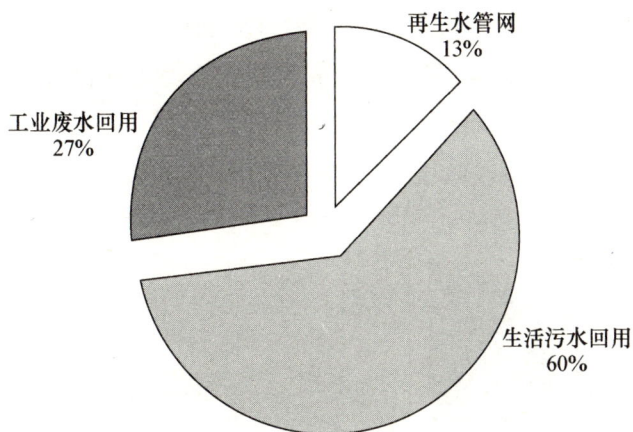

图4—2 2001—2014年再生水项目类型比例

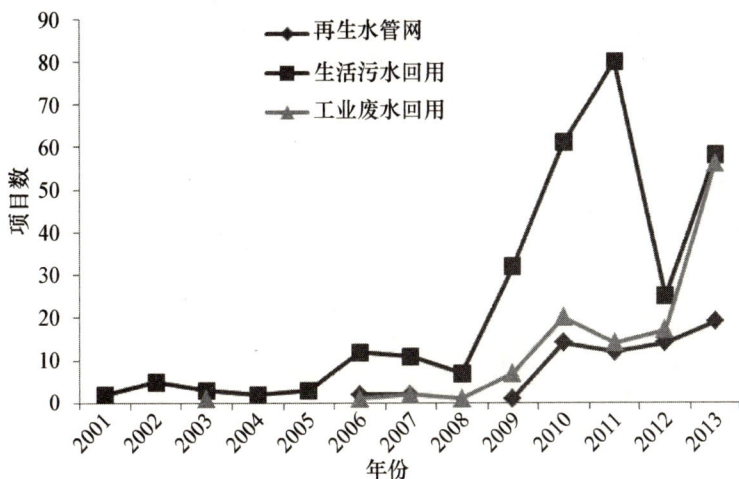

图4—3 2001—2013年各项目类型年变化

（三）项目投资性质

再生水回用项目是资金密集型基础设施建设项目，单靠政府性投资无法满足再生水回用快速发展的需要。总体上，我国非政府投资型的再生水回用项目已经有一定比例（34%），且在近三年比例有逐渐增加的趋势。以BOT（Build-Operate-Transfer）、TOT（Transfer-Operate-Transfer）、TBT（Transfer-Build-Transfer）等为融资模式的再生水工程数量的增加有利于解决地方政府资金短缺问题。

（四）再生水项目规模

再生水回用项目规模差异性较大，目前最大的工业废水回用项目是广东省深圳市水厂排泥水回用系统工程（35万t/d），生活污水回用项目是北京清河再生水厂

（二期）及再生水利用工程（32万t/d），最小的只有几百t/d。

总体上，以［10 000t/d，50 000t/d］的规模范围内项目最多，占52%，超大规模项目［100 000t/d，500 000t/d］也占据一定比例（13%）。低于10 000t/d的小规模再生水项目占18%，而这18%中，有70%左右是生活污水回用项目（见图4—4）。

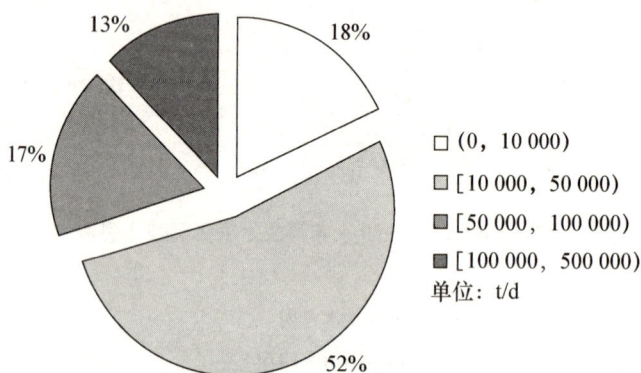

图4—4　项目规模比例

在投资额度上，5 000万元以下和5 000万元以上的项目接近各占一半，10 000万元以上的项目占比31%（见图4—5）。就投资额度而言，如果排除和其他主体工程一起投资的项目，最高额度项目为清河再生水厂（二期）及再生水利用工程（总投资206 743万元）。

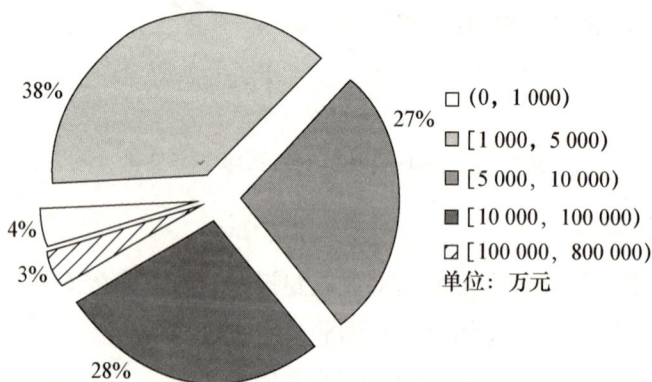

图4—5　项目投资额度比例

二、各省份项目预审批情况

（一）各省份预审批项目数量

影响一个省份是否快速推动再生水回用进程的因素有很多，在全国再生水利用技术水平相当或可以低价有偿共享的前提下，主要影响因素有水资源丰缺度（水质和水量）、经济水平、工业发展水平、国家对各省份政策的引导以及政府、企业和民众的水资源观等。

再生水回用项目以北方地区为主，河南、天津、北京和内蒙古是最主要的省份，河北、山东和山西等地次之（见图4—6）。从水资源丰缺度来看，北方地区水资源比南方短缺程度大（一是气候地域原因，二是人口多，三是工业发达）。河南省以工业废水回用项目最多而居于首位，仅2013年一年就新增17个工业废水回用工程。北京市区内的工厂大部分已经往外搬迁，因此其再生水回用项目以生活污水回用项目为主。以北京市密云再生水厂为开端，2006年以来北京先后建成怀柔、平谷、亦庄、海淀温泉、永丰、北小河及顺义八座再生水厂；2008年后又启动了清河二期、卢沟桥、北小河二期、高碑店、酒仙桥等再生水厂；而2012年之后在怀柔庙城镇、顺义区赵全营镇、丰台河西、高安屯、海淀稻香湖等地又陆续开始建设再生水回用工程与配套管网。内蒙古的再生水项目基本上都是在2010年之后快速发展起来的。天津市的再生水回用工程建设轨迹较早，2010年之后新上项目主要是增加配套再生水管线工程，近14年来天津市配套再生水管线工程约28个。

位于中国东部、东南部地区的省份，除广东省外（制造业较发达，工业废水回用项目较多，且深圳市的再生水利用发展较早，生活污水回用也发展较快），其他省份的再生水回用项目屈指可数。

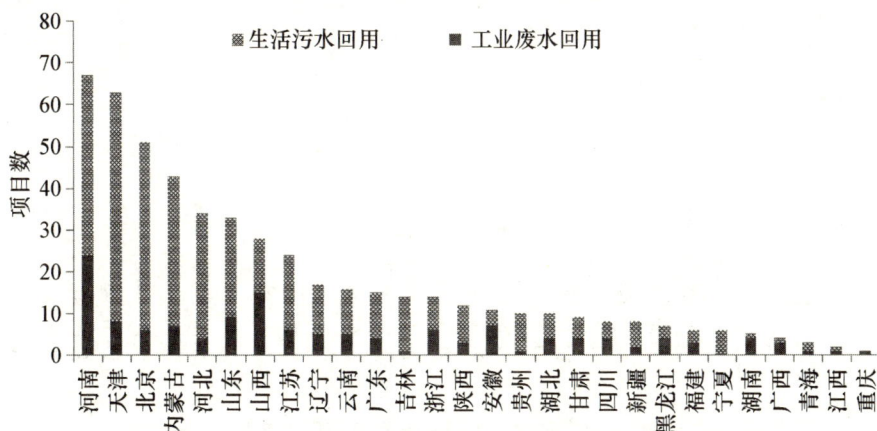

图4—6　2014年各省份项目数量

从总投资额来看，天津除了再生水工程项目数量较多外，其配套管网工程大部分是与市政基础设施建设工程联合的，因此投资额大；山西再生水部分工程附属于晋煤集团，其投资额也很高。目前主要的投资地区还是以北京、河南、内蒙古和云南为主（见图4—7）。

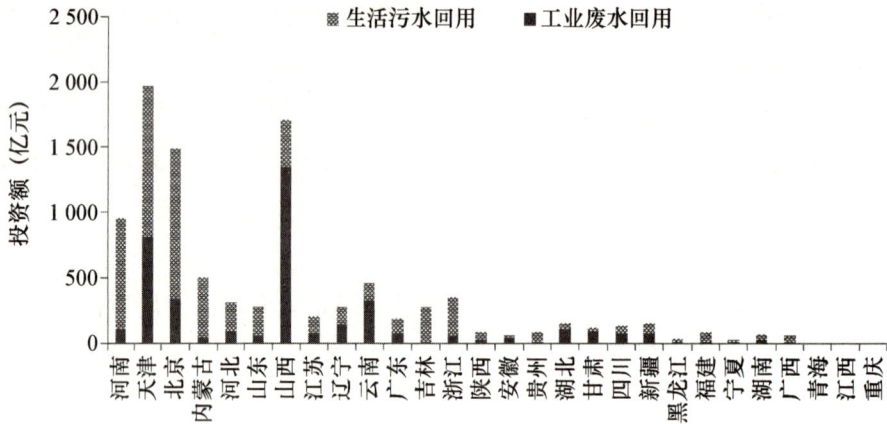

图4—7　各省份项目投资总额

（二）各省份再生水的发展

从纵向上看，对比2010年和2013年，再生水回用工程地域分布有较大的变化。

工业废水回用项目方面，较多省份有一定的增量，主要以华北、中南地区为主，其中河南的增加量较大（见图4—8）。西南地区有一定的增加，但比例较小。

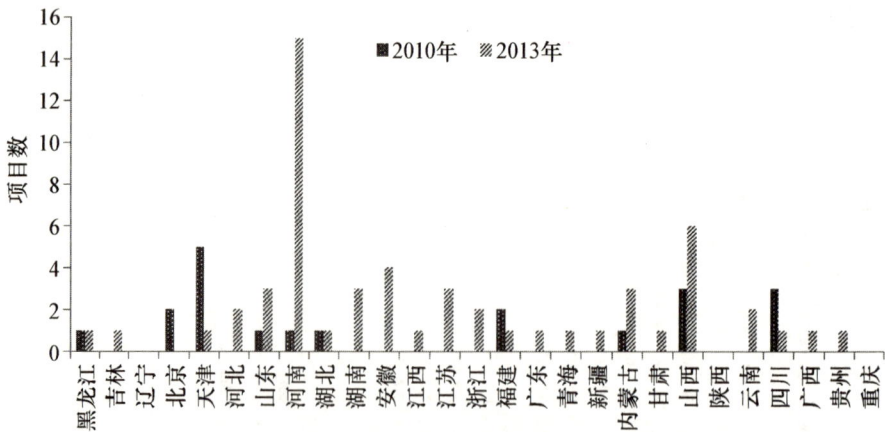

图4—8　各省份工业废水回用项目年变化

生活污水回用项目方面，2010年主要分布在华北地区（见图4—9），天津、北京、河北、河南和内蒙古占据较大比例。2013年增加的项目主要分布在吉林，东南地区有小部分增长。西南地区由于水资源量较大，经济发展也相对较慢，因此再生水回用项目增加量较少。

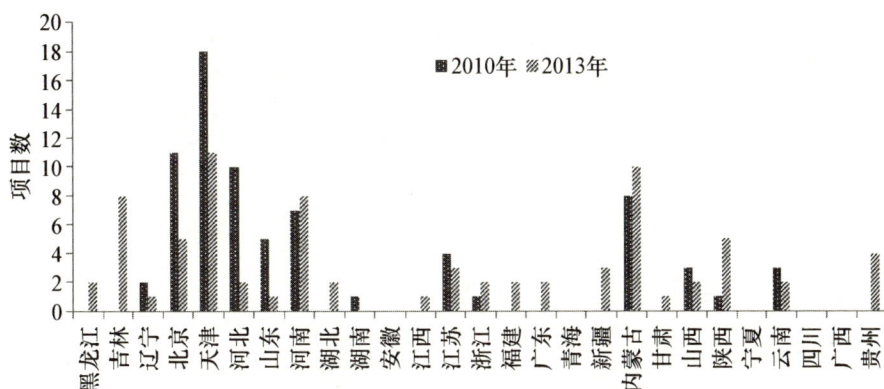

图4—9　各省份生活污水回用项目变化（包含管网建设项目）

三、小结

2013年，我国北方六区水资源开发利用率已经达到43.4％，海河区达104.1％，太湖流域达227.0％。只有水资源被合理地回用，才能形成一个良性循环，解决这些地区严峻的水资源短缺问题。从2010年起，我国的再生水回用项目在数量上有很大的发展，但在应用上却又存在较大的局限，除了配套再生水管网工程的跟进外，回用水消费观的建立以及回用水市场的开发也是亟待解决的。

第二节　北京市

一、再生水利用历程

北京市为水源性缺水城市，随着城市规模的扩大、经济的快速发展、生活水平的提高、人口的不断膨胀，水资源供需矛盾日益尖锐。北京市是较早开展污水再生利用实践的城市之一，2010年再生水在各个主要领域的利用分布见图4—10。

从最初发展污水回收利用至今，北京市再生水利用的发展历程可归结为四个阶段，划分依据为各个阶段经历的时间段和政策实践（见图4—11），可知北京市关于再生水所制定的政策法令和实践随着时间推进均有增多的趋势，尤其2000—2005年是北京市大力发展再生水事业的六年，其政策与实践的行为频率较高。在政府有关部门有意推动下，北京市京城中水有限责任公司正式建立，将再生水厂的建设与管理纳入统一组织的行为范畴内，北京市再生水的生产运营逐渐形成规模。2006—

2010年，北京市在巩固原先的发展成果的基础上继续宣传推进再生水利用，位于不同地区的多所再生水厂相继投产并实现运营。北京市2004—2010年污水处理率、污水再生回用率、再生水占总用水份额三者均呈逐年递增的趋势（见图4—12），且从2006年起，污水再生回用率和再生水占总用水份额的增产率较之前有了明显提升，北京市的政策实践已经得以展开并取得了一定成效。

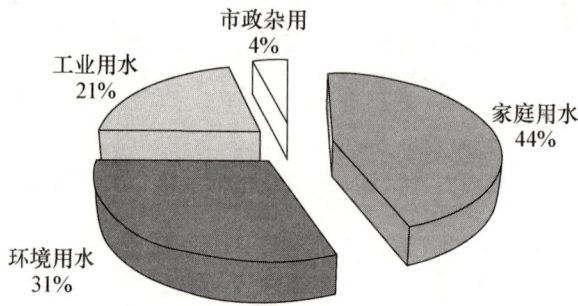

图4—10　2004—2010年北京市再生水利用分布图

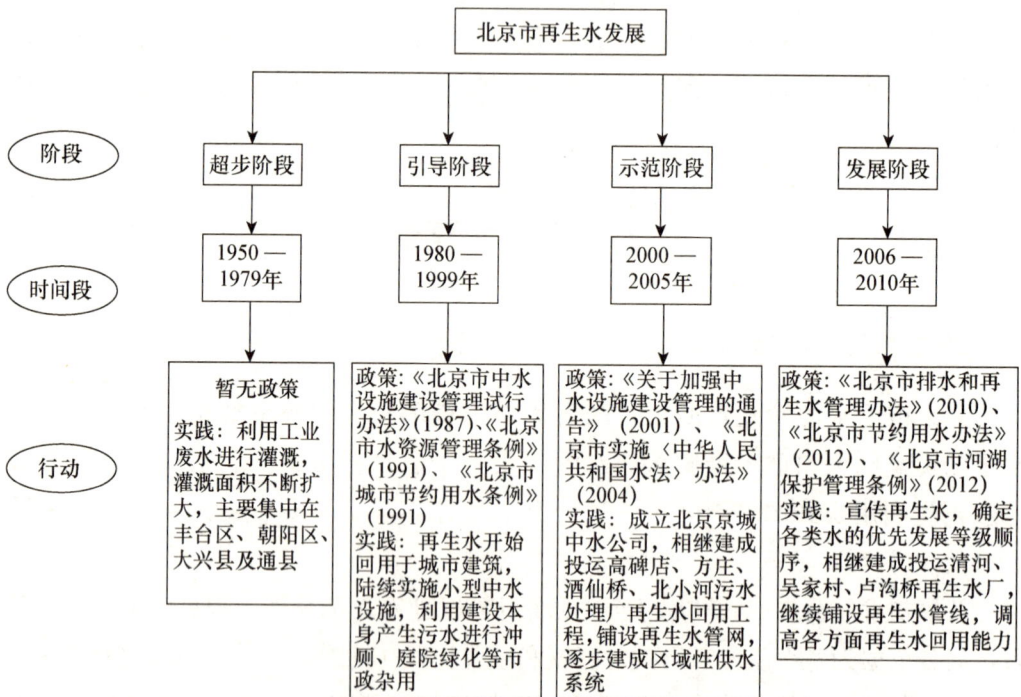

图4—11　北京市再生水发展历程

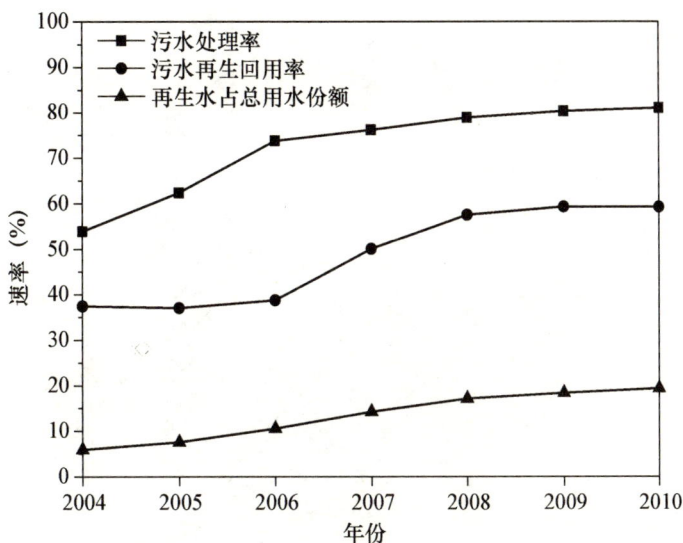

图 4—12　2004—2010 年北京市再生水发展速率

随着北京市水环境治理力度的加大和市政污水处理基础设施建设的加快，污水处理率越来越高，再生水利用规模不断扩大，北京市再生水发展面临着巨大的机遇和挑战，在再生水管理方面迫切需要加强提高。为了成功使用再生水，各级政府很有必要制定一个整合的再生水回用规划、综合有效的法规体系，以发现投资及提升公众接受度和参与性的途径。未来一段时间内，北京市再生水发展总体思路是加快高品质再生水厂建设步伐，加快构建再生水循环利用的输配体系，将再生水作为重要的水资源纳入水资源总量控制体系。

经过"十一五"的快速发展，北京市再生水利用事业走在了国内前列。"十一五"末，全市有大中型污水处理厂 39 座。小型城镇污水处理厂 38 座，村级污水处理设施 770 座。污水处理能力达到 378 万 m^3/d。其中，中心城区已建污水处理厂 13 座，处理能力达到 263 万 m^3/d。中心城区污水处理率已超过 94%，处于全国领先水平。

"十二五"期间，北京市中心城区再生水量年需求量为 6.7 亿 m^3，其中在工业用水、城市绿化、道路浇洒、小区冲厕等方面的年利用量为 1.5 亿 m^3，河湖景观年需水量为 2.2 亿 m^3，农业灌溉年需水量为 3.0 亿 m^3。北京市"十二五"期间再生水用途示意见图 4—13。

2015 年末，中心城区再生水量的年供应量可以达到 9.4 亿 m^3。完全可以满足每年 6.7 亿 m^3 的再生水量需求。余量再生水由处理厂就近直接排入河道，补充河道景观水量，提高水环境质量，同时也可为河道下游中心城区以外地区绿化、市政

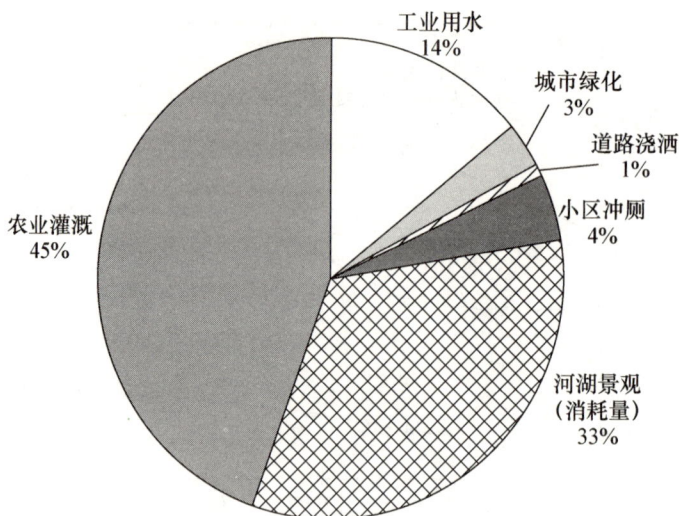

图4—13 北京市"十二五"期间再生水用途示意

杂用等提供用水。

二、再生水发展规划

2011年8月，北京市政府颁布《北京市"十二五"时期绿色北京发展建设规划》（简称《绿色北京规划》）。根据《绿色北京规划》，北京市计划在"十二五"期间对现有的十座污水处理厂（即清河、肖家河、北苑、北小河、酒仙桥、高碑店、吴家村、卢沟桥、小红门、方庄污水处理厂）进行升级改造并扩建成再生水处理厂，新增再生水处理能力达到210万 m^3/d；规划新建六座污水（再生水）处理厂，包括回龙观、郑王坟、东坝、定福庄、垡头、五里坨污水（再生水）处理厂，新增再生水处理能力35万 m^3/d。中心城区所有污水（再生水）处理厂必须具有深度处理工艺，出厂水水质要达到国家相关再生水水质标准。

如表4—1所示，到2015年末，北京市规划中心城区污水（再生水）处理厂数目为17座，污水（再生水）处理厂处理规模达到289万 m^3/d，如采用0.9的再生水生产率，则将实际生产再生水为260万 m^3/d。

表4—1　　　　　北京中心城再生水处理厂"十二五"规划

序号	再生水厂	现状处理规模 （万 m^3/d）	2015年再生水处理规模 （万 m^3/d）	备注
1	清河	8	45	升级改造和扩建
2	肖家河	2	2	升级改造
3	回龙观	0	5	新建
4	北苑	0	4	升级改造

续前表

序号	再生水厂	现状处理规模（万 m³/d）	2015 年再生水处理规模（万 m³/d）	备注
5	北小河	6	10	升级改造
6	酒仙桥	6	15	升级改造
7	东坝	0	2	新建
8	高碑店	0	100	升级改造
9	第六水厂	17	0	改造成泵站
10	定福庄	0	4	新建
11	吴家村	4	4	维持
12	卢沟桥	0	10	升级改造
13	郑王坟	0	20	新建
14	小红门	0	60	升级改造
15	方庄	1	4	升级改造
16	垡头	0	2	新建
17	五里坨	0	2	新建
合计		44	289	

为了确保在"十二五"期间能够更好地完成《绿色北京规划》，实现绿色北京的目标，北京市政府于 2013 年 4 月 17 日正式发布《北京市加快污水处理和再生水利用设施建设三年行动方案（2013—2015 年）》（简称《行动方案》）。为了能够按时完成污水处理和再生水利用设施建设的任务，《行动方案》制定了更详细的年度计划，详见表 4—2。

表 4—2 　　　　　《行动方案》年度计划

区域	任务年份	新增污水处理能力（万 m³/d）	新建和改造污水管线（km）	新建再生水管线（km）	完成项目（项）	续建项目（项）	开工建设项目（项）	批准立项（项）
中心城区	2013	11	86	35	8	2	11	
	2014		167	69	13			
	2015	123	176	54	13			
小计		134	429	158	21	15	11	
新城	2013	12	182	69	5	7	17	9
	2014	25.5	252	172	9	22	2	
	2015	39.5	178	85	24			
小计		77	612	326	38	29	19	9
乡镇	2013	3	51		5	2	9	8
	2014	25.5	252	172	9	22	2	
	2015	8	65		11			
小计		36.5	368	172	25	24	11	8
全市计划		228	1 290	484	83	49	36	28

　　根据《行动方案》，北京市将在三年内落实再生水厂建设和污水处理厂升级改造、配套管线建设、污泥无害化处理设施建设、临时治污工程建设四大类工程。计划新建再生水厂 47 座，升级改造污水处理厂 20 座（见图 4—14）。计划新建和改造污水管线 1 290km，（见图 4—15）。计划新建污泥无害化处理设施 14 处，建设完成河道干支流重点排污口污水处理设施 17 处，建设城乡接合部重点村庄和小区污水处理设施 42 处。

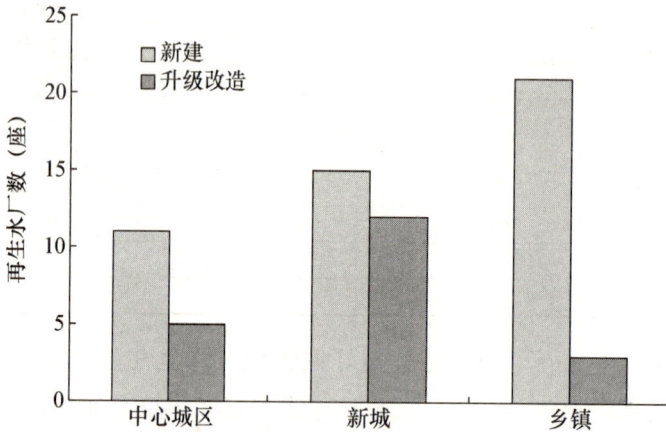

图 4—14 "十二五"期间北京各区新建和升级改造再生水厂数

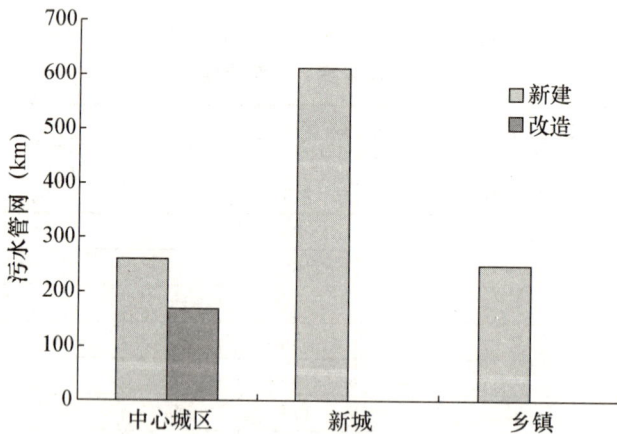

图 4—15 "十二五"期间北京各区新建和改造污水管网数

　　通过四大类工程建设，到"十二五"末，北京市污水处理率将由目前的 83％提高到 90％。如图 4—16 所示，其中，四环路以内地区污水收集率和污水处理率达到100％；中心城区（本方案所称中心城区，指中心城及海淀山后地区、丰台河西地区、大兴区五环路以内地区）污水处理率达到 98％；新城污水处理率达到 90％。污泥基本实现无害化处理，实现首都水环境的明显好转。

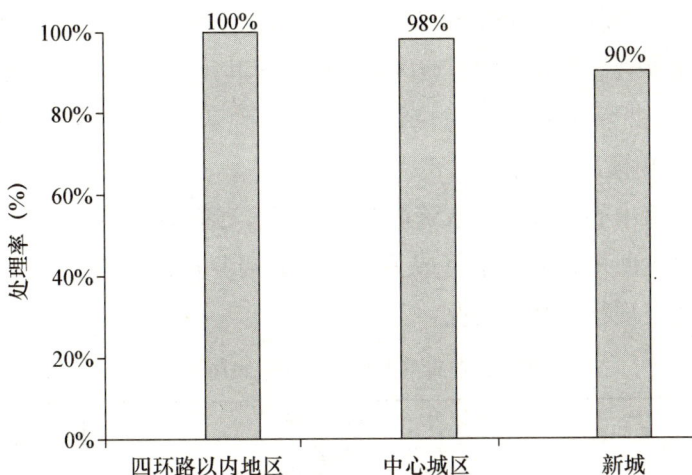

图4—16　"十二五"期间北京市各区污水处理率

依据《行动方案》，"十二五"期间，北京市中心城区污水处理厂将全部升级改造为再生水厂，新建污水处理厂全部按再生水厂的标准和规范建设，中心城区污水处理率将达到98%，再生水利用率将达到75%。预计到"十二五"期末，可实施完成再生水厂、配套管线、污泥无害化处理设施和临时治污工程四大类共83项建设任务，年新增再生水生产能力10亿 m^3。

第三节　天津市

一、水资源概况

天津市处于华北地区，位于海河流域下游，是我国经济发展较快的东部沿海城市，经济发展连续10年实现两位数增长，人均GDP达到 20 132.83 元。然而由于经济发展迅速，人口剧增，用水量急剧加大，而主水源海河的上游由于修水库、灌溉农田等原因，进入天津市的水量大幅度减少，造成天津市供水严重不足，其人均水资源量（当地水资源）只有 160 m^3，为全国人均占有量的1/16，世界人均占有量的1/50，远远低于世界公认的人均占有量 1 000 m^3 的缺水警戒线，属重度缺水城市。

二、再生水利用现状

截至2010年底，天津市中心城区共建成四座再生水厂，总规模为19万 m^3/d，滨海新区目前建成供水的仅有开发区新水源一厂，规模为 2.5万 m^3/d。"十二五"期间，天津市制定了雄心勃勃的再生水利用目标：到2020年，污水再生利用率要超过 35％，其中：中心城区应达到 40％，环城四区应达到 45％，滨海新区应达到 35％，两区三县应达到 30％。为此，中心城区和环城四区共规划在 2020 年前建再生水厂 16 座，其中扩建 4 座，新建 12 座，总规模为 140 万 m^3/d。2020 年前滨海新区共规划再生水厂 26 座，总规模达 171 万 m^3/d。

根据《天津市中心城区再生水资源利用规划》，到 2020 年天津市将有近一半的城市污水得到再生回用，再生水将成为一种稳定可靠的新水源。表 4—3 显示了天津市再生水厂建设现状的基本情况。

表 4—3　　　　　　　　　　天津市现有再生水厂（截至 2010 年）

区域	再生水厂名称	生产能力（万 m^3/d）	占地面积（hm^2）	建设情况
中心城区 环城四区	纪庄子再生水厂	7	2.64	2001 年开工，2002 年建成供水，2010 年扩建
	咸阳路再生水厂	5	1.94	2006 年开工，2007 年底建成供水
	东郊再生水厂	5	1.7	2009 年建成供水
	北辰再生水厂	2	1.82	2009 年建成，具备供水条件
滨海新区	新水源一厂	2.5	3.8	2010 年供水

纪庄子污水回用工程是我国污水回用试点项目中利用方向较广、工艺较先进的项目。该再生水工程最初设计规模为 5 万 m^3/d，以纪庄子污水处理厂出水为再生水水源。其中居民区系统（2 万 m^3/d）采用"混凝沉淀＋连续微滤膜（CMF）＋臭氧（O_3）＋消毒（Cl_2）"处理工艺；工业区系统（3 万 m^3/d）采用"混凝沉淀＋砂滤＋消毒（Cl_2）"处理工艺。2009 年 6 月，中水公司利用双膜（浸没式超滤＋反渗透）工艺对原纪庄子污水回用工程进行了改扩建工作，使其处理规模提高至 7 万 m^3/d，该工程于 2010 年底完成。

目前天津市再生水主要用于城市杂用水（含冲厕、绿化、建筑施工等）、观赏性景观环境用水以及工业用水（主要是电厂循环冷却水、供热站用水）等。2009 年 11 月实现了给陈塘庄热电厂、东北郊热电厂供水，使再生水用水结构从城市杂用为主转变为以大工业用户——热电厂、钢管公司等大型工业企业的循环冷却水为主，工业用户用水中再生水利用量比往年有了较大的提高。

第四节　无锡市

一、水资源概况

无锡市处于华东地区，位于长江三角洲腹地，南临太湖，北依长江，是我国经济最发达的城市之一，2012 年人均 GDP 达到 117 054 元。然而由于经济发展迅速，人口剧增，用水量随之急剧加大，而无锡市因水资源时间分布不均，以太湖为代表的水源地水污染严重等原因，可用水严重不足，无锡市已成为水质型缺水城市。2011 年全市水资源总量为 37.59 亿 m^3，按常住人口 467.96 万人计算，其人均水资源量为 803m^3，属严重缺水城市。

2012 年，无锡市区域内主要河流水质低于Ⅳ类（含Ⅳ类）的占比达 75%。太湖无锡水域水质达Ⅳ类标准，总氮作为单独评价指标时仍处于劣Ⅴ类水，水体处于轻度富营养化，多数出入湖河流水质为Ⅳ类或Ⅴ类，区域内河流只有 15% 为Ⅱ～Ⅲ类水质（见图 4—17）。尽管无锡市内湖泊河流众多，但污染严重，可用水越来越无法满足生产生活需要，水质型缺水问题严重。

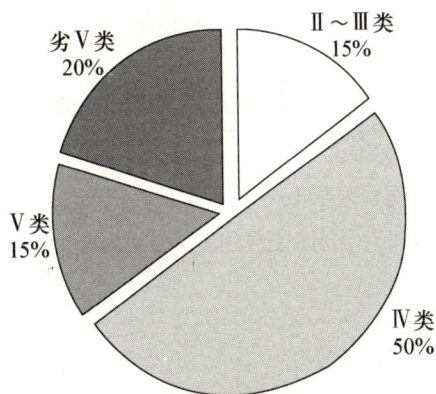

图 4—17　2012 年无锡市区域内主要河流水质类别

资料来源：《2012 年度无锡市环境状况公报》。

二、再生水利用规划与政策

无锡市先后制定并颁布实施了一系列旨在推动再生水回用健康发展的政策法规。2006 年，无锡市物价局出台《市物价局关于核定城市再生水施行价格的批复》（锡价工〔2006〕189 号），文件中明确批复了再生水的价格，与 2012 年无锡市其他类型供水相比（见图 4—18），再生水的价格（自取水 0.1 元/m^3，管道输水 1.3 元/m^3）优势促使更多可以利用低标准水的用户采用再生水替代自来水，提高再生水的利用率。2006 年至今，无锡出台了一系列再生水利用法规、政策，编制了再生水专项规划（见表 4—4）。

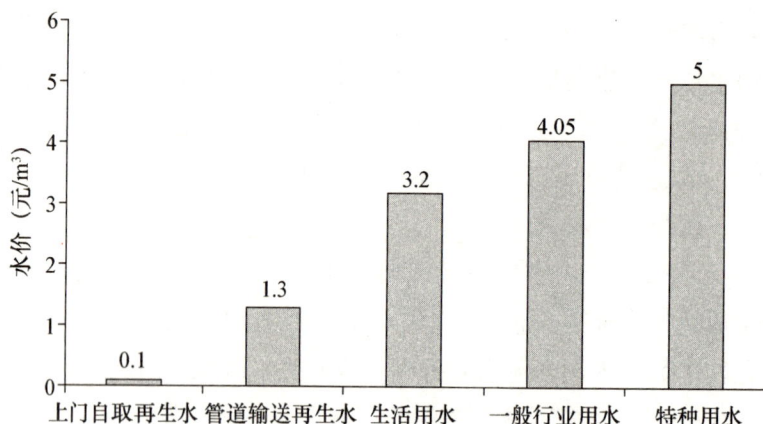

图4—18　2012年无锡市各类供水价格对比图

资料来源：无锡市物价局，http://wjj. wuxi. gov. cn/web101/zt/jdgz/5512951. shtml，http://wjj. wuxi. gov. cn/web101/BA38/E/01/01/560860. shtml。

表4—4　　　　　　　　　无锡市关于再生水发展的相关规划政策

年份	政策或文件	关键内容
2006	《无锡市国民经济和社会发展第十一个五年规划纲要》	加强水资源的综合利用，大力推广中水回用
	《无锡市"十一五"排水规划》	规划2010年主城区及集镇建成区城镇生活污水集中处理率
	《无锡市污水再生利用规划》	2010年无锡再生水利用率要达到30%
2007	《关于〈无锡市新城水处理厂二期工程日处理40 000吨污水项目环境影响报告书〉的审批意见》	扩建2万 m³/d再生水处理规模
2010	《无锡市惠山区再生水回用工程总体规划》	规划2012年惠山区各类再生水回用率
	《无锡市排水（污水）专项规划2010—2020》	规划2020年市区生活污水集中处理率及再生水利用率
2011	《无锡市区"十二五"污水处理及再生利用专项规划》	规划"十二五"市区污水处理率及再生水利用率
	《无锡市循环经济"十二五"发展规划》	推广中、污水回用技术，工业水循环利用技术
	《太湖流域管理条例》	鼓励回用再生水

　　《无锡市国民经济和社会发展第十一个五年规划纲要》明确提出了城市生活污水达到90%的处理率，并规划工业用水重复率提高5%，大力推广中水回用，这两项指标均在2010年实现。《无锡市污水再生利用规划》作为江苏省首个以城市污水

再生利用为内容的规划，提出 2010 年无锡再生水利用率要达到 30%，此目标在"十一五"末已基本实现。《无锡市"十一五"排水规划》中主城区生活污水集中处理率达到 95%，集镇建成区城镇污水处理率达到 80% 以上的目标也在 2010 年底实现。无锡市规划 2015 年城市生活污水集中处理率达到 98%，再生水利用率达到 33%。

三、再生水利用现状

无锡市再生水利用起步较晚，但发展迅速。2005 年前，无锡市再生水主要是小规模的"点对点"为一个企业服务的再生水回用项目，并未大力推广开来。"十一五"规划出台后，无锡市才开始大力开展再生水的推广工作。

"十一五"期末，无锡市污水再生利用率达 30%，利用规模约为 25.4 万 m^3/d（城市生活污水回用率 20.8%），主要用于生活杂用、冲洗河道、补充景观河道用水、工业用水等。

2015 年无锡市规划再生水量达 56.4 万 m^3/d，按预测的城市集中污水处理厂污水量计算，城镇污水再生率达 38.6%。其中对各个区的规划要求不同，主城区再生水利用规模最大，2010 年达到 14 万 m^3/d，预计 2015 年新增 13 万 m^3/d，污水再生率从 21.5% 上升到 48.1%。而规划中污水再生利用率上升最多的是惠山区，至 2015 年将达到 90.0%（见图 4—19）。

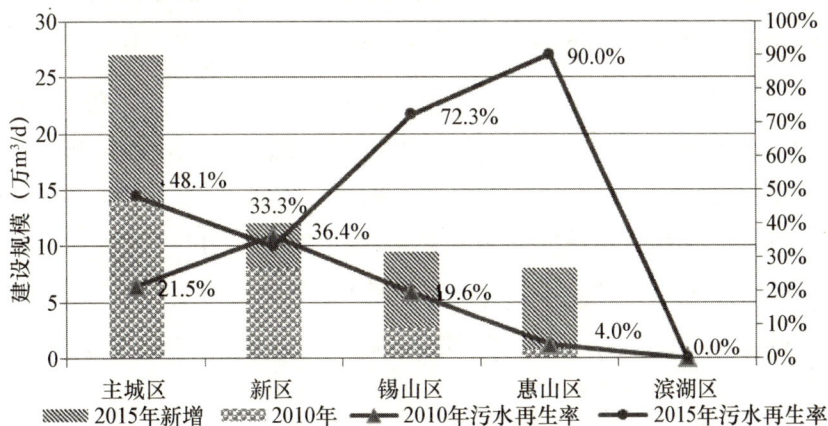

图 4—19　无锡市区再生水利用规模与规划规模

资料来源：无锡市区"十二五"污水处理及再生利用专项规划。

无锡市再生水的消毒工艺均为二氧化氯消毒，处理工艺以"ABF＋ClO_2"与"MBR＋UV/O_3＋ClO_2"工艺为主（见表 4—5）。

表4—5 　　　　　　　　　　　　2010—2015年无锡市再生水厂各工艺分布

工艺组合	Fil＋UV/O$_3$＋ClO$_2$	MBR＋UV/O$_3$＋ClO$_2$	ABF＋ClO$_2$	UF＋RO＋ClO$_2$
再生水厂数量	2	4	5	1
主要再生水厂	芦村、太湖新城	新城、梅村以及硕放	鹅湖、东港、锡北、安镇、钱桥	东亭

在再生水处理规模上，目前以"Fil＋UV/O$_3$＋ClO$_2$"（12万 m^3/d）和"MBR＋UV/O$_3$＋ClO$_2$"（10万 m^3/d）为主，曝气生物滤池数量较大，但规模最小，只有1.4万 m^3/d（见图4—20）。规划在2015年大幅度扩建曝气生物滤池和超滤处理厂的规模，主要依赖于锡山区和惠山区再生水水厂的新建与扩建。

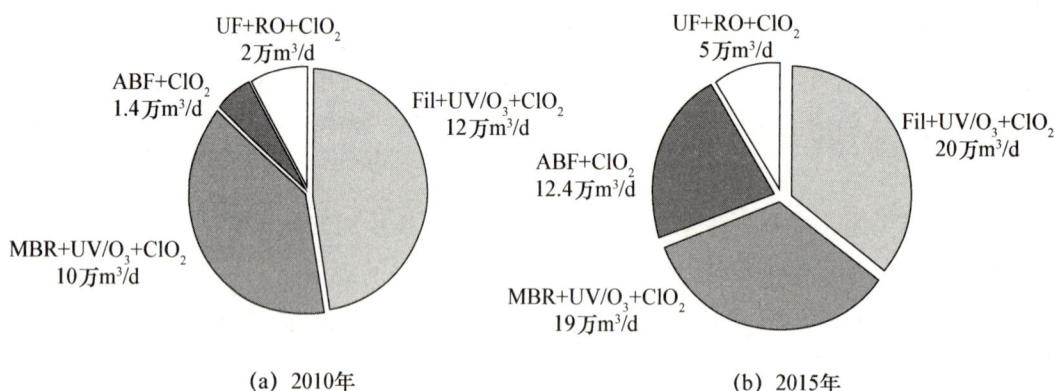

(a) 2010年　　　　　　　　　　　(b) 2015年

图4—20　2010年与2015年无锡市再生水处理水厂的处理工艺情况分布

资料来源：无锡市区"十二五"污水处理及再生利用专项规划。

"十二五"期间，无锡市区污水再生利用率要求达到33％，根据污水排放量预测，"十二五"期末无锡市区21座污水处理厂再生水利用总量需达到48.16万 m^3/d。到2015年，预计无锡市污水处理量约为145.96万 m^3/d，污水处理厂规模达163.75万 m^3/d，再生水处理规模达到56.4万 m^3/d，再生水利用率超过33％。其中，无锡新区内在2020年前将形成以德宝水务公司等三家污水处理厂为主的四个再生水水源点，工业回用和城市杂用的再生水供水能力将分别达到8万 m^3/d和19万 m^3/d。

第五节　昆明市

一、再生水利用的背景

昆明市水资源严重匮乏，人均水资源不足300m^3，是我国缺水最严重的14个城市之一。在水资源储备严重不足的前提下，高利用率、干旱气候以及主要水源地的高度污染使得昆明市的水资源短缺问题更加严重。昆明市多年用水量达地表径流的30%，水资源开发利用率已属较高水平，而由干旱造成的水分蒸发造成昆明市的主流域——滇池流域年平均蒸发量超过4亿m^3，常年水质处于Ⅴ类及以下。

二、再生水利用政策与规划

昆明市政府结合当地污水特点和用水特征，本着就地处理、就地回用的原则，建立了与城市水系统相协调的集中再生水厂、单体建筑和居民小区再生水相结合的再生水利用体系。昆明市在相关管理条例、政策与规划方面均对再生水利用做出了详细的规定（见表4—6）。早在1997年，《昆明市城市节约用水管理条例》就明确指出了城市再生水的相关规划，该条例详细地在回用水利用设施的建设、经营、管理以及使用等各方面对再生水的利用进行了规定。2008年9月出台的《昆明市创建国家节水型城市实施方案》要求城市再生水利用率应不低于20%。《昆明主城节水规划》确立了2020年的城市污水再生利用规划目标：全市集中式污水再生利用率达到90%以上；分散式再生水利用设计处理能力达到65 000 m^3/d，利用率达到90%以上，其中公共绿化、景观、车辆冲洗、道路清扫、厕所冲洗用水达到90%以上采用再生水。

表4—6   昆明市关于再生水的相关规划及政策

年份	名称	主要内容
1997	《昆明市城市节约用水管理条例》	在回用水利用设施的建设、经营、管理以及使用等各方面对再生水的利用进行了详细的规定
2008	《昆明市创建国家节水型城市实施方案》	对再生水的使用率、使用用途及相关设施建设做出了具体规定
2009	《昆明市城市再生水利用专项资金补助实施办法》	明确设立了专项资金支持建设污水处理回用设施，还对分散式再生水设施的运行提供资金支持并加强运行监管，对验收合格的工程项目予以资金补助
2009	《昆明市城市节约用水管理处罚办法》	明确细化了再生水利用的具体处罚办法
2010	《昆明市再生水管理办法》	对城市污水处理回用做出了具体的实施和管理方法
2010	《昆明主城节水规划》	确立了2010年至2020年的城市污水再生利用规划目标
2012	《昆明市城市（主城）再生水利用工程专项规划》	主要对主城区的再生水利用在工程实施方面进行规划

三、再生水利用状况

昆明市再生水建设的发展历程可归纳为三个阶段：

初步探索阶段：1995—1998年。昆明市城市再生水回用工作于1995年底响应国家建设部号召，与国内其他城市基本同时起步，但直至 1998 年首个中水利用工程才建成运营。

分散式为主的起步阶段：1998—2004 年。全市在建或已投入使用的分散式中水设施仅 20 余个，而且也只限于少数用水大户内部的污水处理和使用，停滞于小规模、分散试点推广、用途较为单一的起步阶段。

集中式与分散式相结合的加速发展阶段：2004 年至今。集中式中水生产与分散式中水利用在 2004 年后都得到了快速发展，尤其是近年来围绕节水型城市的达标建设，中水利用的发展更是突飞猛进。不同行业的用水户也持续增长，呈现出快速扩张和不断深化的良性发展态势。

（一）昆明市再生水厂建设状况

1. 集中式污水再生利用系统建设状况

自 2006 年底起，昆明市先后在第一至第六污水处理厂启动了集中式再生水利用设施的建设，并铺设再生水供水管网，集中式再生水的供水管网已通达区域内有条件使用再生水的单位和住宅小区，建设和接通再生水支、次管网；新建第一至第六污水处理厂再生水站，供水规模为 2.9 万 m³/d；计划铺设再生水主干管约 30.64 千米；新建中水取水站 14 座。除第二污水处理厂外，其他污水处理厂均具备一定的中水生产规模，其中第一污水处理厂的污水再生率约为 10.5％（见图 4—21）。在六大污水处理厂的基础上，2013 年昆明市第九污水处理厂回用水工程建设完成，近期设计规模为 0.5 万 m³/d，远期设计规模为 4.0 万 m³/d；第十污水处理厂产生中水已达 4.5 万 m³/d。

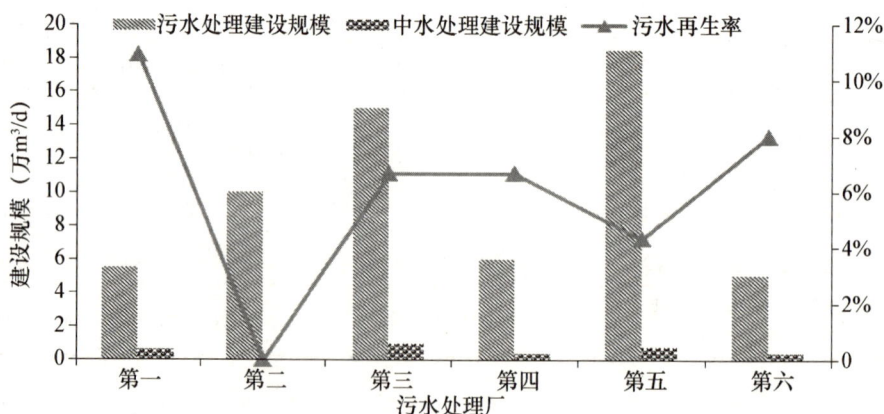

图4—21　2011 年昆明市第一至第六污水处理厂污水及中水处理规模

资料来源：慧聪水工业网，http://info.water.hc360.com/2011/01/260719249837.shtml。

2. 分散式再生水利用系统建设状况

昆明市积极推进分散式再生水利用设施建设，利用再生水替代自来水，用于市政绿化、道路保洁等。截至 2012 年底，昆明市分散式再生水利用设施已建成 370 座，日处理规模达 12.65 万 m^3，比 2008 年增长两倍之多（见图 4—22）。昆明市对再生水建设的投资力度在近五年有较快的增长，平均增长率约为 20%。

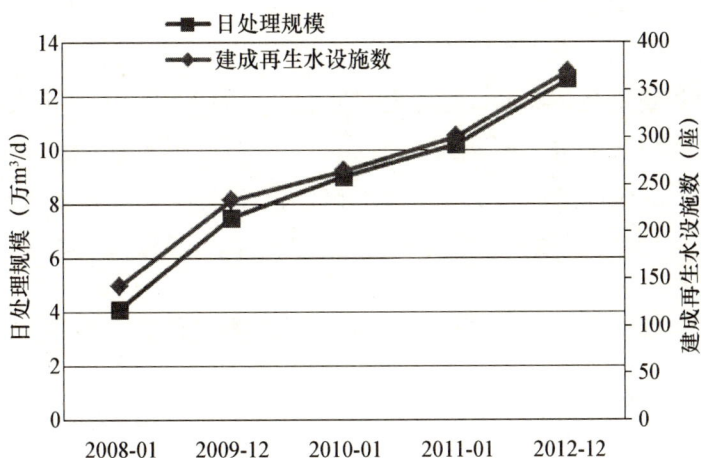

图 4—22　2008—2012 年昆明市分散式再生水利用规模的年增长率变化

资料来源：中国污水处理工程网，http://www.dowater.com/。

（二）昆明市再生水回用范围

昆明市根据不同地区情况对再生水的利用进行了细致的划分（见表 4—7）。

表 4—7　　　　　　　　　　　　　　　昆明市再生水用途规划

地区	再生水主要用途
昆明市主城区	生态景观水体、河道补水，以及市政绿化浇灌用水、城市杂用水、工业用水
阳宗海风景名胜区、倘甸产业园区、13 个省级工业园区	工业用水、城市杂用水以及生态景观水体、河道补水
县城（含安宁市、东川区）	农灌用水、生态景观水体及河道补水，以及城市杂用水、工业用水
乡镇政府所在地	农灌用水、生态景观水体及河道补水

此外，对昆明市主城区六大污水处理厂进行改扩建和增加深度处理系统而建成的中水站，每日可提供中水 3.2 万 m^3，同时配套建设了 40 余个取水点，累计建成供水管网长 82 千米。目前，昆明市集中式再生水供水服务已经涵盖了居民小区、学校、市政园林绿化、工业企业、服务行业等。据 2012 年统计，主城区再生水利用率达到了 87.73%，回用量达到了 25 192.39 万 m^3，有效缓解了城市供需水矛盾。

第六节　深圳市

一、再生水利用背景

深圳市位于广东省东南部珠江口的东岸，多年年平均降雨量 1 981 毫米。全市共有大小河流 310 条、中小水库 171 座、山塘 396 宗，总库容 6.11 亿 m³。深圳市人均拥有水资源量不足 200m³，约为全国平均水平的 1/12。深圳市人口众多，经济发展迅速，对水资源的需求不断加大。2011 年深圳市用水总量达 19.55 亿 m³。而不考虑再生水的功用，到 2020 年，深圳市的需水缺口会占到需水总量的 26.5%（见图 4—23），水资源的供需矛盾使深圳市成为全国严重缺水城市之一。

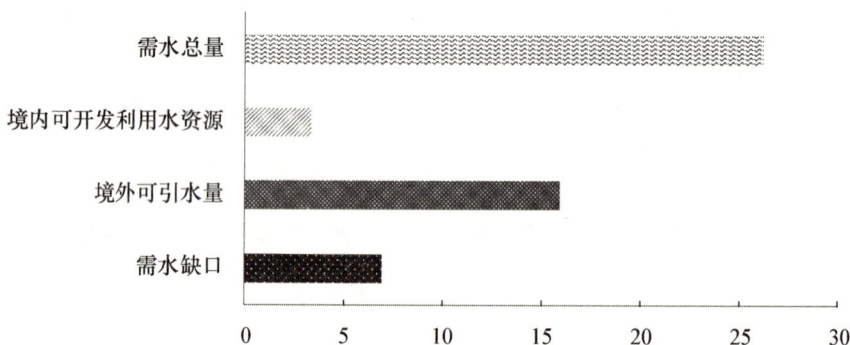

图 4—23　2020 年深圳市水资源来源预计分布图

资料来源：《深圳市人民政府关于加强雨水和再生水资源开发利用工作的意见》。

除了水资源匮乏，深圳市水情还有受洪涝灾害的威胁较大、河流污染比较严重等特点。所以，在淡水资源开发严重受限的情况下，推进城市污水资源化，实现水资源的可持续利用，对深圳市的长远发展具有重要意义。再生水回用于河湖景观、工业、市政绿化等，显著减少了向河湖的排污量。"十一五"期间，横岭、龙华、西丽、滨河、罗芳、盐田再生水厂建设相继实施，用于市政杂用及河道补水。

二、城市再生水利用现状

截至 2012 年底，深圳市共有污水处理厂 30 座（其中特区内 6 座、宝安区 9 座、龙岗区 15 座），总处理能力达到 469.5 万 m³/d（其中特区内 141 万 m³/d、宝安区 147.5 万 m³/d、龙岗区 181 万 m³/d）。

深圳市再生水厂多是建立在污水处理厂的基础之上，独立的再生水厂主要有西丽再生水厂、横岗再生水厂和滨河再生水厂。西丽再生水厂的总处理规模为 5 万 m³/d，出水水质达到国家一级 A 标准，其服务范围包括西沥水库水源保护区以及塘朗片区留仙大道以北的塘朗村、田寮村、长源村、福光村、平山村（部分地区）、大学城等地区；横岗再生水厂的总处理规模为 5 万 m³/d，其服务范围包括龙岗中心城和宝龙工业区，出水主要作为景观用水；滨河污水厂经改造后每天可以生产达到标准的再生水 10 万 m³，服务区域为罗湖西部和福田东区东部。经过多年以来的努力探索和经验积累，深圳市的再生水利用技术逐渐走向成熟，再生水利用率也在逐年稳步提高。截至 2013 年 5 月，深圳市的再生水利用率已达 35.94%，再生水利用量已达 6.46 亿 m³，成为城市的"第二水源"。

深圳市再生水用途包括城市用水、工业用水、环境用水和补充水源水这四大方面。其中河道景观补水占 62%，再生水用于工业和城市杂用方面的比较少，仅占 38%，政府正在努力通过经济手段来扩大再生水利用范围和用途。

三、再生水发展规划

（一）推广使用再生水的政策法规

为指导再生水系统的建设，深圳市已出台多个关于非传统水资源使用的政策法规与管理办法（见表 4—8）。

表 4—8　　　　　　　　　深圳市再生水利用相关政策与规划一览表

出台年份	政策法规或管理办法
1992	《深圳经济特区中水设施建设管理暂行办法》
2005	《深圳市节约用水条例》
2007	《深圳市计划用水办法》
2008	《深圳市建设项目用水节水管理办法》
2010	《深圳市人民政府关于加强雨水和再生水资源开发利用工作的意见》

早在 1992 年 12 月，深圳市人民政府即颁布了《深圳经济特区中水设施建设管理暂行办法》。其中较为详细地规定了再生水的使用范围及需要配套建设的工程，对相关设施建设情况的管理、监督也做出了规定。但从深圳市再生水利用的发展实际情况看，法规并未在很大程度上推动深圳市再生水利用的发展。该办法于 2008年随着《深圳市建设项目用水节水管理办法》的颁布而废止。

2005 年，深圳市颁布了《深圳市节约用水条例》，并在其中强调"园林绿化、环境卫生等市政用水以及生态景观用水应当采用先进节约用水技术，按照节约用水规划使用经处理的污水或者中水"，同时规定：在节约用水规划确定的范围内，下列新建、扩建、改建建设项目应当按照规划配套建设中水利用设施：（1）建筑面积超过两万平方米的旅馆、饭店和高层住宅；（2）建筑面积超过四万平方米的其他建筑物和建筑群。总体而言，该条例中涉及再生水及中水利用的部分相对较少，主要是对节水制度及节水措施的强调。

2007 年，深圳市颁布《深圳市计划用水办法》，强调水务主管部门要引导工业、园林绿化、环境卫生、生态景观和洗车等行业使用非传统水资源。同时为了鼓励使用中水、经处理的污水、雨水、海水或者其他非城市饮用地表水的单位用户，决定不将其纳入用水计划管理，免收该部分污水处理费。2008 年颁布的《深圳市建设项目用水节水管理办法》强调了需要新建、改建、扩建建设项目使用城市供水的，除建设城市自来水供应管道系统外，还应当按节水规划配套建设中水、海水和雨水利用管道系统。2010 年颁布的《深圳市人民政府关于加强雨水和再生水资源开发利用工作的意见》更加细致地对深圳市再生水利用做出了指导规划，要求到2020 年，城市污水再生利用率至少达到 80%，其中可替代城市自来水供水的水量达到 20%，其余以河道景观水的补水为主。

（二）再生水发展规划

深圳市的再生水利用工程布局以已建和规划新建的污水处理厂为中心，根据不同需求、不同水质要求建设再生水厂和配套的输配水系统。"十二五"期间，全市规划新、改、扩建 9 座污水处理厂，2020 年规划污水处理厂规模达到 715.7 万 m^3/d（见表4—9）。

表 4—9　　　　　　　　　深圳污水处理厂规划规模一览表

流域	名称	规划情况	2020 年建设规模（万 m^3/d）	总计（万 m^3/d）
深圳湾流域	南山污水处理厂	规划扩建	73.6	146.6
	蛇口污水处理厂	规划扩建	8	
	西丽再生水厂	现状保留	5	
	福田污水处理厂	规划新建	60	
深圳河流域	滨河污水处理厂	现状保留	30	95
	罗芳污水处理厂	现状保留	35	
	埔地吓污水处理厂	规划扩建	10	
	布吉污水处理厂	现状保留	20	
大鹏半岛片区	葵冲污水处理厂	规划扩建	8	23
	水头污水处理厂	规划扩建	10	
	西冲污水处理厂	规划新建	1	
	坝光污水处理厂	规划新建	4	

续前表

流域	名称	规划情况	2020年建设规模（万 m³/d）	总计（万 m³/d）
龙岗河流域	龙田污水处理厂	规划扩建	10	102
	沙田污水处理厂	规划扩建	8	
	宝龙污水处理厂	规划新建	4	
	横岭污水处理厂	现状保留	60	
	横岗污水处理厂	现状保留	20	
观澜河流域	鹅公岭污水处理厂	规划扩建	8	111.5
	平湖污水处理厂	规划扩建	11	
	观澜污水处理厂	规划扩建	35	
	坂雪岗污水处理厂	规划扩建	8	
	坂田南污水处理厂	规划扩建	8	
	龙华污水处理厂	现状保留	40	
	百花污水处理厂	规划新建	1.5	
坪山河流域	上洋污水处理厂	规划扩建	28	31
	碧岭污水处理厂	规划扩建	3	
盐田片区	盐田污水处理厂	现状保留	12	12.6
	小梅沙污水处理厂	规划改扩建	0.6	
茅洲河流域	公明污水处理厂	规划新建	15	70
	光明污水处理厂	规划扩建	25	
	燕川污水处理厂	规划扩建	30	
珠江口流域	沙井污水处理厂	规划扩建	48	124
	福永污水处理厂	规划扩建	25	
	固戍污水处理厂	规划扩建	51	
合计				715.7

资料来源：《深圳市污水系统布局规划修编（2011—2020）》。

第七节　大连市

一、再生水利用背景

大连市人均水资源量 604m³，其中金州以南地区的人均水资源占有量不足 300m³。大连市区主要位于金州以南，在半岛南端，降水少、蓄水面积小，是全市水资源量最少的地区，由于企业密布、人口聚集，中心城市人均拥有水量不足 200m³。以现有的供水能力，2010 年金州以南地区全区缺水 0.54 亿 m³，预计 2020 年全市供水缺口达 3.08 亿 m³，2030 年供水缺口将高达 6.47 亿 m³。

二、再生水利用规划与政策

《大连市生态环境保护"十一五"规划》表明，2010年大连市污水处理能力已达到152万 m^3/d，污水集中处理率达到90％以上。城市再生水利用规模达到36.5万 m^3/d（不包括建筑中水），市区再生水利用率达到35％。根据《大连市国民经济和社会发展第十二个五年规划纲要》，大连市提前完成了"十一五"污染减排任务，截至"十一五"期末，共新建、扩建23座城市污水处理厂，城市生活污水集中处理率和再生水回用率分别提高至90.4％和40％（见表4—10）。

表 4—10 　　　　　　　　大连市关于再生水发展的相关政策

序号	政策或文件名称	涉及再生水的内容	发文年份
1	《大连市城市中水设施建设管理办法》	中水设施建设管理	2003 年修订
2	《大连市水资源管理条例》	再生水计划配额管理	2004
3	《大连市生态环境保护"十一五"规划》	城市再生水利用设施规划	2006
4	《大连市水利发展总体布局和主要任务》	城镇中水资源配置	2007
5	《大连市"十二五"节能减排综合性工作方案》	推进再生水等非传统水资源利用	2011

根据大连市"十二五"规划以及下属区县市的规划对城镇污水处理率和中水回用率制定的相关约束性目标：2015年，大连市城镇污水处理率达到94.2％，中水回用率达到42.3％，中水回用量为74.3万 m^3/d；2020年，大连市城镇污水处理率达到96.4％，中水回用率达到45.3％，中水回用量为117.0万 m^3/d；2030年，大连市城镇污水处理率达到98.2％，中水回用率达到48.9％，中水回用量为182.4万 m^3/d。"十二五"期间，大连市规划建设81座城镇污水处理厂，新增污水处理能力157万 m^3/d；规划建设再生水利用设施23座，新增再生水能力50.7万 m^3/d。

三、再生水利用发展历程及现状

国家于"七五""八五"期间完成的重大科技攻关项目——"城市污水资源化研究"，针对我国北方部分城市在经济发展中急需解决的缺水问题，研究开发出适用于部分城市的污水回用成套技术、水质指标及回用途径，完成了规划方法及政策法规等基础工作。并在北京、天津、秦皇岛、大连、太原、泰安、青岛、邯郸、大同、沈阳、威海、大庆、深圳等十余个城市重点开展污水回用试点，相继建设了回用于市政景观、工业冷却等用途的示范工程，为我国城市污水回用提供了技术与设计依据，并积累了一定的经验。

"八五"期间，我国第一个污水回用示范工程——大连市春柳河水质净化厂于1992年建成投产，它是在大连市春柳污水处理厂基础上增加三级处理建成的污水处理厂，处理规模为 1 万 m^3/d。

"十一五"时期，大连市采用政府投资和社会融资相结合的方式，投资 10 亿元新建和改造污水管网及再生水供水管网；投资超过 5 亿元建成的泰山电厂、恒基、大石化、北海头电厂和甘井子电厂五座再生水设施，以城市污水处理厂排水为水源，再生水回用量达到 10 万 m^3/d（见图 4—24）。目前，再生水回用量达到 39 万 m^3/d，再生水回用率达到 42%（见表 4—11）。周水子河、春柳河、泉水河景观河道工程竣工后，再生水回用率将进一步提高。

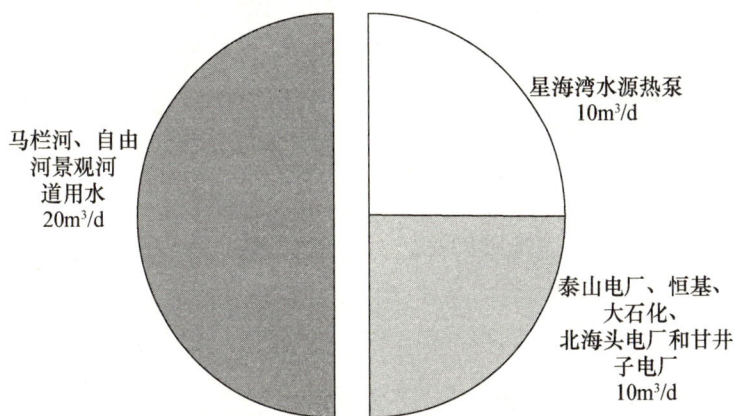

图 4—24　大连市再生水回用量分布

马栏河、自由河景观河道用水 20m³/d

星海湾水源热泵 10m³/d

泰山电厂、恒基、大石化、北海头电厂和甘井子电厂 10m³/d

表 4—11　　　　大连市"十一五"期间中水利用设施及配套工程重大项目表

序号	项目名称	设计规模（万 m^3/d）	建设年份	投资额（万元）
1	凌水污水处理厂中水设备	3	2006	850
2	马栏河污水处理厂中水设备	4	2006	7 000
3	老虎滩污水处理厂中水设备	4	2007	2 070
4	春柳河污水处理厂中水设备	9	2007	6 000
5	泡崖再生水厂中水设备	2	2008	3 850
6	泉水污水处理厂中水设备	3	2006	1 400
7	小窑湾污水处理厂中水设备	3	2007	790
8	大孤山污水处理厂中水设备	3	2007	820
9	董家沟污水处理厂中水设备	3	2008	870
10	卧龙工业区污水处理厂中水设备	2	2008	630
11	瓦房店污水处理一厂中水设备	1	2008	2 600

续前表

序号	项目名称	设计规模 （万 m³/d）	建设年份	投资额 （万元）
12	瓦房店污水处理二厂中水设备	2	2010	1 500
	合计	39		28 380

第八节　西安市

一、再生水利用背景

西安市 2011 年人均水资源占有量为 325m³，仅为陕西省人均占有量的 1/4、全国人均占有量的 1/8。目前，西安市已建成的再生水处理设施设计供水能力为 17.5 万 m³/d，主要用于热电厂及工业冷却用水、小区绿化及建筑用水、市政杂用水及河流景观水体补充用水。作为一个水资源先天不足的城市，西安市是全国最早将污水处理及再生水回用列入节水措施的五个城市之一。

2010 年，西安市已建成污水处理能力 120.1 万 m³/d（主城区污水处理能力 110 万 m³/d），再生水处理能力 17.5 万 m³/d。2015 年，西安市污水排放量将达到 231 万 m³/d，污水处理缺口达到 110.9 万 m³/d；全市再生水需水量将达到 74 万 m³/d，再生水需水量缺口为 58 万 m³/d。

二、再生水利用规划与政策

（一）西安市再生水利用发展政策

为了推进再生水的发展，西安市专门出台了相关专项条例，2012 年 8 月 29 日西安市第十五届人民代表大会常务委员会第三次会议通过了《西安市城市污水处理和再生水利用条例》（见表 4—12）。该条例详细地对再生水的规划和建设、利用、设备维护及相关法律责任进行了阐述，并且规定了下列用水应当使用再生水：

（1）造林育苗、城市绿化用水；

（2）道路冲洒、车辆清洗、建筑施工、消防、冲厕等城市杂用水；

（3）水源空调用水；

（4）冷却、洗涤、锅炉等工业用水；

（5）城市水景观、人工湖泊等环境用水。

该条例对市区提出了更高的要求，规定碑林区、新城区、莲湖区、雁塔区、未央区、灞桥区及各开发区辖区内新建、改建、扩建工程项目，根据再生水利用规划需要配套建设建筑再生水利用系统的，建设单位应当配套建设。同时，考虑到远郊区县情况，参照省政府的标准做出了与市区有别的规定。

表 4—12 《西安市城市污水处理和再生水利用条例》核心内容

名称	章节	核心内容
《西安市城市污水处理和再生水利用条例》	规划和建设	城市污水处理和再生水利用统一规划、合理布局、配套建设
	污水处理	单位和个人向水体和城市排水管网排放的污水应当达到国家、省和市规定的排放水质标准，鼓励自建分散式污水处理设施
	再生水利用	再生水纳入水资源统一配置，鼓励发展城市再生水利用产业，规定再生水使用范围
	设施维护	城市污水处理和再生水利用设施的维护
	法律责任	相关罚款与刑事责任

在西安市水务局出台的《西安市水务局 2013 年工作要点》中，明确规定 2013 年全市水务工作预期主要目标任务是：新建污水处理厂 3 座，新增污水处理能力 15 万 m^3/d，新增再生水利用设施规模 16 万 m^3/d，年再生水利用量达到 750 万 m^3。

（二）西安市再生水利用规划与目标

2011 年发布的《西安市国民经济和社会发展第十二个五年规划纲要》指出，要加大再生水利用设施建设力度，城市道路绿化等重点行业强制推广使用再生水。在相应的《西安市再生水利用"十二五"规划》中，明确提出以下规划：在 2013 年底之前，再生水回用率达到 10% 以上，在 2015 年底之前，再生水回用率达到 20% 以上。"十二五"期间，西安市再生水处理设施建设规模为 75 万 m^3/d，其中主城区及周边开发区再生水处理设施建设规模为 60 万 m^3/d，沣渭新区及各区县再生水处理设施建设规模为 15 万 m^3/d（见表 4—13）。

表 4—13 西安市"十二五"规划再生水处理设施规模统计表

序号	污水厂名称	再生水处理规模		备注
		2015 年建设规模（万 m^3/d）	2020 年建设规模（万 m^3/d）	
1	第一污水处理厂再生水处理设施	6.0（已建成 6.0）	6.0	—
2	第二污水处理厂再生水处理设施（扩建）	13.0（已建成 5.0）	13.0	日供水量约为 0.73 万 m^3。现状供水管网约 18.9km
3	第三污水处理厂再生水处理设施（扩建）	8.0（已建成 5.0）	8.0	日供水量约为 1.37 万 m^3。已建成供水管网约 14km

续前表

序号	污水厂名称	再生水处理规模		备注
		2015年建设规模（万 m³/d）	2020年建设规模（万 m³/d）	
4	第四污水处理厂再生水处理设施	10.0	10.0	规划总面积89.24km²
5	第五污水处理厂再生水处理设施	5.0	5.0	规划总面积75.25km²
6	第六污水处理厂再生水处理设施	5.0	5.0	规划总面积89.32km²
7	第七污水处理厂再生水处理设施（扩建）	4.0（已建成2.0）	4.0	已建成管网约14km
8	第八污水处理厂再生水处理设施	—	1.0	规划总面积24.98km²
9	第九污水处理厂再生水处理设施	2.5	5.0	规划总面积82.57km²
10	第十污水处理厂再生水处理设施	2.5	5.0	规划总面积33.23km²
11	第十一污水处理厂再生水处理设施	—	2.0	规划总面积75.25km²
12	第十二污水处理厂再生水处理设施	—	2.0	规划总面积25.23km²
13	第十五污水处理厂再生水处理设施	4	4	规划总面积21.45km²
14	沣渭新区污水处理东厂再生水处理设施	3.0	3.0	规划总面积44.20km²
15	沣渭新区污水处理西厂再生水处理设施	—	3.0	规划总面积33.0km²
16	阎良区污水处理厂再生水处理设施（扩建）	2.0（在建1.0）	2.0	—
17	临潼区污水处理厂再生水处理设施	3.0	3.0	规划总面积16.13km²
18	户县污水处理西厂再生水处理设施	6.0	6.0	规划总面积15.0km²
19	户县污水处理东厂再生水处理设施	—	4.0	规划总面积25.0km²
20	草堂污水处理厂再生水处理设施	—	1.0	规划总面积20.0km²
21	高陵县污水处理厂再生水处理设施	1.0	1.0	规划总面积10.0km²
22	蓝田县污水处理厂再生水处理设施	—	1.0	规划总面积20.0km²

续前表

序号	污水厂名称	再生水处理规模		备注
		2015 年建设规模（万 m³/d）	2020 年建设规模（万 m³/d）	
	合计	主城区及各开发区：60.0 沣渭新区及各区县：15.0 总计：75.0	主城区及各开发区：70.0 沣渭新区及各区县：24.0 合计：94.0	

资料来源：《西安市再生水利用"十二五"规划》。

（三）再生水建设工程投资汇总

"十二五"期间，主城区及开发区共需再生水工程投资为 29 384.75 万元，其中再生水处理设施投资为 8 048.03 万元、管网投资为 21 336.72 万元；沣渭新区及各区县共需再生水工程投资 16 931.9 万元，其中再生水处理设施投资为 2 835.9 万元、管网投资为 14 096 万元，总投资为 46 316.65 万元（见表 4—14）。

表 4—14　　　　　西安市"十二五"期间再生水工程投资汇总表

序号	工程名称	估算价值（万元）		
		污水处理厂	管网工程	合计
1	第一污水处理厂	/	2 586.00	2 586.00
2	第二污水处理厂	1 167.10	3 136.52	4 303.62
3	第三污水处理厂	450.63	651.20	1 101.83
4	第四污水处理厂	1 374.1	3 668.88	5 042.98
5	第五污水处理厂	757.12	1 876.80	2 633.92
6	第六污水处理厂	860.62	1 436.40	2 297.02
7	第七污水处理厂	1 167.1	2 973.20	4 140.3
8	第九污水处理厂	757.12	956.80	1 713.92
9	第十污水处理厂	757.12	2 432.00	3 189.12
10	第十五污水处理厂	757.12	1 618.92	2 376.04
11	沣渭新区污水处理东厂	500.38	3 000.00	3 500.38
12	阎良污水处理厂	243.63	3 000.00	3 243.63
13	临潼污水处理厂	500.38	3 200.00	3 700.38
14	户县污水处理西厂	860.62	2 496.00	3 356.62
15	草堂污水处理厂	243.63	800.00	1 043.63
16	高陵县污水处理厂	243.63	800.00	1 043.63
17	蓝田县污水处理厂	243.63	800.00	1 043.63
	总计	10 883.93	35 432.72	46 316.65

资料来源：《西安市再生水利用"十二五"规划》。

三、再生水利用现状

早在 1995 年编制的《西安市排水工程规划（1995—2010 年)》中，政府即明确提出城市污水再生利用目标和要求，并建成北石桥污水净化中心污水再生利用工程及其管网系统。此外，还筹建了邓家村污水处理厂再生利用设施，经深度处理后主要供给邓家村污水厂服务区工业企业用水及园林绿化、市政杂用。2005 年，13km 长的再生水供水主管线沿昆明路—丰庆路—环城西路—西大街敷设至竹笆市，可向沿途用户供应再生水。2006 年，西安市环城西苑、西门北广场的喷泉景观以及城内西大街等地的马路喷洒全部开始用再生水替换，丰庆公园利用再生水更换了部分湖水，环城西苑的绿地浇灌也全部采用的是处理过的再生水；西安思源学院投资 400 多万元建设起来的再生水利用系统，处理生活用水 2 500m³/d，处理后的再生水达到国家一级排放标准，用于校园绿化、园林灌溉、冲厕、洗车和基建等，实现了污水零排放。

"十一五"期间，西安市建成再生水处理设施两座，分别为西安市第一污水处理厂（邓家村），再生水处理设施 6 万 m³/d，以及第三污水处理厂，再生处理设施 5 万 m³/d；在建再生水处理设施一座，为阎良再生水处理设施，规模 1.0 万 m³/d；敷设再生水管道约 55.0km，主要分布在主城区城西、浐灞、高新片区。

西安市现已建成再生水处理设施共四座，总处理能力为 18.0 万 m³/d，分别为西安市第一污水处理厂（邓家村）再生水处理设施（已建成规模为 6 万 m³/d）、第二污水处理厂（北石桥）再生水处理设施（已建成规模为 5 万 m³/d）、第三污水处理厂再生水处理设施（已建成规模为 5 万 m³/d）、第七污水处理厂（西南郊）再生水处理设施（已建成规模为 2 万 m³/d）。现已运行的再生水处理设施包括第二、第三污水处理厂再生水处理设施，供水量约为 2.1 万 m³/d，主要用于工业冷却用水、小区绿化及道路浇洒用水、公园景观水体补充用水。第一与第七污水处理厂再生水处理设施分别因用户需水量过小以及管网未接通而未运行。

第五章　主要工业领域再生水应用

第一节　电力行业再生水应用

一、火力发电厂用水状况

（一）火力发电厂用水分类

火电厂用水一般分为生产用水和非生产用水两大部分。生产用水在火电厂用水中约占 95%，包括循环冷却水、除灰（渣）用水、工业冷却水、锅炉补给水与化学自用水等；非生产用水包括生活用水、消防用水、清扫用水和绿化用水等，约占火电厂总用水量的 5%。

上述用水中，循环冷却水的排污损失、除灰（渣）用水损失、工业冷却水损失在火力发电厂耗用水量中所占比例最大，是节水和减排废水的研究重点。

（二）火力发电行业用水现状

长期以来，火力发电行业一直是我国工业用水大户。从 2004—2011 年的情况来看，我国火电用水占工业用水比重整体呈下降趋势（从 2004 年的 48.58% 降至 2011 年的 40%），随着国家节能减排政策在火电行业陆续实施，以及空冷、闭式循环冷却技术的推广，火电用水量也开始逐渐下降（见图 5—1）。2010 年我国火力发电用水量为 578 亿 m^3，同比 2009 年下降 6.9%，2010 年之后火力发电用水量继续减少。

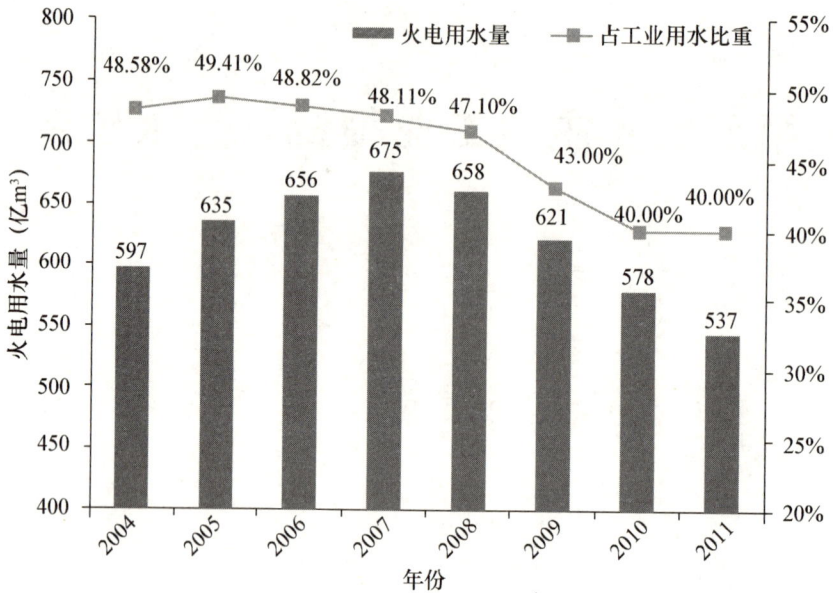

图5—1　2004—2011年我国火电用水量及火电用水量占工业用水比重

资料来源：国家统计局、水利部。

2000年以来，我国火力发电行业环保政策日趋严格，火电单位发电耗水量、排污量均逐年递减。单位发电耗水量从2000年的4.1kg/kW·h下降到2011年的2.34kg/kW·h，下降比例为43%；单位发电排污量从2000年的1.38kg/kW·h，下降到2011年的0.23kg/kW·h，下降比例达到83.3%（见表5—1）。

表5—1　　　　　　　　2000—2011年我国火电单位发电耗水量及排污量

年份	2000	2001	2002	2003	2004	2005	2006	2007	2008	2009	2010	2011
单位发电耗水量（kg/kW·h）	4.1	3.9	3.6	3.4	3.2	3.1	3	2.9	2.8	2.6	2.45	2.34
单位发电排污量（kg/kW·h）	1.38	1.31	1.17	1.03	1	0.99	0.85	0.7	0.6	0.46	0.32	0.23

资料来源：中国电力企业联合会。

2010年全国总用水量6 022亿m³，其中生活用水占12.7%，工业用水占24.0%，农业用水占61.3%，生态与环境补水（仅包括通过人为措施供给的城镇环境用水和部分河湖、湿地补水）占2.0%。2010年全国火力发电用水量为578亿m³，占工业总用水量的40%。表5—2为国内外火力发电厂水耗情况及比较数据。

表 5—2　　　　　　　　　　　　　国内外电厂耗水量比较表

项目指标名称	耗水量	
	kg/kW·h	m³/GW·s
2000 年中国平均值	4.13	1.147
2005 年中国平均值	3.1	0.86
2011 年中国平均值	2.34	0.65
2000 年先进国家水耗平均值	2.52	0.70
2000 年美国西部电网平均值	1.44	0.40
2000 年美国东部电网平均值	1.85	0.51
2000 年美国得克萨斯电网平均值	1.67	0.46
2000 年美国平均值	1.78	0.49
2000 年南非平均值	1.25（0.2 空冷）	0.347（0.056 空冷）
2000 年德国罗伊特西部电厂 1 000MW 级耗水量值		0.50
2005 年山东邹县电厂 1 000MW 级耗水量值		0.694

根据 GB/T18916.1《火力发电厂取水定额标准》的要求，2005 年起，由国家质监总局和国家标准化管理委员会颁布的火力发电、钢铁、石油、印染、造纸、啤酒、酒精七个用水量较大的工业行业的取水定额国家标准开始实施。该标准对提高工业行业用水效率和节水管理水平，将我国建设成节水型社会起到了重要作用（见表 5—3）。

表 5—3　　　　　　　　　"十一五"规划火电装机发展与节水规划目标

序号	指标名称	年份				
		2000	2002	2005	2010	2020
1	全国发电总装机（万 kW）	31 933	35 657	44 554	66 600	95 000
	火力发电总装机（万 kW）	23 752	26 555	35 352	48 463	61 500
	火力发电量（亿 kW·h）	11 079	13 522	19 444	25 443	30 750
2	淡水总用水量（亿 m³）	1 428.4	1 662.8	2 352.7	3 053.2	
	重复用水量（亿 m³）	963.5	1 147.3	1 645.5	2 157.1	
	重复利用率（%）	67.5	69.4	69.9	70.6	
3	单位发电量取水量（kg/kW·h）	4.20	3.54	3.08	2.85	2.52
	单位发电量用水量（kg/kW·h）	41.96	37.67	36.37	35.22	
	平均装机耗水率（m³/GW·s）	0.93	0.79	0.68	0.63	0.56
4	火电取水节水量（亿 m³）	基准值	8.92	21.78	34.35	51.66

二、火力发电厂水污染情况

燃煤的火力电厂会向河流、湖泊及海洋环境排放废水（包括冷却水和废水），这些排放可能会带来水污染问题。废水主要是外排冷却水，来源于凝汽器，主要污染是热污染；另外还有少量的含油污水、输煤系统排水、锅炉酸洗废水、酸碱废水、脱硫废水和生活污水等，主要污染物是有机物、金属及其盐类、颗粒物和重金属。燃煤电厂水量平衡图见图5—2。

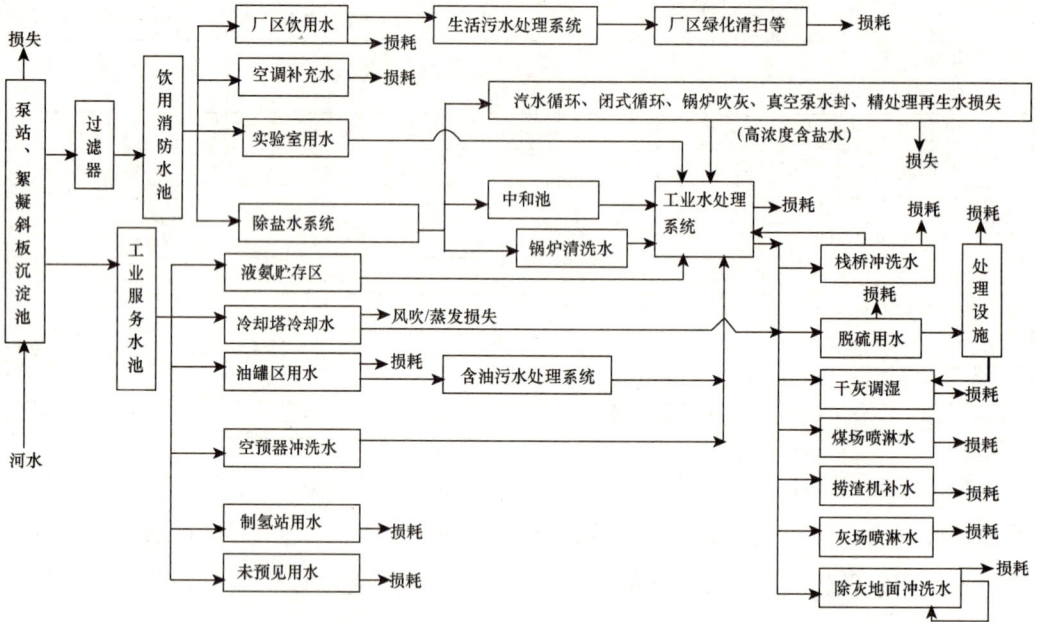

图5—2　火电厂水量平衡图

2004—2005年，我国火力发电废水排放量快速增加，2005年达到20.3亿 m^3，随着单位发电量废水排放量的逐年下降，2006年开始，我国火电废水排放量开始逐步下滑，2011年下降至9.0亿 m^3，同比2010年减少28％（见图5—3）。

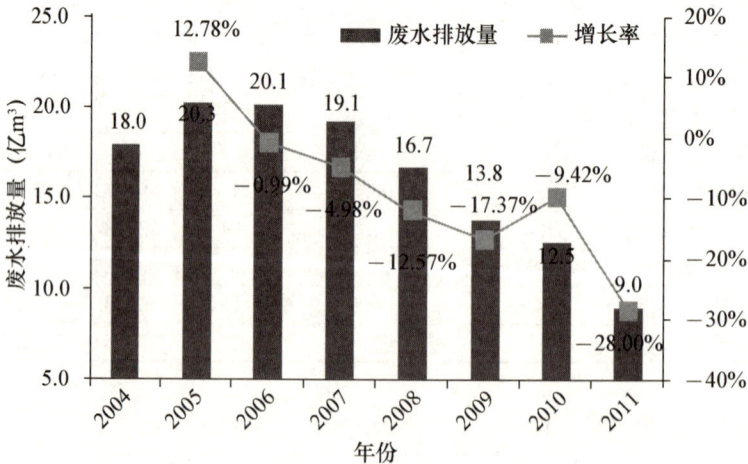

图5—3　2004—2011年我国火力发电厂废水排放量

资料来源：中国电力企业联合会。

三、火力发电厂污废水回用情况

目前，相关监管部门已要求北方地区新建火电厂供水水源禁止采用地下水，严格控制使用地表水，充分利用污水再生水及矿坑排水，城市污水在火力发电厂的应用已经得到快速推广。2010 年经调查的 52 家火电厂中，水源中含中水、矿坑水的装机容量达到 1 131 万 kW，占到总量的 15.77%，其中生产用水全为中水及矿坑水的机组占到 5.35%。

从国家水利部水资源司关于建设火电项目取水情况的数据来看，再生水、矿井水的利用率呈上升趋势。2008—2009 年上半年，再生水和矿井水的取水审批量分别占到总取水量的 10.77% 和 1.43%，较 2006 年、2007 年均有所提高（见表 5—4）。2013 年国家发改委、国家能源局联合印发了《矿井水利用发展规划》，规划到 2015 年全国煤矿矿井水排放量达 71 亿 m³，利用量 54 亿 m³，利用率提高到 75%，新增矿井水利用量 18 亿 m³。

表 5—4　　　　2006—2009 年已批复建设火电项目取水结构变化情况

年份	地表水	浅层地下水	深层承压水	自来水	再生水	矿井水
2008—2009 年上半年	87.18%	0.10%	0.00%	0.50%	10.77%	1.43%
2007	95.13%	0.14%	0.10%	0.24%	3.90%	0.49%
2006	97.44%	0.05%	0.01%	0.38%	1.76%	0.35%

资料来源：国家水利部水资源司（不含海水）。

四、火力发电水资源危机及解决对策

（一）电力水资源需求

截至 2012 年，全国火电装机容量为 81 968 万 kW，包括江苏、山东、浙江、河南、河北、山西、内蒙古等在内的主要火电装机省份均处于严重火电水资源危机区域，涉及装机容量达 45 170 万 kW，超过总容量的 55%（见表 5—5），可见火力发电行业开展节水降耗工作，推广节水技术，发展新水源等任务已经刻不容缓。

表 5—5　　　　2012 年严重火电水资源危机区域装机容量及占比

省份	水资源指数	火电耗水指数	装机容量（万 kW）	装机容量占比
河北	−1.379 75	3.470 285 5	3 999	4.88%
山西	−1.739 99	1.122 120 4	5 011	6.11%
内蒙古	−0.918 59	1.521 771 3	6 019	7.34%
辽宁	−1.047 01	0.842 728 7	3 058	3.73%

续前表

省份	水资源指数	火电耗水指数	装机容量（万 kW）	装机容量占比
江苏	−0.933 57	9.746 835	6 982	8.52%
浙江	−0.328 08	5.666 887 8	4 705	5.74%
安徽	−0.531 27	1.755 891 8	3 223	3.93%
山东	−0.741 21	8.890 986 9	6 818	8.32%
河南	−1.057 52	5.609 742 9	5 355	6.53%
总计			45 170	55.11%

（二）火力发电节水技术的应用与效果分析

1. 火力发电厂的节水方式

要想使系统耗水量减少，必须采用节水新技术和新工艺，这又统称为火力发电行业的节水工艺。在了解影响火电厂耗水的主要因素之后，我们便应该主要从表5—6中所列方面着手，大力开展节水工作。

表5—6   火力发电行业主要节水技术

分类	技术名称	简介
无水生产工艺	机械通风直接空冷	直接利用空气冷却，无循环冷却水
	间接空冷机组	混合式凝汽器间接空冷系统（冷却水、蒸汽混合），冷却水不与空气接触，无蒸发损失
		表面式凝汽器间接空冷系统（冷却水自成闭路循环），冷却水不与空气接触，无蒸发损失
	飞灰复燃	锅炉飞灰可100%入炉复燃，全部以液态渣排出，不用水力除灰
	风冷型干排渣	用空气冷却热渣，破碎后并入气力除灰系统
	气力除灰	气力除灰技术
	干贮灰场	用排灰机和移动皮带使干灰堆放
提高发电效率	大容量高参数火电机组	超临界、超超临界机组热效率高、汽耗少、耗水少
	燃气—蒸汽联合循环电站	燃气发电用水量少
大幅度降低新鲜水消耗量	循环水系统零排污	用弱酸处理、反渗透处理等，淡水供化学用，高浓水供灰渣用等技术
	高浓缩倍率循环水技术	高浓倍率的分段浓缩串联使用的水处理技术
替代水源	海水利用	海水代替地表水作为直流冷却或循环冷却水水源
		海水淡化处理后用作电厂锅炉补给水、生活用水
	利用城市污水	将城市污水进行深度处理作为循环水补充水
	利用矿井水	矿井水处理后作为循环水补充水或其他工业用水

2. 节水技术的选择

节水有两层含义：一方面促使系统耗水量减少；另一方面使系统取水量减少。

从取水方面来看，火电建设要充分考虑当地水源条件，严重缺水地区应大力推广直接空冷、间接空冷等无水冷却技术，同时提高城市中水、矿坑水的利用率；在沿海缺淡水地区，应推广海水直流或海水循环冷却技术，淡水严重匮乏的城市应同时加强海水淡化技术的应用（见表5—7）。

表5—7　　　　　　　　　　火电取水的合理选择

	技术	应用	推广省份
严重缺水地区	空冷	直接空冷技术、间接空冷技术	内蒙古、山西等
	新水源	提高城市中水、矿坑水利用率	
缺淡水地区	海水利用	海水直流冷却、循环冷却，海水淡化	江苏、浙江、山东等

从减少水耗方面来看，应着重从以下几个方面着手：

（1）大力发展循环用水系统、串联用水系统和回用水系统，提高水的重复利用率；

（2）推广浓缩倍数大于4.0的水处理运行技术，提高循环冷却水的浓缩倍数，实现循环冷却水系统零排放，或使其排污量相当于冲灰水量；

（3）推广浓浆成套输灰、干除灰、冲灰水回收利用等节水技术和设备；

（4）推广没有污水外排的工艺系统，实现废水零排放；

（5）新上项目加强节水管理，减少非生产水消耗。

多种节水技术联合使用已经成为火电厂节水技术的发展趋势，但火电厂节水涉及电厂锅炉、汽轮机、水工、化学、除灰及环保等专业，是一项系统工程，从设计至投运各个环节不但要考虑环境的承受力，也要考虑经济效益，必须做到电力发展与环境保护相协调。所以火电厂节水不能一概而论，需要考虑结合每个电厂节水技术的具体情况，合理采用各种节水技术。

3. 节水技术的应用效果

2000年以来，我国火力发电行业环保政策日趋严格，各项火电节水技术陆续得到推广，城市中水、海水越来越多地应用于火电生产中，逐渐成为火力发电的重要水源。在此背景下，2000—2011年，我国火电单位发电耗水量、排污量逐年递减，单位发电耗水量从2000年的4.1kg/kW·h下降到2011年的2.34kg/kW·h，下降比例达到43%；单位发电排污量从2000年的1.38kg/kW·h，下降到2011年的0.23kg/kW·h，下降比例为83.3%。

随着单位发电耗水量及排污量的下降，我国火电耗水量和废水排放量的增速也快速下降（见图5—4）。

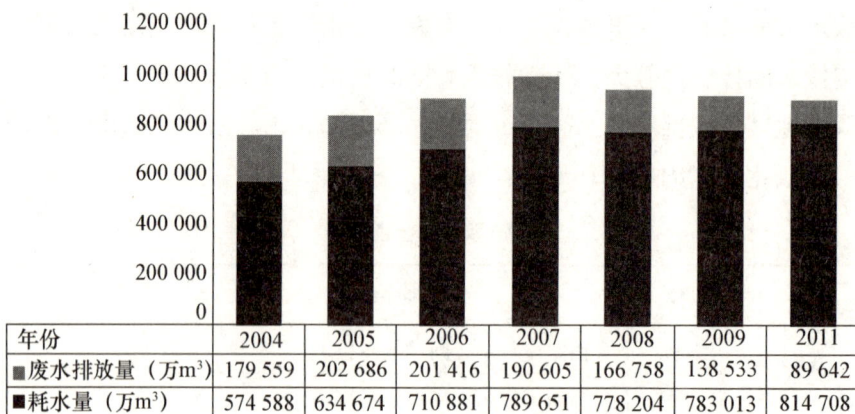

图5—4 2004—2011年我国火力发电厂废水排污量及耗水量变化情况

年份	2004	2005	2006	2007	2008	2009	2011
■ 废水排放量（万m³）	179 559	202 686	201 416	190 605	166 758	138 533	89 642
■ 耗水量（万m³）	574 588	634 674	710 881	789 651	778 204	783 013	814 708

资料来源：中国电力企业联合会。

4. 火力发电厂节水潜力

火力发电行业是我国工业用水大户，随着国家节能减排政策在火电行业陆续实施，以及空冷、闭式循环冷却技术的推广，火电用水量也开始逐渐下降。2004—2012年，我国单位发电用水量及耗水量均逐年下降，但与国际先进水平相比，我国火力发电仍有较大节水潜力。所以，继续加大火电厂节水改造，鼓励新建、扩建燃煤电站项目采用新技术、新工艺，仍应该成为未来我国火力发电行业节能减排工作的重点。

五、火力发电厂解决水资源的途径及水资源的储备

（一）火力发电厂的水资源危机

当前，很多煤炭资源丰富的地区因水资源匮乏，原始资源型缺水问题日益突出并成为火电工业发展的制约因素，火电厂寻求新水源的任务迫在眉睫。2004年5月16日，国家发改委发布了《关于燃煤电站项目规划和建设有关要求的通知》，通知要求高度重视节约用水，鼓励新建、扩建燃煤电站项目采用新技术、新工艺，降低用水量。对扩建电厂项目，应对该电厂中已投运机组进行节水改造，尽量做到发电增容不增水。在北方缺水地区，新建、扩建电厂禁止取用地下水，严格控制使用地表水，鼓励利用城市污水处理厂的中水或其他废水。原则上应建设大型空冷机组，机组耗水指标要控制在0.38m³/GW·s以下。鼓励沿海缺水地区利用火电厂余热进行海水淡化等。

在过去的十年中，各发电集团公司在基本建设、节能节电、能源替代等方面取得了初步成效。通过全面、持续的节能工作，发电煤耗大幅降低。随着经济和环境的变化，我们必须清醒地认识到新的电源点的建设面临电力市场、环境保护和水资源紧缺等因素的影响。为此，要高度重视解决水的问题，才能保证电力建设的顺利

发展。另外，供水的可靠性对于电厂十分重要，在未来的电力生产中必须掌握一定可靠的、稳定的水资源储备。

（二）发展城市污水作为火力发电厂的水资源战略

城市污水作为再生水源，比较符合火电厂用水要求，作为一种替代水源，日益受到重视。2004 年以来，我国废水排放量呈逐年上升趋势，2012 年达到 684.8 亿吨。其中工业废水排放量 221.6 亿吨，占废水排放总量的 32.4%；生活污水排放量 462.7 亿吨，占废水排放总量的 67.6%（见图 5—5）。城市供水有 80% 转化为污水，而污水经收集处理后，其中的 70% 能以再生水的形式被再次利用。所以，规划采用城市污水作为火力发电厂项目建设的用水发展方向，根据电源总体发展和分布，既谋当下、更谋长远的科学水资源储备战略已成为必然趋势。例如，积极探索采用 BOT 形式投资市政水务行业，开发未来宝贵的中水资源，不仅可以作为一项新产业获取不低于电力投资的利润，还可以为新建电厂做好水源储备，为现有电厂提供经济可靠的备用水源。

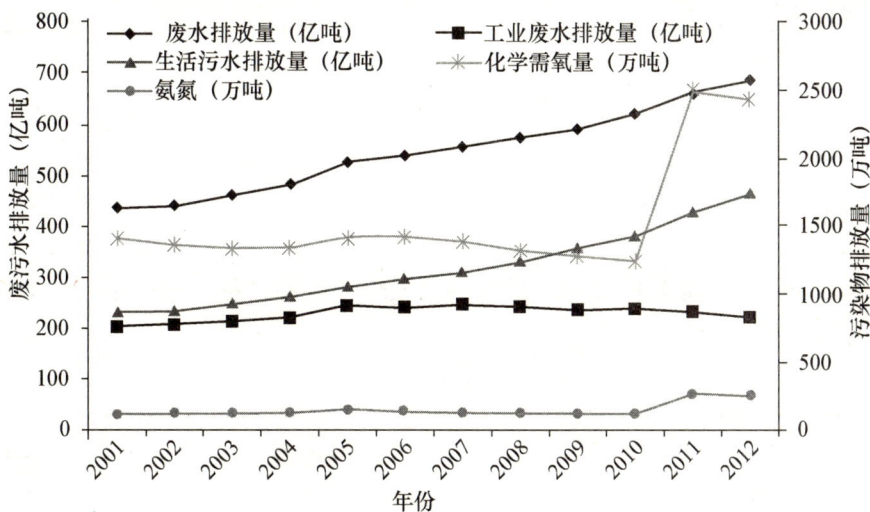

图 5—5 2001—2012 年全国废污水及其主要污染物排放量年际对比

2011 年我国火力发电用水量达到 537 亿 m³，如果处理后的污水均能得到合理利用，将可大面积替代火电用水，能极大缓解我国火力发电用水难题。

如何参考国外成熟可靠的城市污水回用技术以及我国现有的经验，将城市污水回用于火电厂用水量最大的冷却水和冲灰用水部分，是今后缓解由于水资源短缺而制约火电发展的一个很有前景的突破口。另外，随着城市规模的不断扩大和人民生活水平的不断提高，大量城市污水外排，既污染了环境，又浪费了资源。城市污水作为新开发的再生水源，具有水量大而稳定的特点，是一种比较可靠的水资源，而且水价便宜。尤其是布置在城市周围的电厂，使用城市污水不需要长距离引水，可以节省大量的引水工程费用。因此，城市再生水再利用具有很好的环境效益、社会效益和经济效益，我们应充分利用城市污水处理厂生产的中水和其他经济可利用的废水，如矿井涌水，使电厂原则上做到水的零排放。

日本、美国污水回用于电厂冷却领域已有 30 年的历史。最近几年，我国总结国家"七五""八五"科技攻关经验，中水回用已取得重大突破，中水在各电力集团公司也得到了普遍的应用（见表 5—8 和表 5—9）。例如，山东邹县电厂四期工程将邹城市污水处理厂的二级排污水和本厂内的生活污水、工业废水集中起来，经按质分项深度处理后用于循环水系统，系统设计水量为 10 万 m³/d。邹县、潍坊、河西电厂等中水的利用也为电厂水资源的开发提供了宝贵的经验。

表 5—8 全国城市废水量及处理率趋势预测

项目年份	1997	2010	2030
城市年废水量（亿 m³）	351	640	850
城市废水处理率（%）	14.35	50	80

注：2030 年为预测值。

表 5—9 典型机组用水量

循环冷却机组			空冷机组
2×300MW	2×600MW	2×1000MW	2×300～2×600MW
2 160m³/h	3 456m³/h	5 760m³/h	500～600m³/h

中水回用处理系统的投资与工艺和生产规模有直接关系，根据不同的规模，工程造价估算见表 5—10。

表 5—10 中水回用工程造价估算表 单位：元/m³

处理工艺	≤1 万 m³/d	1 万～5 万 m³/d	5 万～10 万 m³/d	≥10 万 m³/d
石灰软化	1 100	1 000	900	850
离子交换软化	1 350	1 200	1 050	950
双膜法软化	1 800	1 500	1 300	1 050
二级处理+凝聚澄清	1 300	1 200	1 100	1 000

中水的处理成本主要来自药剂费用、电费、人员工资、大修维护费用等，单位水处理成本见表 5—11。

表 5—11 再生水单位水量处理成本表 单位：元/m³

处理工艺	≤1 万 m³/d	1 万～5 万 m³/d	5 万～10 万 m³/d	≥10 万 m³/d
石灰软化	0.85	0.75	0.60	0.55
离子交换软化	1.00	0.90	0.75	0.70
双膜法软化	0.90	0.80	0.65	0.60
二级处理+凝聚澄清	0.60	0.55	0.50	0.45

六、火力发电节水工艺案例分析

(一)陕西华电蒲城发电有限责任公司

1. 工程概况

电厂一期工程 2×330MW 罗马尼亚进口机组于 1996 年 9 月和 1998 年 4 月建成投产，二期工程 2×330MW 国产引进型机组于 2002 年底和 2003 年 12 月投产，三期工程扩建 2×660MW 等级超临界燃煤空冷机组于 2008 年底实现双投产。

2. 循环水回用系统

蒲城处于我国西北严重缺水地区，蒲城电厂三期工程 2×660MW 超临界机组采用空冷方式，但是工业用水及锅炉补给水的水源问题是制约其建设的主要因素。工程建设批复不得取用新的水源，要求对一、二期全厂水系统进行节水改造，回收利用一、二期废水用作三期工业用水。所以三期工程设计用工业水是对一、二期循环水排污水、锅炉补给水系统再生废水及 RO 浓排水进行处理，处理后的出水水质满足作为三期工业水的水质要求。

(1) 工艺选择。

目前常规的处理循环水排污水的方法主要有"澄清过滤—UF—RO""石灰处理—变孔隙滤池—RO"等工艺。通过综合技术经济分析及试验，蒲城电厂确定采用"机械加速澄清池—变孔隙滤池—浸没式 UF—RO"方案（见图 5—6）。

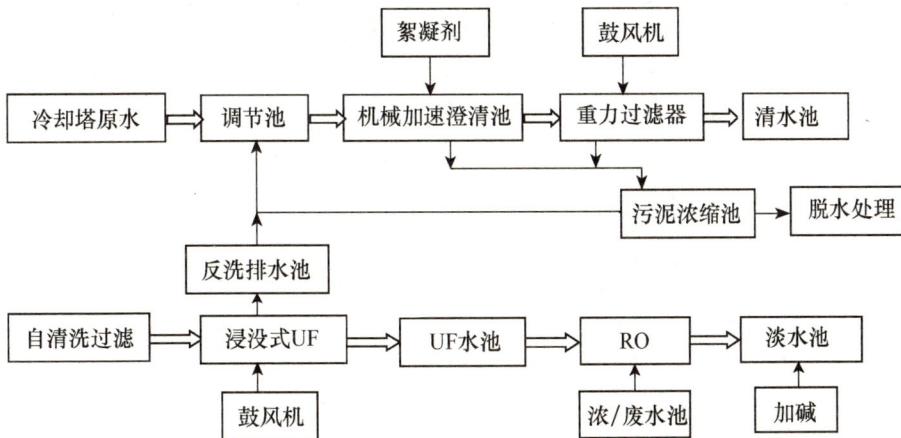

图 5—6　蒲城电厂循环水排污水处理流程图

(2) 工艺特点。

1) ZeeWeed-1000UF 膜过滤技术的主要优点是处理后的水质稳定，UF 膜采用由外至内的流动方式，经由孔径为 0.02 微米的中空纤维膜进行过滤。这种微小的孔径几乎可以去除水中所有悬浮或胶状颗粒物，包括贾第鞭毛虫和隐性孢子虫。UF 系统通过透过液泵在中空纤维膜内部形成真空。待处理的水就通过 UF 膜的孔径进入中空纤维内部的主通道，然后通过透过液泵进入 UF 水池。在反冲洗时，空气被引进到了 UF 膜箱的底部，通过与液体部分的混合在 UF 膜的表面形成涡流。上升中的气泡擦洗并清洁 UF 膜丝的外表面，提高 UF 膜的处理效率。

2）根据循环水排污水的水质特点，系统方案及设备选型经济合理、设施布置紧凑、工艺安全可靠、能耗低、药剂用量少、运行费用及总体投资低。

3）通过对电厂一、二、三期水平衡的优化并统筹考虑，一、二期高含盐量的废水通过澄清、UF 及 RO 处理后用做三期空冷机组工业水，浓水作为脱硫用水，实现了电厂循环水的零排放。

4）UF 系统采用模块化设计，便于系统容量扩大而不影响土建工程。

3. 主要设备参数（见表 5—12 和表 5—13）

表 5—12　　　　　　　　　　　　主要设备参数（一）

（1）机械加速澄清池		（2）变孔隙滤池	
数量	2 座	3 台	
额定出力	600m³/h	300m³/h	
总水容积	945m³	最大出力	320m³/h
设备内径	16.9m	滤池尺寸	5.5m×3.82m×5.25m
池深	6.5m	过滤面积/台	21m²
停留时间	约 1.5h	设计运行流速	10～15m/h
主要作用	去除水中的悬浮物和胶体	运行时间	约 24h
		主要作用	去除澄清池出水的悬浮物

表 5—13　　　　　　　　　　　　主要设备参数（二）

（3）浸没式 UF 系统		（4）RO 装置	
4 套（共 8 个膜箱）		4 套	
额定净出力	135m³/h	80m³/h	
水回收率	90%	60%～70%	
膜组件型号	ZW-1000	AG8040F1296	
膜组件数量	36 膜/箱	126 根/套	
膜组件材质	PVDF	芳香聚酰胺	
膜组件过滤面积	55.74m²	形式	螺旋卷式
膜丝数量	34 200	规格尺寸	φ200×1016mm
UF 膜公称孔径	0.02μm	稳定脱盐率	99.5%（平均值）
使用 pH	2～9.5	平均膜通量	18.2lmh
设计净通量	31.2lmh	类型	抗污染膜
UF-CIP 药剂	10.3%NaClO，85%磷酸	系统脱盐率	98%（一年内），三年内≥97%，五年内≥96%
制造商	美国 GE	压力容器排列方式	14：07
		制造商	美国 GE

4. 技术比较及经济分析

- 方案一：澄清过滤—UF—RO。
- 方案二：石灰处理—变孔隙滤池—RO。

通过综合技术经济分析及试验，本工程采用了"机械加速澄清池（S774）＋变孔隙滤池＋ZeeWeed-1000 浸没式 UF＋RO"方案。经济分析参考类似工程进行比较，两个工程都是循环水排污水处理后作为电厂工业水（见表5—14 和表5—15）。

表 5—14　　　　　　　　　　　技术参数对比

序号	项目	方案二	方案一
一	澄清池主要技术参数		
1	澄清池数量	2	2
2	单座设计出力	600m³/h	600m³/h
3	单座澄清池尺寸	Φ18m	Φ16.9m
4	设计上升流速	0.8mm/s	1mm/s
5	澄清池占地面积	254m²	226m²
6	排放污泥浓度	3%～8%	0.5%～1.5%
7	泥渣浓缩系统	排泥池 300m³	浓缩池 150m³
二	配套系统		
1	变孔隙滤池		3 台
2	双室过滤器	2 台（4 室）	
3	石灰配投系统	2 套	无
4	聚铁加药泵	3 台（2 用 1 备）	3 台（2 用 1 备）
5	PAM 加药泵	3 台（2 用 1 备）	3 台（2 用 1 备）
6	硫酸加药泵	2 台（1 用 1 备）	无
7	污泥脱水系统出力	25t/h	12t/h
三	UF 系统		
1	膜池	无	3 座
2	UF 系统组件	4 组	3 组
3	UF 进水泵反洗水泵	5 台	无
4	UF 透过液泵	无	4 台
四	RO		
1	高压泵	4（150m³/h）	4（80m³/h）
2	RO 膜组架	4	4
3	清洗装置	1	1
4	加药装置	1	1

表 5—15　　　　　　　　　　　主要技术经济指标对比表

序号	项目		方案二	方案一
一	直接投资			
		设备投资	低	高
		建安投资	高	低
		直接投资	高	低
		占地面积	大	小

续前表

序号	项目	方案二	方案一
二	运行费用		
	用电运行功率（KW）	1 300	700
	动力费用（元/d）	11 856	6 384
	人工及药剂费用（元/d）	7 000	2 000
	单位水运行费用（元/m³）	1.31	1.09
三	主要技术指标		
	进水水质要求	≤50mg/L	—
	澄清池出水水质	≤15NTU	≤10NTU
	滤池反洗周期（h）	18～24	48～72
	加硫酸调 pH	有	无
	耐冲击负荷能力	低	高
	运行稳定性	低	高

本工程结合空冷机组，采用老厂循环水排污水及化学水处理废水作为扩建机组的水源，确定了重大的节水举措。在此基础上，对电厂各类用水进行全面规划、综合平衡和优化比较，采用多种措施，以达到经济合理、一水多用、综合利用的目的，提高重复用水率，降低全厂耗水指标。项目实施后，每年可为电厂节约用水286 万 m³，每年节约水费 689 万元。另外，由于系统出水为经过 RO 处理后的淡水，可以大大降低工业水系统的检修费用，延长设备使用寿命。

5. 效果评价

（1）2008 年 12 月 21 日，蒲城废水深度处理工程与电厂三期工程 5 号机组同步通过 168h 试运转。在进水 pH9.2、SS15mg/L、TDS2417mg/L 时，UF 过膜压差 15.7kPa，出水浊度 0.068NTU。RO 回收率 67%，脱盐率稳定在 99% 以上，达到了设计要求。

（2）国外发达国家较早地开展了各种节水及零排放技术，近年来国内针对火力发电厂采用废水回用及循环冷却水节水技术的研究和应用也越来越被重视。蒲城电厂三期工程通过试验研究，在国内首次使用 ZeeWeed-1000 浸没式 UF 及 RO 回用系统，结果表明系统进水适应性强、出水水质好、耐冲击负荷能力高，保证了高含盐量循环水采用 RO 时回收率可高达 60% 以上。

（3）以循环水排污水和工业废水作为水源，进行深度处理，供给电厂工业水是解决水资源短缺的有效途径之一。随着经济、社会的发展，水资源的价格不断上涨，电厂作为用水大户，企业的经济效益受到严重影响。所以本项目技术具有一定的推广价值，应用前景广阔。

（4）通过依托工程的试验、研究、设计、调试，为本项目技术的进一步推广应用提供了翔实的基础参数和运行控制数据。设计优化缩短滤池注水和排水时间，缩短了反洗时间，提高了出水能力；通过降低滤池的容量，减少了在线清洗化学药剂的使用量。由于系统出水为经过反渗透处理后的淡水，可以大大降低工业水系统的检修费用，延长设备使用寿命。

（二）华能平凉发电有限责任公司

1. 电厂基本情况

华能平凉电厂装机 4×300MW 凝汽式湿冷燃煤发电机组。首台机组于 2000 年 9 月 6 日投产发电，2003 年 11 月 30 日四台机组全部建成投产。水源为水库地表水和河谷浅层地下水联合供给。设计中采用了干除灰、大部分工业冷却水回用、循环水补充水部分弱酸处理等综合性节水技术，在循环水补充水由水库（水质较好）供给的情况下，设计循环水浓缩倍率 4.8 倍，平均补充水量为 3 489m³/h，平均装机耗水率为 0.808m³/GW·s，是一座大型坑口节水型火力发电厂。

2. 机组用水概况

设计全厂平均新鲜水用量为 3 489m³/h，排水量约 990m³/h，工业冷却水回收利用率为 61%。具体情况见表 5—16。

表 5—16　　　　　华能平凉电厂 4×300MW 容量补给水量一览表

工况	需水量（m³/h）		耗水量（m³/h）	
参数	年均	夏季	年均	夏季
冷却塔蒸发损失	1 624	1 996	1 624	1 996
冷却塔风吹损失	148	148	148	148
冷却塔排污水量	367	467	—	100
主厂房内工业用水	654	1 174	124	124
主厂房外工业用水	247	467	227	447
除渣装置用水	320	320	320	320
输煤喷洒冲洗除尘用水	47	47	47	47
锅炉补给水	250	286	250	286
生活杂用水	50	50	50	50
净化站及弱酸处理自用水	217	217	217	217
未预见水量	482	432	482	432
总计	4 406	5 604	3 489	4 167

3. 电厂节水效果

循环水旁流弱酸处理系统于 2003 年 9 月 20 日调试完毕后投入使用。在投运初期，由于需要对系统进行完善，运行一直时断时续，在 2004 年开始正常投入了运行。当四台机组满负荷发电时，弱酸处理系统最大处理量为 650m³/h 上下。即使在夏季，其处理能力完全能够满足机组用水要求。循环水旁流弱酸处理系统正常投运时，除锅炉捞渣机、输煤系统冲洗用水、除灰拌湿系统使用循环水外，循环水冷却塔排污门全关，单位发电量取水量明显下降，节水效果显著。华能平凉电厂投产以来用水情况见表 5—17。

表 5—17　　　　　　　　　华能平凉电厂投产以来用水情况统计表

年份	装机容量（MW）	发电量（亿 W）	新鲜水用量（万 m³）	发电取水量（kg/kW·h）
2000	300	5.12	200.8	3.92
2001	600	18.74	623.05	3.32
2002	600	37.58	958.72	2.55
2003	1 200	60.58	1 397	2.31
2004	1 200	89.78	1 681.9	1.87
2005	1 200	80.73	1 562.4	1.93
2008	1 200	81.96	1 532.6	1.87

第二节　钢铁行业再生水应用

一、钢铁行业总体概况

（一）钢铁行业的产能情况

根据世界钢铁协会发布的 2012 年全球钢铁生产统计数据：中国 2012 年粗钢产量 7.16 亿吨，同比增长 3.1%，占世界总产量的比重达 46.3%，比 2011 年提高了 0.9 个百分点。从各省市的产量来看，2012 年 1—12 月，河北省粗钢的产量达 1.804 亿吨，同比增长 6.17%，占全国总产量的 25.19%。紧随其后的是江苏省、山东省和辽宁省，分别占总产量的 10.35%、8.31%和 7.23%。中国生产了全球近一半的粗钢，从数量上看，中国单个省份的钢产量已经达到或超过欧美主要发达国家水平。

河北省 2012 年粗钢产量 1.8 亿吨以上，比全球钢产量第二的日本多出至少 5 000 万吨，是美国全国产量的 1.8 倍，印度的 2.1 倍，俄罗斯的 2.33 倍，德国的 3.85 倍，与欧盟 27 国的钢产量总和相当。我国有 4 个省的钢铁产量超过德国，有 14 个省市的钢产量超过法国，19 个省市的产量超过英国。

世界各国粗钢产量第二至第十名依次是日本、美国、印度、俄罗斯、韩国、德国、土耳其、巴西、乌克兰，产量分别是 10 723.5 万吨、8 859.8 万吨、7 672.0 万吨（估计值）、7 060.8 万吨、6 932.1 万吨、4 266.1 万吨、3 588.5 万吨、3 468.2 万吨、3 291.1 万吨。

2012 年我国粗钢产量前 20 名的钢铁企业及其产量以及占全国钢铁产量的比例见表 5—18。

表 5—18　　　　　　　　　2012 年中国粗钢产量前 20 名公司

序号	钢厂	钢（万吨）	占比
1	河北钢铁集团有限公司	6 923	9.7%
2	鞍山钢铁集团公司	4 532	6.3%
3	宝钢集团有限公司	4 270	6.0%
4	武汉钢铁（集团）公司	3 642	5.1%
5	江苏沙钢集团有限公司	3 231	4.5%
6	中国首钢集团	3 142	4.4%
7	山东钢铁集团有限公司	2 301	3.2%
8	马钢（集团）控股有限公司	1 734	2.4%
9	渤海钢铁集团有限公司	1 732	2.4%
10	湖南华菱钢铁集团有限责任公司	1 411	2.0%
11	北京建龙重工集团有限公司	1 376	1.9%
12	日照钢铁控股集团有限公司	1 322	1.8%
13	河北新武安钢铁集团公司	1 287	1.8%
14	包头钢铁（集团）有限责任公司	1 019	1.4%
15	安阳钢铁集团有限责任公司	1 016	1.4%
16	太原钢铁（集团）有限公司	1 013	1.4%
17	酒泉钢铁（集团）有限责任公司	1 010	1.4%
18	江西萍钢实业股份有限公司	912	1.3%
19	河北纵横钢铁集团有限公司	911	1.3%
20	河北津西钢铁集团股份有限公司	910	1.3%
	前 5 名合计	22 598	31.5%
	前 10 名合计	32 918	46.0%
	前 20 名合计	43 694	61.0%
	全国合计	71 654	100%

（二）钢铁行业用水情况

钢铁行业是用水和废水排放大户，排放的废水量占工业废水总排放量的 10.75%，仅排在造纸、化工和火力发电之后。水在钢铁工业生产过程中的作用主要有设备和产品的冷却、热力供蒸汽、除尘洗涤和工艺用水（如轧钢除磷等）。冶金长流程生产工艺过程中，每生产 1 吨钢材，约要用水 $130m^3$，表 5—19 列出了我国重点钢铁企业在各工序生产过程中的工序水耗和耗新水。由于我国钢铁企业处于不同生产结构、多种层次、先进指标与落后指标并存的阶段，因此，各企业之间的工序水耗和耗新水的差距特别大，存在多方面的不可比性。我国长江以南的钢铁企业处于丰水地区，取水容易、供水费用偏低，因此企业节水的积极性不高。总体上讲，南方钢铁企业普遍水耗高，这是我国钢铁工业节水的潜力所在。

表 5—19　　　　　　　　　2009—2010 年全国重点钢铁企业平均用水情况

项目	选矿	烧结	球团	焦化	炼铁	转炉	电炉	热轧	冷轧	年份
工序水耗	5.58	0.54	0.86	4.09	21.62	12.97	42.97	14.66	26.34	2010
(m^3/t)	5.99		0.93	3.11	21.57	11.11	47.01	16.52	25.44	2009
耗新水	0.71	0.26	0.21	1.50	0.81	0.68	7.38	1.19	1.71	2010
(m^3/t)	0.76		0.18	1.61	1.09	0.71	7.25	1.15	1.37	2009

（三）钢铁行业节水技术

1. 节水技术的核心是提高水的利用效率

提高水的利用效率，首先企业要消灭直排水，根据各工序、各设备对水质和水量的需求，采用不同供水方式，采用多级、串级供水，可有效提高水的利用效率；其次要优化污水处理工艺技术，对不同质量的污水，采用不同的处理工艺和技术，处理后的水分流给不同的用户，可有效提高水的循环利用率，同时可大大减少污水处理量。

2. 积极推广应用少水或不用水的工艺技术装备

推广不用水或少用水的技术装备可以从根本上减少水的用量。目前钢铁行业普遍推广的不用水工艺技术装备主要有干法熄焦技术、焦炉热导油传热技术、高炉煤气和转炉煤气干法除尘技术、轧钢加热炉蒸汽冷却技术等。少用水的技术装备主要有：转轮法处理高炉和转炉渣技术、炉渣风淬技术、转轮法水淬炉渣（可回收冷凝水）；使用节水型热风阀，可节水 70% 左右，还能节电；高炉采用软水密闭循环冷却，可实现少用水，减少水的蒸发；采用喷雾型冷却塔；等等。

3. 多元化取水

优选和合理布置水资源是一项十分重要的工作。很多钢铁企业积极开发利用非常规水资源，如城市污水、雨水、海水、矿井废水等。太钢将城市污水作为钢铁厂的水源，经脱盐深度处理后用于钢铁生产工艺，减少了耗新水量，实现了钢铁企业用水与社会的和谐发展；重钢新区采用拦坝成湖方式形成了两个湖泊，总蓄水量 60 万 m^3，收集的雨水进入中央水处理站，每年节水约 600 万 m^3；首钢采用海水作为水源，采用低温多效蒸馏技术，建成了日产水量 25 000m^3 的海水淡化系统；唐钢利用废弃煤矿中的废水作为工厂水源，采用 UF、RO 工艺处理后用作工厂用水。

4. 强化串级用水，进行水的闭路循环利用

通过多级利用，可有效提高水的利用效率。如净水先用于冷却，冷却后的水供

给轻污染的设备，再去供给污染重的设施，最后给高炉冲水渣。这样，既可节约用水，也可减少污水处理量。国内的一些大型钢铁企业已经实现水的四级以上利用，水循环利用率达到98%以上。

5. 建立企业多水种的循环系统

不搞钢铁企业供水的大循环，而是根据用户要求的不同，建立生活水循环、浊水循环、污水循环、工业水循环、净水循环等小循环系统。每个系统之间有科学的衔接。

通过多项节水措施的采用，"十一五"期间，钢铁工业节能减排成效明显，2010年，环境保护部的统计结果显示，我国钢铁企业普遍实现了清浊分流，建立起污水处理厂级、区域级和公司级三级水处理与回收循环利用模式。钢铁企业2010年吨钢耗新水量4.1m³，与2005年相比下降了52.3%。大多达到了钢铁行业清洁生产Ⅰ级标准要求（吨钢取水量≤6.0m³、吨钢外排水量≤2.0m³、水重复利用率≥95%）。国外先进企业吨钢新水量为2~3m³、吨钢外排水量1m³左右，我国有部分企业已进入世界先进指标行列，但就整个行业而言，仍有差距，仍有减排空间。"十二五"期末，钢铁工业的吨钢耗新水量要低于4.0m³。表5—20列出了近年来各大钢铁企业以及全国重点钢铁企业吨钢耗新水的情况。

表5—20　　　　　2005—2011年钢铁企业吨钢耗新水情况　　　　单位：m³

年份	2005	2006	2007	2008	2009	2010	2011
全国重点企业	8.03	6.56	5.10	4.82	4.40	4.07	3.84
宝钢	3.67	4.88	5.18	5.62	4.74	4.45	4.31
鞍钢	8.14	6.44	5.99	5.47	4.83	4.57	4.38
首钢	4.98	3.76	3.63	5.45	4.51	3.23	2.45
武钢	18.13	12.83	4.91	4.60	4.05	3.99	3.95
济钢	3.87	3.59	3.36	3.18	3.11	3.19	3.18
河北钢铁				3.86	3.85	3.51	3.16

二、钢铁行业再生水的应用现状及技术

随着水资源短缺局面的加剧，钢铁企业通过采用串级用水、循环用水、一水多用和分级使用等方式提高了水的重复利用率。将排放的废水处理后回用于生产过程是降低吨钢耗新水、减少废水排放量的有效措施。近年来，各大钢铁企业都开展了废水回用方面的工作，根据处理水质、处理后的回用要求选择了不同的处理工艺。

（一）混凝、沉淀、过滤工艺

大部分钢铁企业是将各工序的废水（或经单独处理后，如轧钢废水）汇总到总

排车间统一处理，因此，钢铁企业的废水水质有一定的共性，通过对鞍钢、韶钢、天钢、唐钢等 12 家钢铁企业排放的废水水质情况进行汇总，得到表 5—21 所示的部分钢铁企业废水水质情况。从中可以看出废水中 pH 值呈弱碱性，主要污染为悬浮物和油类，总硬度、总碱度、含盐量较高。COD 的含量不高，经混凝、沉淀、过滤工艺处理后可以满足排放标准，也可回用于对含盐量和硬度等指标要求不高的场合，如作为循环冷却水的部分补充用水，或与脱盐水混合后回用以及作为脱盐工艺的预处理工艺。由于运行稳定、处理成本低，该技术在很多钢铁企业得到广泛的应用。

本钢、宝钢以及武钢不锈钢采用"混凝＋高密度沉淀＋V 形滤池过滤"工艺处理全厂废水，鞍钢西部污水处理厂采用"一次机械加速澄清池＋二次石灰软化池＋碳酸化池＋移动罩滤池"工艺处理工业排水和生活污水，新建的鞍钢鲅鱼圈工程采用"CAF 气浮＋机械加速澄清＋纤维束过滤"技术处理钢厂的生产污水，将处理后的污水回用于生产工艺。

表 5—21 部分钢铁企业废水水质情况

项目	废水水质指标	混凝、沉淀、过滤工艺处理后水质指标
pH	7.7～9.8	6.8～8.5
SS（mg/L）	190	30
COD（mg/L）	94.1	40
油类（mg/L）	11.9	1.4
总硬度（$CaCO_3$）（mg/L）	386	305
总碱度（mg/L）	189	125
电导率（$\mu s/cm$）	1 932	1 378

（二）RO 除盐工艺

随着节水措施的不断实施，水循环率越来越高，大型钢铁企业的循环率已达到 98% 以上，因此外排废水中的含盐量也逐渐升高。由于含盐量过高，经混凝、沉淀、过滤处理后的水已无法回用于生产工艺过程中，需要进行脱盐处理。

RO 脱盐技术是近几十年来兴起的水处理技术，具有高脱盐率、环保、适应水质范围广等特点，而且性能稳定、占地面积小、运行费用低、管理简单，在钢铁行业获得了快速发展，在脱盐工艺中占据绝对主导地位。

据不完全统计，截至 2013 年，RO 膜在我国钢铁企业的投运规模已超过 102 万 m^3/d。从地区分布来看，河北是 RO 技术应用最多的省份，RO 规模占全国的 36.2%；其次是山西，占到总规模的 11.1%；之后分别是辽宁、上海、山东、天津和河南，分别占总规模的 8.4％、7.6％、7.6％、6.6％和 6.4％，这七个省市占到总规模的 83.9％；甘肃和内蒙古的比例均占到 3.9％；此外，在安徽、云南、吉林等省份也有一定的处理规模。

通过将 RO 工艺应用规模地区分布与人均水资源量、地区钢铁产量的分布进行比较，发现如下特征：（1）水资源极度匮乏（人均水资源量在 1 000 m³ 以下）、钢铁产量很大（3 000 万吨）的地区，RO 工艺技术应用最多，如河北、山西、辽宁；（2）有一定水资源（人均水资源量 1 000～2 500 m³），但生态环境脆弱地区，RO 工艺技术的应用也比较广，如内蒙古；（3）水资源较丰沛，钢铁产量小的地区基本没有发展 RO 技术，如江西、四川、广西、福建等地；（4）钢铁产量小，但水资源紧缺地区，RO 技术也得到了很好的发展，如天津、上海、山东、河南等地。

RO 工艺作为钢铁企业脱盐水工艺，其主要水源有冶炼轧钢废水、地表水、综合废水、市政污水等。通过对 RO 工艺在钢铁企业中的 29 个应用实例的水源统计，可发现其中水源主要是冶炼轧钢废水、综合废水、市政污水等（见图 5—7）。此外，唐钢利用企业周边的矿井废水作为 RO 工艺的主要水源，取得了非常好的效果。

从工艺类型来看，目前 RO 在钢铁废水中回用主要有三种工艺，即：UF＋RO、多介质过滤＋RO、多介质过滤＋UF＋RO，其中前两种工艺的占比之和超过 90％（见图 5—8）。

从回用类型来看，RO 工艺出水主要应用于污水综合回用、工业用纯水、循环水系统补水、冷轧用水等，污水回用类型占比见图 5—9。

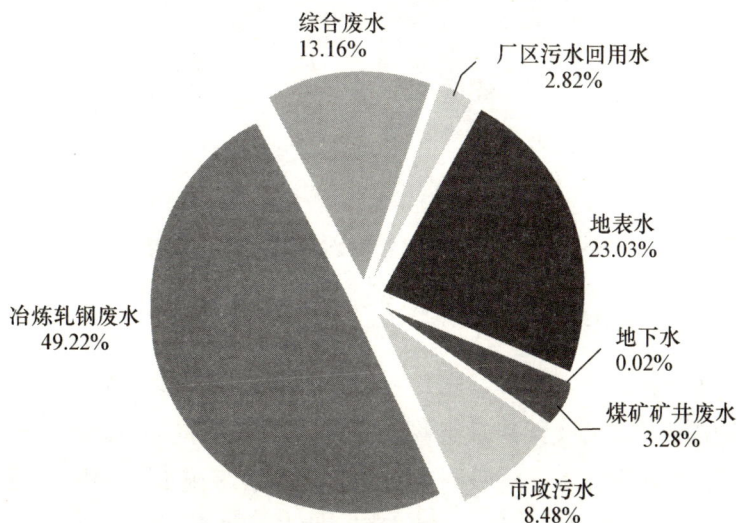

图 5—7　29 个 RO 技术案例处理不同废水水源占比

综合废水 13.16％
厂区污水回用水 2.82％
地表水 23.03％
地下水 0.02％
煤矿矿井废水 3.28％
市政污水 8.48％
冶炼轧钢废水 49.22％

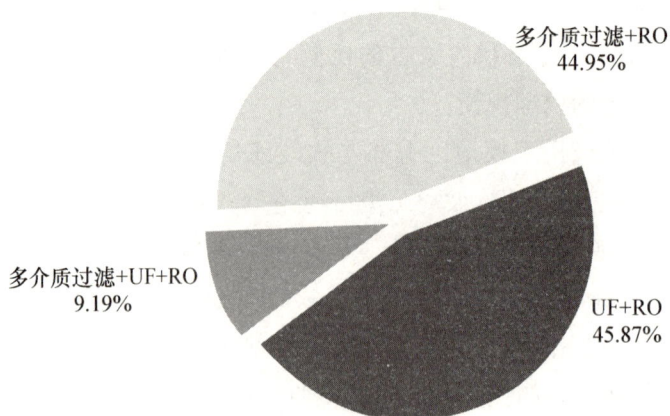

图5—8　29个RO技术案例处理工艺分类

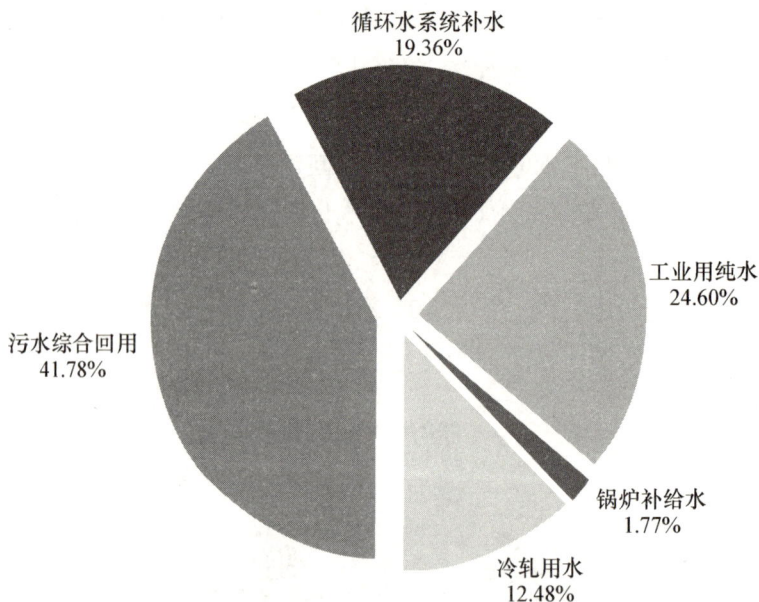

图5—9　29个RO技术案例处理水的回用类型情况

（三）电吸附除盐工艺

电吸附又称电容去离子技术，它是利用带电电极表面吸附水中离子及带电粒子的现象，使水中溶解盐类及其他带电物质在电极的表面富集浓缩而实现水的净化/淡化的一种新型水处理技术。电吸附通过对含盐水溶液施加静电场，强制其中的离子向带有相反电荷的电极处移动，并被束缚在电极表面形成的双电层中，起到去除离子的效果。当吸附达到饱和后则除去外加电场并将电极短接，此时吸附的离子被释放到溶液中，解吸后的电极可重新投入使用。其优点是不需要高压泵，能耗低；不需要膜，对进水预处理要求低。缺点是除盐效率低，一般在$60\%\sim80\%$，如需提高除盐效率，则必须进行多模块的串联组合。适用于电导率在$4\,000\mu s/cm$以下，对产水电导率要求不高的场合。钢铁企业内可用于处理含油废水、循环冷却水排放水以及污水处理厂出水的脱盐处理，经电吸附工艺处理后可以满足循环冷却水的补充水标准。

电吸附技术在钢铁行业的应用还比较少。宝钢某冷轧厂于2009年建成了处理能力为$3\,600m^3/d$的电吸附除盐工程。处理对象为冷轧碱性含油废水，前处理采用"催化氧化＋生化MBR"工艺，MBR工艺出水通过电吸附工艺除盐，电吸附出水达到二类串接水标准满足生产回用。设计产水率75%，除盐率62.5%，吨水电耗$\leqslant2.5kW\cdot h$；功能考核期间，电吸附系统平均进水电导率$1\,335\mu s/cm$，电吸附产水电导率平均值为$277\mu s/cm$，去除率为79.3%；进水氯离子平均含量为$275mg/L$，出水平均氯离子含量为$34.8mg/L$，去除率为87.3%；平均产水率为78.5%，吨水耗电量为$0.55kW\cdot h$，完全满足生产回用要求。

最近几年，针对综合污水处理厂的出水，邯钢、宁钢以及首钢等钢铁企业开展了电吸附除盐的中试试验研究。中试结果表明，电吸附工艺的产水率可以达到$75\%\sim80\%$。脱盐率可根据实际要求进行调整，电耗与脱盐率相关，脱盐率越高，相应的电耗也升高。

三、典型案例

（一）本钢污水处理回用工程

1. 工程概况

本溪钢铁（集团）公司为了加强废水的循环利用，于2003年3月开工建设了日处理能力达12.5万m^3的污水处理厂，并于当年12月16日投入运行。由于三号泵站没有投产，2003年系统正式投入生产运行时，日产水量为9.6万m^3；2006年9月三号泵站投入运行后日产水量达到13万m^3，最高达到14.4万m^3，产水全部回至本钢第三水源地与太子河水汇合，作为生产补充水供给各生产单位。

2. 设计水质指标

废水来源以本钢平山厂区生产废水以及10%的生活污水为水源，生产废水包括焦化厂、特钢厂、炼铁厂、炼钢厂、连轧厂、冷轧厂、发电厂等厂矿排放的废水，废水主要污染指标有SS、COD、油、Ca^{2+}、Mg^{2+}等。本钢平山厂区排水为

合流制，综合后水质指标见表 5—22，经系统处理后设计出水水质指标见表
5—23。

表 5—22　　　　　　　　　　　　　本钢设计源水水质指标

序号	指标名称	单位	水质指标	
			变化范围	平均值
1	温度	℃	10～35	
2	pH	——	5.4～9.5	8.76
3	浊度	NTU	36～1 000	270
4	COD	mg/L	28.5～160	90
5	油	mg/L	10～20	15
6	总碱度	mg/L	63～148	97
7	总硬度	mg/L	140～400	235
8	钙硬度	mg/L	96～325	179
9	镁硬度	mg/L	35～103	56
10	含盐量	mg/L	343～1 176	534

表 5—23　　　　　　　　　　　　　本钢设计出水水质指标

序号	指标名称	单位	水质指标
1	温度	℃	18～35
2	pH	——	7～8.5
3	浊度	NTU	<5
4	COD	mg/L	<30
5	油	mg/L	<2
6	总碱度	mg/L	<100
7	总硬度	mg/L	<200
8	钙硬度	mg/L	<150
9	镁硬度	mg/L	<50
10	含盐量	mg/L	<650

3. 工艺流程

废水可生化性差，含有机物，但不适宜采用生化方法降解，因此工程采用法国
得利满公司工艺技术，采用物理—化学方法处理，"石灰纯碱软化＋混凝＋絮凝＋
斜管沉淀＋砂滤"工艺，流程简图见图 5—10。

```
┌─────────┐   ┌─────────┐   ┌─────────┐
│ 一号泵站 │   │ 二号泵站 │   │ 三号泵站 │
└────┬────┘   └────┬────┘   └────┬────┘
     └───────────┬─┴─────────────┘
                 │
灭菌灭藻剂 ──→  ┌───────────┐
石灰 ──────→  │ 配水构筑物 │
聚合硫酸铁 ─→  │ 前混凝池  │
                └─────┬─────┘
聚丙烯酰胺 ──→  ┌───────────┐
碳酸钠 ─────→  │高密絮凝搅拌区│
                │高密斜管沉淀区│──→ ┌──────────┐
                └─────┬─────┘      │ 污泥缓存池 │
                      │            └────┬─────┘
硫酸 ──────→  ┌───────────┐      ┌──────────┐
                │  后混凝池  │      │ 板框压滤机 │
                └─────┬─────┘      └────┬─────┘
                      │                 │
                      │            泥饼外运
                ┌───────────┐
                │  V形滤池   │──→ ┌──────────┐
                └─────┬─────┘      │反冲洗污水渠│
                      │            └────┬─────┘
                ┌───────────┐           │
                │ 反冲洗水池 │      排到一号泵站
                └─────┬─────┘
灭菌灭藻剂 ──→  ┌───────────┐
                │  接触池   │──→ ┌──────────┐
                └─────┬─────┘      │ 深度处理  │
                      │            └──────────┘
                    回用
```

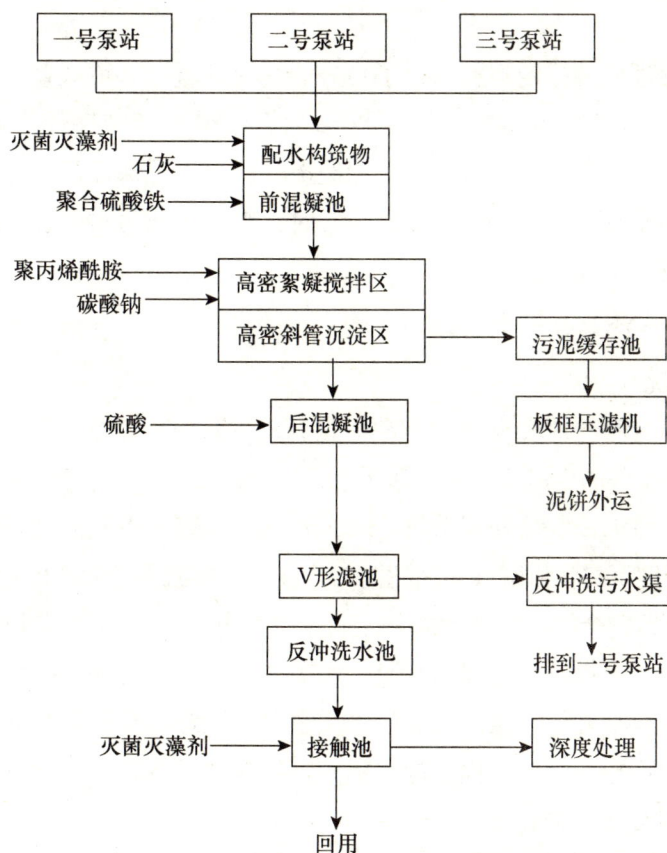

图 5—10　本钢污水处理回用工艺流程

4. 运行效果

工程实际运行中，通过对浊度、pH、硬度、油以及 COD 等指标的控制，出水可以满足设计要求。

该工艺没有去除盐分，在生产用水数次大循环过程中，盐分积累，可能出现垢下腐蚀。特别是氯离子的富集可能加快某些金属物质的腐蚀及冶金企业大量普遍使用的不锈钢换热器的腐蚀。污水处理厂初期投运以后，由于离子增加 1.6 倍，致使发电厂生产除盐水和软化水的成本大幅增长，月成本增加 30 余万元。为此公司决定从五水源给其敷设一条专用管线，给其专供。由此可见本工程工艺要完善有效运行，必须增加除盐装置，使水中离子达到平衡，满足生产用水的需要。回用水的含盐量比太子河水含盐量高出四倍，因此需要对部分回用水作脱盐处理后进行勾兑供给用户使用。进行深度处理主要是将回用水含盐量降低，保证生产循环水的冷却效果。脱盐较成功、先进的方法是采用膜法，即 RO 进行处理。RO 技术要求进水油含量不超过 0.1mg/L，所以预处理要特别对油进行处理。

5. 小结

本钢污水处理厂的稳定运行取得了良好的社会效益、环境效益，本钢吨钢耗水量逐年降低，由 2003 年吨钢耗水量 13.46m³ 降至 2006 年吨钢耗水量 4.92m³，减少了水资源费和排污费，也取得了一定的经济效益。为了保证污水处理厂的平稳运行，在掌握好控制各项污染指标的方法的同时，也要保证污水处理系统设备的正常运行，保证设备的备用率。

（二）宝钢不锈钢公司废水回用工程

1. 工程概况

宝钢不锈钢工程于 2000 年规划筹建时设计规划建设一座全厂污水处理站，处理不锈钢有限公司全部的生产废水和生活污水，及周边几个厂（铁合金厂、上海铸管厂等）排放的生活污水，设计处理水量 28 000m³/d，工程由得利满公司设计，采用混凝、絮凝、高密度沉淀池、曝气生物滤池工艺技术。根据当时的环保要求和当时的节能减排理念，不锈钢全厂污水处理站的定位是达标排放，排放标准是上海市二级排放标准，未实行（未提及、未规划）废水回用，全厂污水处理站投用后运行情况良好。通过对全厂污水处理站投产以后的水质情况的跟踪及分析，其处理后的外排废水有机物、悬浮物指标等同或优于源水标准，仅含盐量偏高（1 000～1 800μs/cm），因此要想回用则必须解决除盐问题。

宝钢不锈钢业有个很特殊的地方，规划设计时考虑了一种水——预脱盐水，就是每年陆地径流枯水期，海水倒灌含盐量高时，生产一种预脱盐水（一级反渗透），预脱盐水可补至任何一个循环水系统，用于降低循环水系统的含盐量。预脱盐水的生产能力平时是富余的，只有海水倒灌期这些一级 RO 才开（实际上这些年来，即使在海水倒灌期这些一级 RO 开工率也不足）。为有效降低项目投资，经反复论证比较，最后确定充分利用不锈钢已有的两个化水站 RO 设备的除盐能力，用回用水作为 RO 的源水，将原来的工业水置换出来，2008 年 2 月回用水项目正式投产。

2. 处理工艺

全厂污水处理废水回用项目在原有处理工艺的基础上，增设了一套反渗透系统的预处理系统，工艺流程图见图 5—11。全厂污水处理厂生物滤池出水作为回用站原水，原水通过生物滤池清水池内设置的提升泵提升至废水回用站混凝池，在混凝池内投加混凝剂、杀菌剂，原水通过 V 形滤池配水渠道进行配水，通过 V 形滤池过滤后，过滤水先后进入反洗水池、回用水池，回用水通过回用泵输送至化水站。V 形滤池反洗系统配备有反洗泵、鼓风机，用于对 V 形滤池进行反洗。

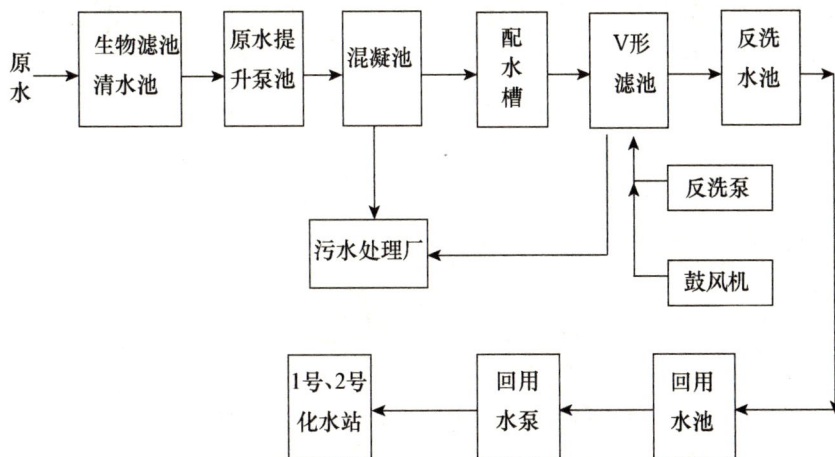

图5—11 宝钢不锈钢废水回用项目工艺流程

1号化学水处理站作为不锈钢已建工程的配套公辅项目，于2002年9月8日正式对外送水。1号化水站产品水包括预脱盐水、软化水和纯水，主要负责向全公司供应纯水、软水和预脱盐水，2007年进行了技术扩容改造。采用的处理工艺流程见图5—12。

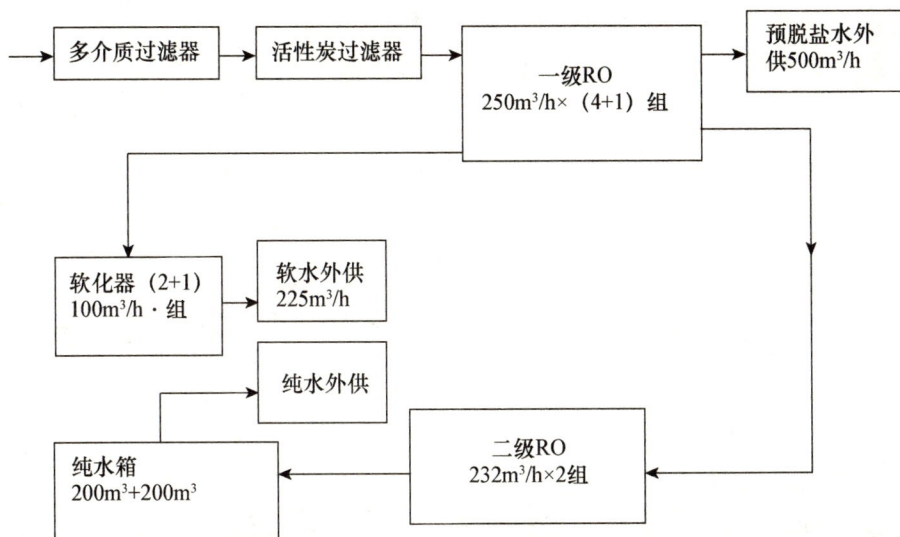

图5—12 宝钢不锈钢1号化水站工艺流程

2号化学水处理站建设按统一规划，分步实施进行，工程分一期工程及二期工程。规划总制水能力为纯水400m³/h、预脱盐水400m³/h。一期时先建设设计制水设备能力为纯水 200m³/h、预脱盐水 100m³/h，第一期工程于 2007 年 4 月底建成，并投入使用。第二期工程预计增加制水量，达到纯水 200m³/h、预脱盐水 300m³/h。采用的工艺流程见图 5—13。

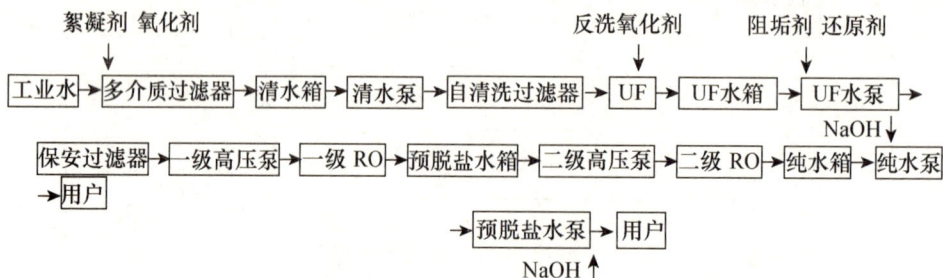

图 5—13　宝钢不锈钢 2 号化水站工艺流程

3. 效益评估

废水回用项目实施后，产水水质良好，满足了 1 号、2 号化水站用水需要，项目达产后，最大可利用 1 500m³/h 废水量，平均回用水量超过 1 000m³/h。用废水处理站处理后的水代替原有的工业水作为化水站的原水后，取得了良好的经济效益、社会效益和环境效益。

（1）经济效益。

按设计水量 100 万 m³/月计算，用废水处理站处理后的水代替原有的工业水作为化水站的原水后，每月可节约费用 111.06 万元。

（2）环境和社会效益。

废水回用项目投用后，不锈钢分公司的吨钢耗新水、吨钢废水排放等指标均大幅下降，取得了显著的社会效益和环境效益。具体指标见表 5—24。

表 5—24　　　　　　　　　　　吨钢耗新水、吨钢废水排放一览表

序号	项目名称	单位	2007 年平均	2008 年 1 季度	2008 年 4 月
1	吨钢废水排放	m³	3.81	2.89	2.66
2	吨钢排 COD	kg	0.185	0.08	0.08
3	吨钢排油类	kg	0.014 4	0.01	0.01
4	吨钢耗新水	m³	6.45	5.43	4.63

（三）太钢生产废水回用工程

1. 工程概况

太钢在进行 50 万吨不锈钢系统工程扩建时，按照生产工艺系统的要求，需要

新增 4 000m³/h 的新水量，但是太钢地处水资源严重匮乏的山西省，引黄入晋后，政府对地下水将限采封井，在这种形势下，太钢提出分质供水、增钢不增水和降低吨钢耗新水量的目标，决定对现有污水处理系统经过简单处理后达到浊环水标准的水进行进一步除盐处理，使之达到除盐水和净环水标准，满足不锈钢系统改造所需。

自 2001 年 5 月，太钢开始利用 RO 技术处理回收钢铁企业生产废水进行试验研究，试验规模为进水 5m³/h，除盐水 1m³/h。试验针对太钢废水含铁量大、pH 值不稳定、COD 高、油和微生物多的特点，在工艺上有针对性地进行筛选优化，经过 8 个月的试验，证明 RO 处理技术可以应用于太钢的生产废水回收处理，并确定了主体工艺采用 RO 技术处理回收生产废水，处理水量 3 000m³/h。随后确定了太钢净环水改造及软水站工程，项目于 2002 年 5 月开始动工，2002 年 12 月试运投产。自投产以来，整个工程工艺合理，设备设施运行稳定，预处理出水指标达到设计要求，RO 装置运行稳定，出水水质达到用户要求。

2. 废水水质及水量

太钢在生产过程中产生的冶炼废水和轧钢废水经简单加药、沉淀、过滤后达到浊环水标准，排入蓄水池。水中主要含悬浮物、油、铁。冶炼和轧钢废水水量为 12 万 m³/d，除满足浊环用水外其余排放。项目计划将其中的 7.2 万 m³/d 回用，其余用于浊环水，减少排放量。蓄水池水质见表 5—25。

表 5—25　　　　　　　　　　太钢冶炼和轧钢废水水质

指标名称	pH	SS	浊度	COD	油	铁	TDS	总硬度	水温
单位		mg/L	NTU	mg/L	mg/L	mg/L	mg/L	mg/L	℃
范围	6～9	≤50	≤50	≤60	≤25	2～10	1 500～3 500	600～1 200	10～30

3. 废水回用工艺流程

每小时 3 000m³ 浊环水经曝气、混凝反应、斜管沉淀后，其中 1 100m³ 经快速过滤器过滤后送到勾兑水池，另外 1 900m³ 经臭氧消毒、多介质过滤、微滤、保安过滤后由高压泵送入一级反渗透装置，达到除盐水标准。其中 700m³ 进入勾兑水池作为净环水使用，350m³ 作为除盐水供太钢不锈钢冷轧系统使用，350m³ 经二级反渗透和混床处理后供发电厂中温中压锅炉使用，工艺流程图见图 5—14。整个工程分两大部分，即预处理部分和除盐站部分，其中预处理部分是在改扩建原有设施、设备的基础上建设而成的，除盐站则全部为新建。除盐站工艺流程见图 5—15。

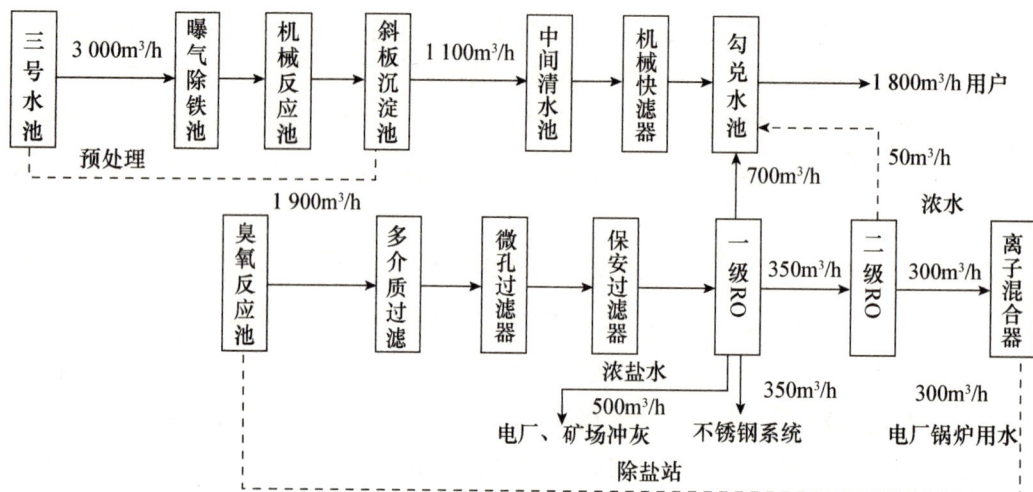

图5—14　太钢废水回用工艺流程

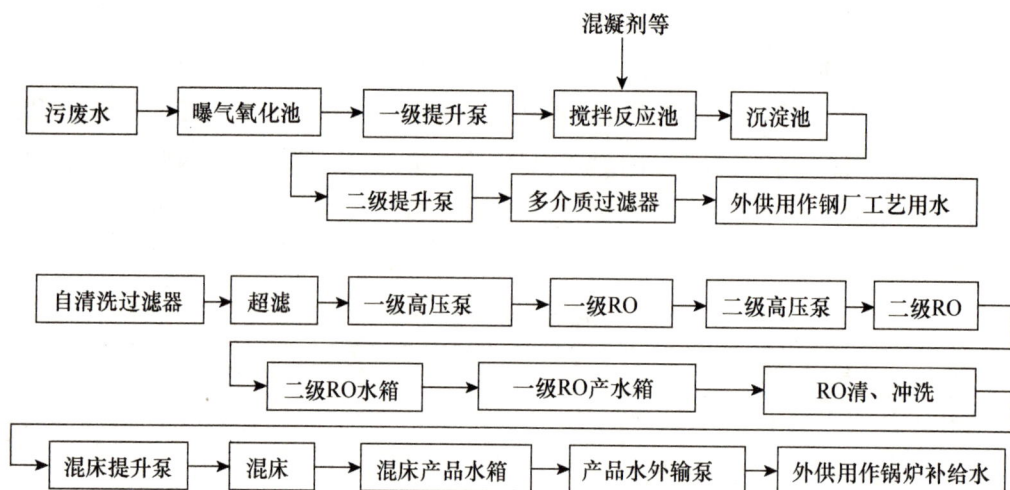

图5—15　改造后的太钢供水厂除盐站工艺流程图

4. 经济和社会效益

直接经济效益：2003 年总处理水量 1 728 万 m^3，减少外排水 452 万 m^3，外排水排污费 0.4 元/m^3，共计节约 180.8 万元；2003 年生产一级除盐水 345.6 万 m^3，其中供给七轧不锈钢系统 51.7 万 m^3，按除盐水 4.5 元/m^3 计算，产生 232.65 万元的效益。

间接经济效益：293.9 万 m^3 一级除盐水送到勾兑水池，进入公司大系统，减少水系统含盐量，降低公司系统药剂费和检修费。

社会效益：减少低温水补水量，减少地下水消耗；为太钢开辟了一条新的水源,解决了太钢不锈钢系统改造缺水问题;回收太钢工业废水,减少外排;该项工程符合国家可持续发展战略,缓解了太原市水资源严重短缺和水域污染的局面,对太原市水体污染治理及环境保护产生了积极的作用;为我国冶金钢铁行业水处理技术创新提供了值得借鉴的经验。

5. 小结

钢铁企业在对外排污(废)水进行 RO 脱盐处理回用时,单独的常规水处理工艺(如中和、生化处理、混凝、澄清、介质过滤等)或单独的 UF 处理工艺作为 RO 的预处理,均会造成 RO 装置的快速污堵及频繁清洗。

在选择具有针对性的常规水处理工艺的基础上结合 UF 处理工艺作为 RO 的预处理,则能够大大降低 RO 装置的污堵速度及清洗频率,保证 RO 系统的长期、稳定运行,从而为钢铁企业提供可替代新鲜水、锅炉用水、工业工艺用水等高品质回用水。

(四)首钢焦化废水回用工程

1. 工程概况

首钢京唐西山焦化有限公司焦化废水采用 A/O-O 生物脱氮处理工艺,设计处理规模为 $400\text{m}^3/\text{h}$,废水经除油、浮选、调节、缺氧、好氧以及沉淀、混凝沉淀等生物、物化工艺处理。为响应国家节能减排、循环经济、可持续发展的号召,最大限度地提高水资源利用率,经过反复论证,焦化公司采用了"电催化氧化+电絮凝+电气浮+UF+RO"的生化水深度处理工艺。通过采用电催化氧化技术和电絮凝气浮技术等作为预处理手段,再结合技术日臻成熟、应用逐渐广泛的 UF、RO 技术,深度处理及回用焦化废水。项目处理能力为 $100\text{m}^3/\text{h}$,工程投资 4 600 万元,2012 年 8 月建成投产。项目采用 BOT 运行模式,焦化公司的用水价格为 19.56 元/m^3。

2. 工艺流程

工艺分为预处理单元和深度处理单元。预处理单元包括一级电催化氧化、二级电催化氧化、电絮凝、电气浮。混凝沉淀池出水进入一级电催化氧化工序,有效转化和去除水中的有毒有害及难降解物质,COD_{Cr} 去除率可达 50% 以上,氨氮去除率达 40% 以上。一级电催化氧化产水进入二级电催化氧化,进一步降解 COD、氨氮以及其他有毒有害物质。产水进入电絮凝及电气浮装置,大大降低水中悬浮物含量,使得出水更加清澈,并为 UF 创造良好条件。

浮产水进入深度处理单元的 UF 系统,进一步降低水中的 COD 含量,截留水中的悬浮物,降低浊度,满足 RO 的进水要求。采用无机陶瓷 UF 膜组件,内压循环过滤模式，加强膜表面错流流速，提高剪切力，降低有机物、胶体、浊度等造成的浓差极化趋势，有利于 UF 系统长期稳定运行。RO 主要是将溶剂和溶剂中离子范围的溶质分开，过滤精度大于 $0.000\,1\mu m$，只允许水、溶剂通过，可脱除水中的绝大部分盐分及大分子有机物（见图 5—16）。RO 产水经过脱碳塔后，去除部分二氧化碳，提高 pH 值，进入产水池中，最终输送到循环冷却水补水池，浓水输送至烧结、焖渣水池。

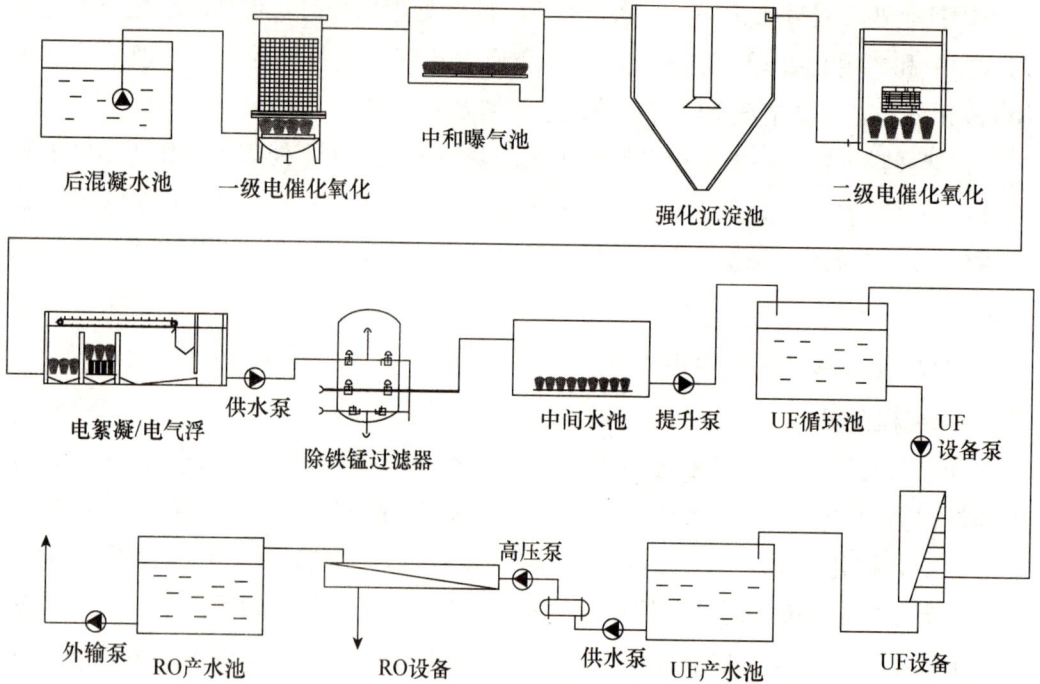

图 5—16　京唐西山焦化公司废水深度处理工艺流程

3. 原水、产水水质

系统的设计原水、产水水质分别见表 5—26 和表 5—27。

表 5—26　　　　　　　　　京唐西山焦化公司废水回用工程原水水质

检测项目	含量
色度（倍）	32（浅黄）
总氰（mg/L）	0.45
COD（mg/L）	95
氨氮（mg/L）	8.64
挥发酚（mg/L）	1.7
总硬度（以 $CaCO_3$ 计）（mg/L）	130
溶解性总固体（mg/L）	11 500

续前表

检测项目	含量
悬浮物（mg/L）	65
氟化物（mg/L）	100
氯化物（mg/L）	1 990
硫酸盐（mg/L）	2 910
Fe^{3+}（mg/L）	22.1
钠（mg/L）	3 200
钡（mg/L）	<0.003
锶（mg/L）	0.039
游离 SiO_2（mg/L）	0.6

表 5—27　　　　　京唐西山焦化公司废水回用工程产水水质

检测项目	设计值	实际值
pH	6.5～9	7
COD（mg/L）	≤20	13
氨氮（mg/L）	≤0.5	0.31
总氰（mg/L）	≤0.05	0.033
挥发酚（mg/L）	≤0.05	≤0.03
油类（mg/L）	≤1	≤0.1
悬浮物（mg/L）	≤2	≤0.3
浊度（mg/L）	≤3	≤0.1
总硬度（mg/L）	≤125	5.2
含盐量（mg/L）	≤250	145
总溶解性固体（mg/L）	≤300	163
总铁（mg/L）	≤0.3	0.02
总磷（mg/L）	≤0.3	0.1
氯化物（mg/L）	≤100	69
硫酸盐（mg/L）	≤100	65
电导率（$\mu s/cm$）	≤405	183

4. 运行效果

通过调试优化，该系统具备较强的抗冲击复合能力，通过对工艺参数调整，能适应焦化废水一定范围的水质波动；采用电气浮工艺，可提高焦化废水中 COD 和氨氮的去除率，COD 的平均去除率可达到 67.8%；采用电催化氧化技术，可以将焦化废水中的难生物降解有机物分解为 CO_2、H_2O 和 N_2，对芳香族化合物的开环表现出高反应活性，无二次污染。

运行以来，该系统达到了设计处理能力 $100m^3/h$，产水率在 70% 以上，产水水质达到循环冷却水用再生水水质标准。

5. 小结

"电催化氧化＋电絮凝＋电气浮＋UF＋RO" 的焦化废水深度处理回用工艺，达到了设计处理能力和预计目标。该项目的成功实施，一定程度降低了公司的水资源消耗，提高了水资源的有效利用程度，同时具有较高的社会效益和环境效益。

第六章 中国再生水市场竞争主体分析

第一节 碧水源

一、公司简介

碧水源公司全称为北京碧水源科技股份有限公司，是由文剑平先生与北京华昊水利水电工程有限责任公司于 2001 年在中关村国家自主创新示范区创办的高科技企业。公司注册资本 8.857 6 亿元，净资产超过 40 亿元，在全国拥有近 30 家下属公司。公司于 2010 年 4 月 21 日在深交所创业板挂牌上市，提供以膜法水处理为核心的整体技术和工程解决方案。

碧水源公司是专业从事污水处理与资源化技术研发、设备提供及系列技术服务的高科技环保企业。业务领域涵盖水务全产业链，具体包括膜技术研发以及膜设备制造、城市污水和工业废水处理、固废污泥处理、自来水处理、海水淡化、水务工程建设、水务投融资，以及民用商用净水设备。

碧水源公司拥有膜材料制造、膜设备制造和膜应用工艺技术自主知识产权，目前，拥有一流水平的膜研发和生产基地，年产能达到 350 万 m^2 微滤（MF）膜、150 万 m^2 超滤（UF）膜及相应膜组器。目前正在建设年生产能力达 100 万 m^2 的反渗透（RO）膜研发生产基地。

二、公司业务

碧水源公司以膜生物反应器（MBR）为核心的污水资源化技术居国际领先水

平，在开发和生产的 MBR 成套设备方面拥有独立知识产权。自 2002 年以来，碧水源公司先后完成了近千项 MBR 污水处理工程，每年在削减 COD 约 65 万吨、氨氮 2 800 吨的同时，还为北京市生产 1.2 亿吨的高品质再生水，对我国节能减排和水环境改善以及水资源紧张的局面做出了贡献。

2007 年创投资金的引入和近年国内环保政策的倾斜加速了碧水源公司的发展，碧水源已完成超千项污水资源化工程、百余项安全饮水和湿地工程，参与众多国家水环境重点治理工程，包括太湖流域治理、滇池流域治理、南水北调丹江口水源保护地治理、北京引温济潮跨流域调水工程（当时是世界上最大规模的 MBR 工程）、2008 北京奥运龙形水系工程以及国家大剧院水处理工程等，建成的污水资源化工程年总处理能力达 2 亿 m^3，位居全球前列，是我国解决水环境问题的骨干力量。

该公司典型工程有 MBR 废水资源化工程——北京密云再生水 4.5 万 m^3/d 回用工程、奥运配套工程的温榆河水资源 10 万 m^3/d 利用工程、怀柔再生水 3.5 万 m^3/d 回用工程、北京奥林匹克公园中心区龙形水系自然水景工程、中国国家大剧院水处理工程等，到目前为止，碧水源已建成的 MBR 废水资源化工程总能力约有 300 万 m^3/d。

2010 年公司上市后，借助大量募集资金，开始在全国范围内快速扩张，目前参控股子公司遍布全国，2011 年后，除北京地区外的大型项目多以子公司为投资主体开展（见图 6—1 和图 6—2）。

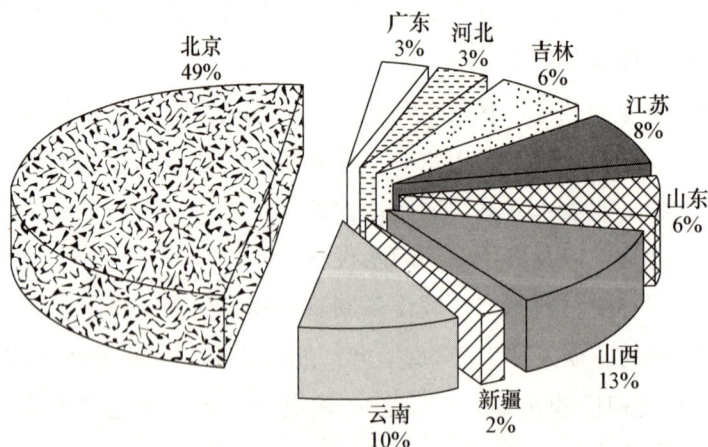

图 6—1　2012—2013 年碧水源 MBR 处理规模地区分布

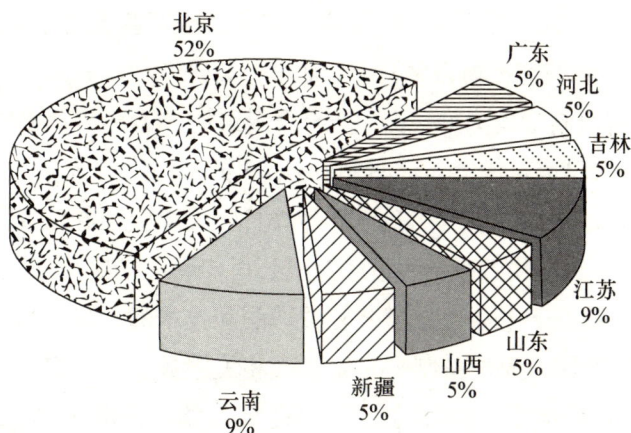

图 6—2 2012—2013 年碧水源 MBR 工程数量地区分布

三、经营业绩

2003—2007 年，碧水源营业收入每年几乎都以 100％的速度增长，2008 年受北京奥运会影响，营业收入增长减缓，2009—2013 年公司营业收入继续高速增长，2013 年公司实现营业总收入 31.4 亿元，同比增长 77.40％；归属上市公司股东的净利润 8.20 亿元，同比增长 45.77％。2003—2013 年碧水源营业收入年变化见图 6—3。

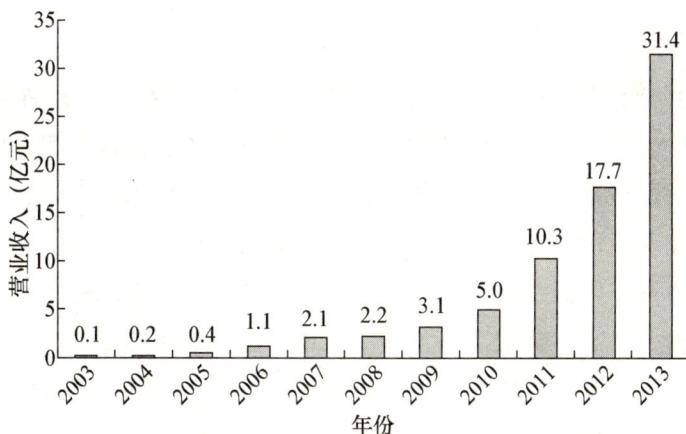

图 6—3 2003—2013 年碧水源营业收入年变化

第二节 天津膜天

一、公司简介

天津膜天科技股份有限公司（证券名称为津膜科技）是于 2003 年组建的高新技术

企业，注册资金 1.74 亿元人民币，拥有员工 350 人。天津膜天是中国膜行业中历史最长、规模最大的公司，其前身为天津工业大学膜分离研究所，成立于 1974 年，迄今已有 40 年的历史，曾研制出我国第一支中空纤维膜组件。2001 年，由国家发改委立项，公司投资 1.2 亿元人民币建设了年产量 100 万 m² 的中空纤维膜生产基地，是目前亚洲最大规模的膜制造基地之一。2012 年 7 月 5 日，天津膜天在深交所创业板成功上市。公司控股股东为天津膜天膜工程技术有限公司，最终控制人为天津工业大学。

天津膜天一直致力于中空纤维膜及相关产品和技术的开发、应用研究和产业化生产，膜应用系统设计和膜设备制造、安装及相关服务。公司自主开发出连续膜过滤（CMF）、膜生物反应器（MBR）、浸没式膜过滤（SMF）以及双向流膜过滤（TWF）四项核心技术，为用户提供一系列应用于大型工程的膜法水处理设备，在市政、电力、钢铁、石化、纺织、印染、食品、医药、化工、电子、生物工程等诸多领域中广泛应用。

天津膜天与中国科学院大连化物所、国家海洋局水处理中心并称为中国三大膜产业化基地。公司在中空纤维 MF 膜、UF 膜、RO 膜及相应工艺、装备的研究开发方面居国内领先地位，是中国膜技术研究和开发的重要基地。2014 年的膜生产能力达到 415 万 m²。

二、经营情况

天津膜天生产 PVDF、PS、PES、PAN、PE 等各种材质、各种规格的外压型和内压型中空纤维超滤、微滤膜组件；拥有国际先进水平和自主知识产权的四项核心技术，为用户提供应用于市政、电力、钢铁、石化、纺织、食品、制药、发酵等领域膜法水处理设备和膜应用工程设计施工及运营管理。

天津膜天的膜产品和设备不仅广泛应用于国内大型水资源化项目，还远销俄罗斯、加拿大、澳大利亚、韩国、新加坡、泰国、越南、香港、澳门等 30 多个国家和地区，受到国内外客户的广泛认同。截至 2013 年底，公司产品与设备处理规模累计达到 350 万 m³/d。

公司营业收入从 2009 年以来持续增长，2013 年度营业收入达到 38 359 万元，较上年同期增长 31.92%；营业利润 8 823.66 万元，较上年同期增长 50.40%（见图 6—4）；归属于上市公司股东的净利润 8 015.21 万元，较上年同期增长 35.14%。公司 2013 年研发投入高达 2 576 万元，占营业收入比例 6.7%，同比 2012 年大幅增长 130.25%，体现出公司对工艺和技术提升的重视。高额的研发投入也为公司带来了一系列的技术突破，如热致相法 PVDF 中空纤维膜产业化关键技术，热法复合膜组件在海水淡化预处理工艺、城市再生水处理工艺方面，MBR 复合膜组件在城市污水处理工艺方面的运行参数改进，以及复合膜制备关键技术并实现产业化等。毛利率的显著提升和管理费用率提高使得该公司 2013 年实现净利润率 21.06%，同比微升 0.66 个百分点。

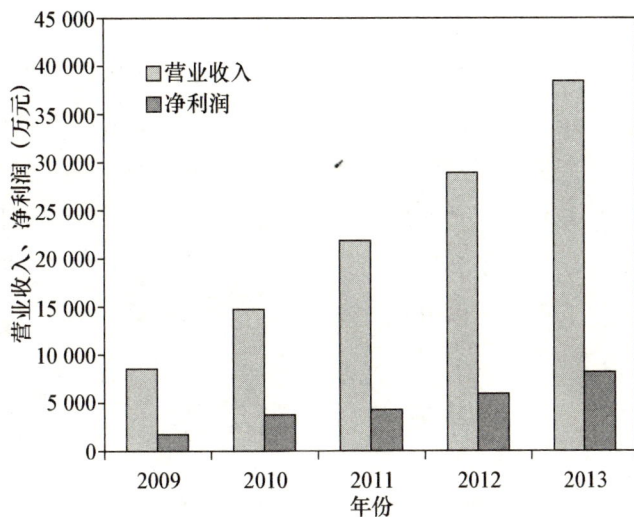

图 6—4　2009—2013 年天津膜天营业收入与净利润年度变化

三、工程业绩

2010 年前，公司膜工程收入较多来源于天津地区，主要由于我国北方及沿海地区缺水较为严重，膜法水资源化技术在非常规水资源开发利用领域的应用主要集中在这一地区，尤其是环渤海地区，例如天津、北京等北方发达城市。同时，公司在天津起步发展，立足于天津则较容易在本地大力推广并承揽膜工程业务。随着经营实力和规模的不断增长，近年来，公司在保持天津地区业务稳定增长的情况下，外埠业务也大幅度增加，业务规模提升到一个新的层次（见表 6—1）。

表 6—1　　　　　2010—2014 年天津膜天 MBR 典型工程案例（≥10 000m³/d）

项目名称	废水类型	用途	规模（m³/d）	投运时间
湖南某污水处理厂	市政污水与工业废水	城市河流补给水	100 000	在建
黑龙江某污水处理厂	市政污水	中水回用	30 000	2010
四川某石化有限公司	石化 PTA 废水	冷却循环水	10 000	2010

四、发展战略

天津膜天以全方位、全过程、精细化的膜技术为核心，以膜法水资源化整体解决方案为实现手段，以污水废水的处理、给水净化、海水淡化为重点领域，带动公司业务的全面发展。该公司正在加快推进符合热致相分离法高性能 PVDF 中空纤维膜、海水淡化预处理膜及成套装备等研发成果的产业化进度，并根据市场需求开发系列的新材料、新组件、新工艺，进一步扩大公司技术优势，丰富产品结构，强化公司技术与产品在复杂工业废水、海水淡化等领域的竞争优势。在市场方面，公司不断优化产业链和业务结构，基本形成了膜产品销售、膜系统集成和整体工程承揽三足鼎立的发展模式，特别是利用上市后的资本优势以 BT、EPC 等方式承揽大型水资源化项目的总包工程或主体分包工程。

第三节　中电环保

一、公司简介

南京中电环保股份有限公司（前身为南京中电联电力集团有限公司）是一家专业从事环保水处理的高科技企业，为火电、核电、石化、煤化工、冶金等国家重点行业提供环保水处理系统解决方案、水处理设备系统集成、工程承包以及环保水处理设备运营等业务。公司是核电和火电行业凝结水精处理的专家，在核电水处理方面具有很强的核心竞争力，市场份额稳定在 30%～40%。

二、经营情况

中电环保从 2011 年进入市政污水处理和污泥干化业务领域以来，顺利拿下具有标志性的两手大单。2012 年市政污水处理工程形成 5 292.77 万元的营业收入，占总营业收入的 15%（见图 6—5）；毛利达 1 268.43 万元，占总毛利的 12%（见图 6—6）。2010—2013 年，公司在污水处理及中水回用方面的营业收入逐步增加，2013 年该项业务收入占比达到 20%。2010—2013 年，公司的营业利润占营业总收入比重在总体上呈现下降趋势，但公司的销售毛利率则稳定在 30% 左右（见图 6—7）。因此营业利润占营业总收入比重的下降的原因并不是该公司销售毛利率下降，而主要是期间费用、资产减值准备等的变动。

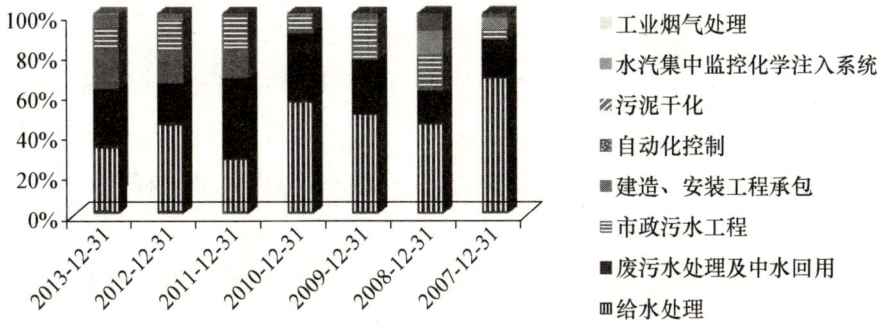

图 6—5 2007—2013 年中电环保历年主营业务收入占比

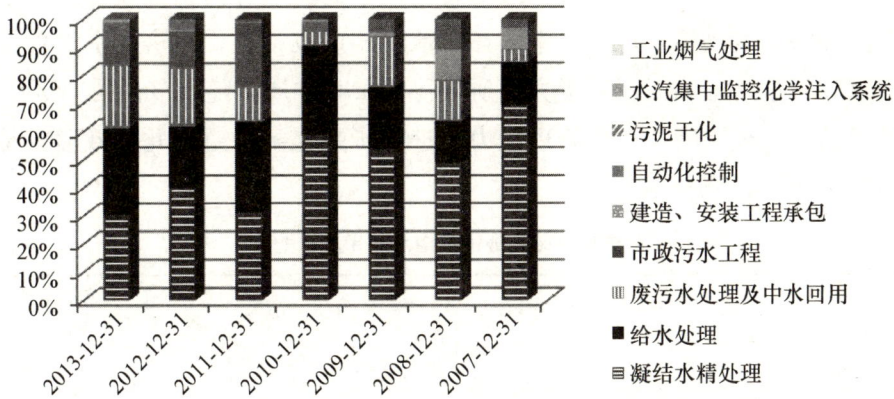

图 6—6 2007—2013 年中电环保历年主营业务毛利占比

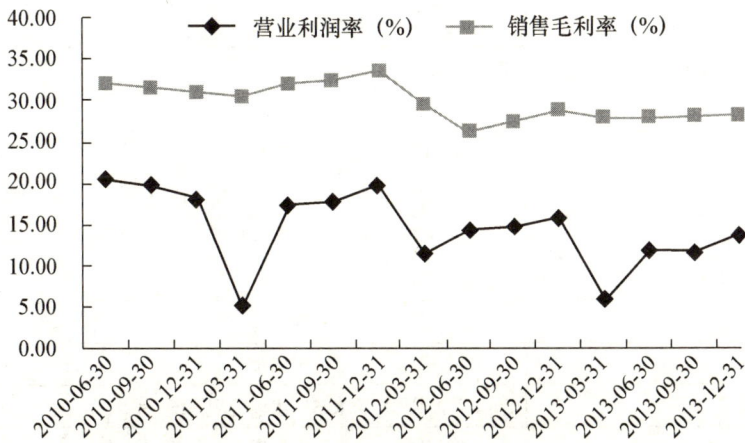

图 6—7 2010—2013 年中电环保营业利润率及销售毛利率

三、工程业绩

中电环保从相对饱和的火电、核电水处理领域逐步向市政污水污泥处置等业务领域扩展，开始逐步形成 BOT、BOO 等项目运营模式，建设、运营管理经验不断丰富，业务范围的拓展、商业模式的创新以及运营业务模式的多样化可望为公司带来业绩的显著提升。

在市政水处理领域，中电环保 2013 年中标登封污水处理厂 BOT 项目，以 BOO 的商业模式承接南京市污水处理厂污泥焚（掺）烧处置项目。后一项目由中电环保公司与华润热电组成联合体共同参与投标，中电环保以 BOO 方式投资、建设焚（掺）烧处置设施，并负责运营管理；华润热电将提供处置场地、干化所需水电汽及协同焚（掺）烧等，中电环保承担相应成本支出。这两手大单标志着公司在市政污水处理和污泥处置方面所取得的重大进展，随着该公司 BOO、BOT 商业模式的进一步清晰，运营管理能力的进一步强化，可望在此领域形成足够大的市场影响力（见表 6—2）。

表 6—2　　　　　　　　　　中电环保废水处理及中水回用项目业绩

	客户名称	机组容量	项目名称	项目规模（m³/d）	行业
1	安庆石化公司	/	腈纶废水改造工程总承包	19 200	石化
2	中盐集团金坛加怡公司	/	中水回用处理工程 EPC 总承包	10 800	化工
3	台山核电站	4×1 750MW	污水处理站	4 800	核电
4	浙江嘉兴电厂（一期）	2×300MW	废水零排放工程 EPC 总承包	13 000	火电
5	宁夏西夏热电厂一期	2×300MW	中水回用 EPC 总承包	5 040	火电
6	华能海门电厂 1#—4# 机组	4×1 036MW	废水处理工程	4 800	火电
7	华能沁北电厂三期	2×1 000MW	中水回用处理系统工程	1 200	火电
8	华能珞璜发电厂	2×600MW	废水处理工程	1 440	火电
9	华能平凉电厂二期	2×600MW	中水回用处理系统 EPC 总承包	24 000	火电
10	华能营口热电厂	2×330MW	再生水深度处理系统 EPC 总承包	49 104	火电
11	华能湖南岳阳电厂	2×300MW	废水处理工程	480	火电
12	华能海口发电厂	1×330MW	废水处理工程	2 400	火电
13	华能白杨河电	2×300MW	废水处理系统	2 400	火电
14	国电汉川电厂	2×1 000MW	净水站原水预处理系统	6 400	火电
15	国电酒泉电厂	2×330MW	中水回用处理系统 EPC 总承包	19 200	火电
16	国电驻马店电厂	2×330MW	循环水回用处理系统	76 800	火电
17	中电投开封京源发电厂	2×600MW	循环水回用处理系统	76 800	火电

续前表

	客户名称	机组容量	项目名称	项目规模（m³/d）	行业
18	大唐乌沙山发电厂	4×600MW	废水处理工程	2 400	火电
19	华润鲤鱼江电厂	2×600MW	废水处理工程	2 400	火电
20	天津北疆电厂一期工程	2×1 000MW	废水处理系统设备	2 400	火电
21	中电国际黄冈大别山发电厂	4×600MW	废水处理工程	2 400	火电
22	中华电力防城港电厂	2×600MW	废水处理工程	2 400	火电
23	合肥电厂	2×600MW	废水处理工程	2 400	火电
24	安徽淮南平圩电厂	2×660MW	废水处理工程	2 400	火电
25	粤电集团黄埔电厂	2×600MW	原水预处理系统	26 400	火电
26	广东韶关发电厂	2×600MW	原水预处理系统	5 040	火电
27	河南新乡豫新电厂	2×300MW	废水处理工程	2 400	火电
28	内蒙古卓资山发电厂	4×200MW	废水处理工程	4 800	火电
29	内蒙古卓资山发电厂	4×200MW	煤水处理	720	火电
30	内蒙古卓资山发电厂	4×200MW	生活污水处理工程	480	火电
31	内蒙古海勃湾电厂	2×300MW	废水处理回用工程	720	火电
32	内蒙古包头第二发电厂	2×300MW	废水处理工程	960	火电
33	南京电子网板厂	—	中水回用处理系统	7 200	电子
34	越南海防火力发电厂	1×300MW	废水处理工程	2 400	境外火电
35	印度 GMRKAMALANGA 电厂	4×350MW	循环水排污水处理设备	4 800	境外火电

第四节　北控水务

一、公司简介

北控水务集团有限公司是香港联合交易所主板上市公司，是国内具有核心竞争力的大型水务集团。北控水务集团以"领先的综合水务系统解决方案提供商"为战略定位，专注于供水、污水处理等核心业务和环保行业。

目前，北控水务集团在北京、广东、浙江、山东、安徽、湖南、四川、广西、海南、贵州、云南及东北地区拥有及经营90多座自来水和污水处理厂，实际控制水处理能力超过1 000万 m³/d。

作为北控水务旗下最主要的业务实体，北控中科成环保集团有限公司自成立以来，依托自主研发的核心专利技术，以行业突出的技术领先、成本领先、速度领先优势，以及强大的市场开拓能力，形成了以成都市为中心的西南区域市场、以广州市为中心的华南区域市场、以长沙市为中心的华中区域市场和以青岛市为中心的华北区域市场四大区域市场。

二、经营情况

北控水务在 2009 年以前以计算机及相关产品的贸易作为主营业务，直至 2009 年公司将主营业务转变锁定为水务行业，污水处理项目的建造及营运才成为公司主营业务的主要构成部分。

该公司营业总收入曾在 2010 年呈现出强劲的上升趋势，同比增长率达到 266.94％，达到 63.48 亿港元。其后，公司的营业总收入在经历了 2011 年的 58.18％ 的下降之后，在 2012—2013 年间保持着快速增长，体现出该公司经营逐渐趋于稳定的同时保持着较高的活力。

从该公司营业利润的角度来看，其 2009—2011 年的波动幅度明显小于公司营业总收入的波动幅度，表明公司在营业状况出现较大波动时有效地控制了营业成本和各项费用，减缓了营业利润的大幅波动。2012—2013 年，公司营业利润与营业收入共同呈现出了稳步而持续的增长（见图 6—8），从增长幅度来看，二者基本保持着相近的增幅，这表明北控水务的营业成本和费用与营业额较为匹配。

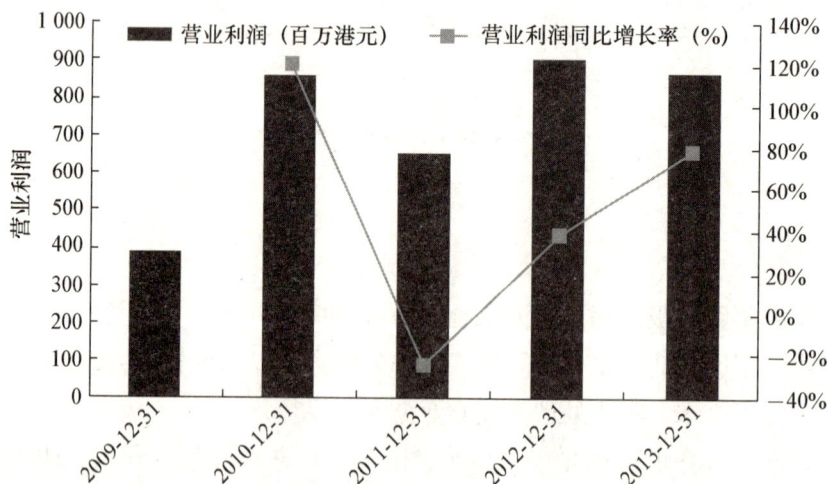

图 6—8　2009—2013 年北控水务营业利润及同比增长率

三、工程业绩

近年国家鼓励地方政府采用 BOT 方式运营污水处理设施，使得污水处理市场更加开放，也促进了污水处理专业技术的不断进步，加上国家高速工业化和城镇化对污水处理行业的进一步需求，受惠于此，北控水务在 2013 年收购大量项目，于 2014 年陆续投入营运，预计 2014—2015 两年北控水务的收入盈利可大幅增长。

截至 2013 年底，北控水务在全球拥有 226 座污水处理厂、4 座再生水处理厂、51 座自来水厂及 1 座海水淡化厂，而其中有 73 座污水处理厂、20 座自来水厂及 1 座海水淡化厂预计于未来一年正式运行。该公司于 2013 年不断在国内外收购多个污水厂及水务项目。截至 2013 年底，北控水务在污水及供水业务上的总设计能力为 16 708 150m³/d，较 2012 年的 10 494 450m³/d 增加约六成。2013 年，实际投入运作的水厂处理能力为 9 486 250m³/d，约有 720 万 m³/d 仍未正式投入运行。

第五节　首创股份

一、公司简介

北京首创股份有限公司成立于 1999 年 8 月 31 日，是由北京首都创业集团有限公司、北京市国有资产经营公司、北京旅游集团有限责任公司、北京市综合投资公司及北京国际电力开发投资公司共同发起设立的股份有限公司。

首创股份主营业务为基础设施的投资及运营管理，发展方向定位于中国环境产业领域。2001 年，公司调整了发展战略：以水务为主体，致力于成为国内领先的综合环境服务商。短短十多年时间，公司具备了工程设计、总承包、咨询服务等完整的产业价值链，成为中国水务行业中知名的领军企业。

目前，首创股份在北京、天津、湖南、山西、安徽等 16 个省份的 37 个城市拥有参控股水务项目，水处理能力近 1 410 万 m³/d，服务人口总数超 3 000 万。

二、经营情况

首创股份经营业务种类较多，近年来其营业收入占比变化较大。截至 2013 年末，该公司最主要的两大营业收入来源为污水处理和自来水生产销售。2005—2013 年，污水处理作为新兴业务，在首创股份主营业务收入中占比由不到 3% 提高到近 40%，京通快速路通行费和自来水生产销售则在逐渐降低其占比比重（见图 6—9）。随着营业收入来源的变化，首创股份营业利润的结构也发生了较大变化，目前公司盈利最大的业务模块是污水处理（见图6—10和图6—11）。

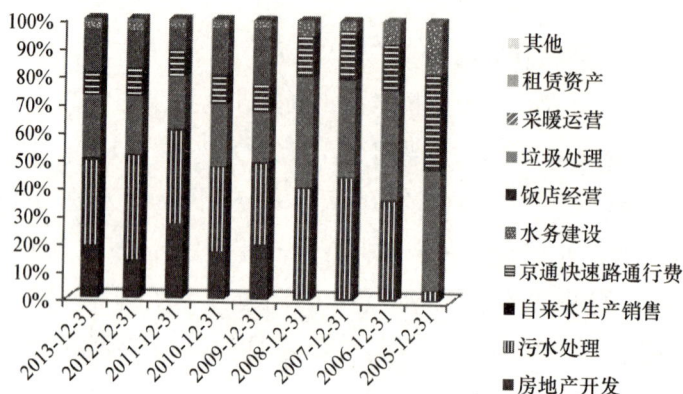

图6—9　2005—2013年首创股份主营业务收入占比

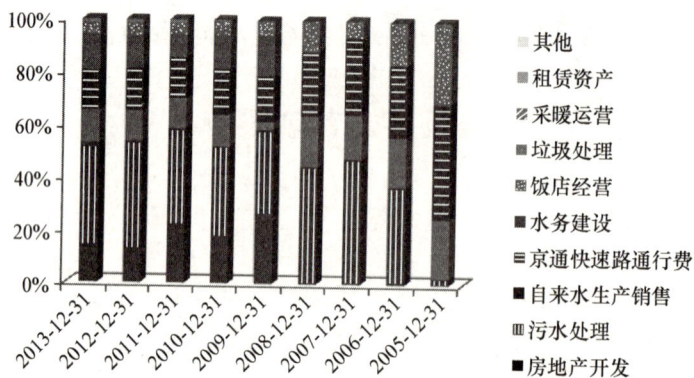

图6—10　2005—2013年首创股份主营业务利润占比

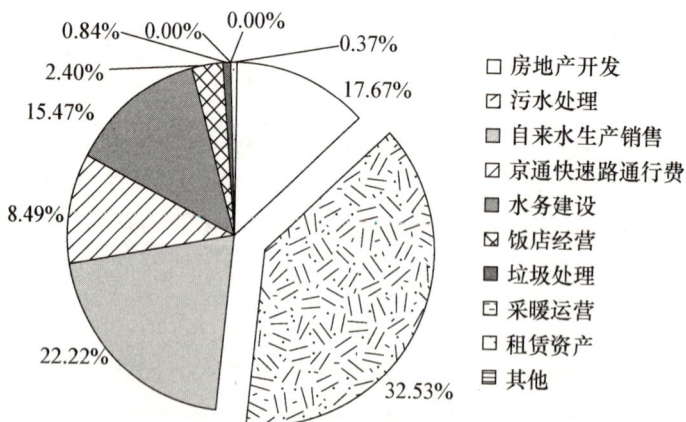

图6—11　2013年首创股份主营业务收入占比

三、工程业绩

2001 年，首创股份进行了战略调整，确定以水务产业为公司的发展方向。经过多年的发展，已经在北京、深圳、马鞍山、余姚、青岛等城市进行了水务投资（见表 6—3）。作为国内污水处理领域的龙头企业之一，首创股份控股的京城水务公司污水处理能力为 120 万 m^3/d，占北京市目前污水总处理能力近 80%，是目前国内污水处理能力最大的公司。

表 6—3　　　　　　　　　　　2010 年至今首创股份水处理项目

时间	所属项目	投资规模（元）	处理规模	经营年限（年）
2010 年 1 月 26 日	郑州经济技术开发区七里河污水处理厂 BOT 项目	500 万		
2010 年 1 月 27 日	浙江绍兴市嵊新污水处理厂合资经营项目	1.29 亿	一期规模为 15 万 m^3/d，远期 30 万 m^3/d	25
2010 年 10 月 19 日	山西省运城市临猗县城乡一体化供水 BOO 项目	1.29 亿	总规模为 6.5 万 m^3/d，其中：新建工程供水能力 5.85 万 m^3/d	30
2010 年 11 月 4 日	恩施绿源城市污水处理资产转让项目	1 亿	6 万 m^3/d	30
2011 年 11 月 21 日	安徽省淮南市山南新区供排水项目	3.25 亿	供水项目总规模 28 万 m^3/d，污水项目总规模 20 万 m^3/d	
2011 年 12 月 30 日	湖南省张家界市杨家溪污水处理厂二期 BOT 项目	4 500 万	4 万 m^3/d	28
2011 年 12 月 30 日	湖南省常德市皇木关污水处理厂 BOT 项目	190 万	项目总规模为 10 万 m^3/d，一期规模 5 万 m^3/d，二期规模 5 万 m^3/d	30
2011 年 12 月 7 日	山西省太原市城南污水处理厂特许经营项目	4.1 亿	20 万 m^3/d	
2011 年 8 月 25 日	辽宁省盘锦市辽滨沿海经济区供水特许经营项目	1 亿	18 万 m^3/d	
2011 年 9 月 27 日	山东省临沂市沂南县第二污水处理厂 BOT 项目	6 700 万	4 万 m^3/d	
2011 年 9 月 27 日	临沂市罗庄区第二污水处理厂 TOT 项目		3 万 m^3/d	30

续前表

时间	所属项目	投资规模(元)	处理规模	经营年限（年）
2012 年 11 月 30 日	内蒙古自治区包头市供水股权项目	8.1 亿元	101 万 m³/d	包头市申银水务有限公司 60％股权；包头市黄河水源供水有限公司 80％的股权；包头市黄河城市制水有限公司 80％的股权
2012 年 12 月 25 日	山东省东营市经济技术开发区污水处理厂 BOO 项目二期	1.37 亿元	4 万 m³/d	30
2013 年 10 月 28 日	山东省菏泽市东明县污水处理厂 TOT 项目	1.39 亿	6 万 m³/d	30

第六节　万邦达

一、公司简介

北京万邦达环保技术股份有限公司于 1998 年在北京成立，是一家专业为石油化工、煤化工、电力行业提供多专业、全面性的工程建设服务的环保公司，营业范围包括技术研发、可行性研究、设计、采购、现场监管、施工、调试运转、项目管理和委托运营服务。

万邦达定位于工业污水处理行业专家，可以为客户提供工业水处理系统"全方位""全寿命周期"服务。该公司帮助客户实施工业生产全过程水污染控制，为工业企业提供包括给水、排水（污水处理）和中水回用的一揽子服务，突破了传统将给水、污水处理和中水回用割裂的服务模式。该公司目前服务的主要行业为石油化工、煤化工和电力等关系到国计民生的重要支柱产业。

二、经营情况

工程项目承包类业务一直是万邦达的主要收入来源。在 2010 年万邦达上市以前，公司的主要营业收入是工程项目承包（见图 6—12）；上市以后，技术服务、商品销售类以及托管运营都为万邦达扩大了收入增长点。特别是托管运营业务，在 2011 年曾占到收入的 25.5％。万邦达在拓展新的利润点方面有较大进展，从销售收入结构来看，该公司正逐步摆脱只靠工程承包赢利的局面。作为工程建设下游产业的托管运营业务收入比重逐渐增加，托管运营收入的占比从 2008 年不到 1% 发展至 2013 年的 40.2%（见图 6—13）。摆脱原先单一的盈利结构，将业务拓展至产业链下游，有利于公司长远稳健发展。

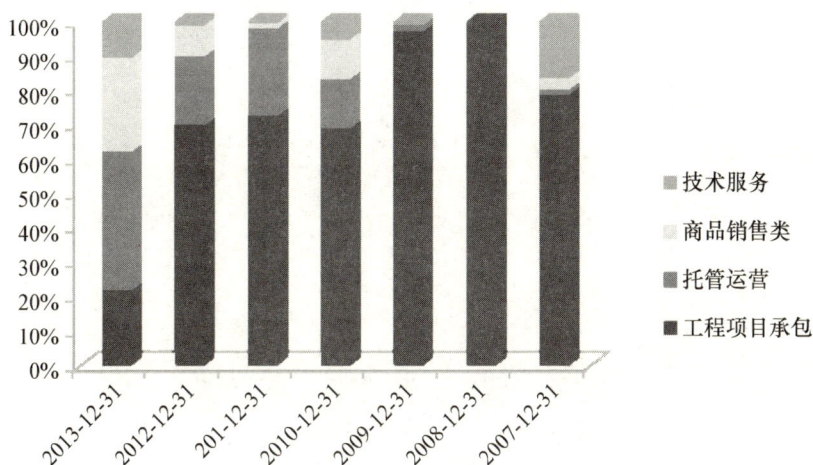

图 6—12　2007—2013 年万邦达各主营业务收入占比

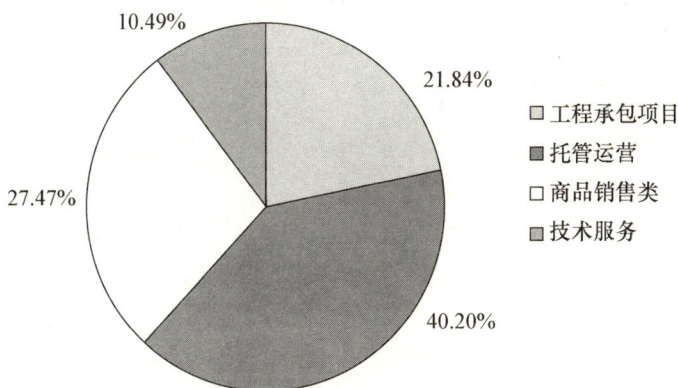

图 6—13　2013 年万邦达主营业务收入占比

三、工程业绩

万邦达从工业水处理 EPC 起家，目前已经完成并投入运营 EPC 工程类项目 15 个，工业水处理 BOT 项目 5 个；总承包业务 EPC 增长持续稳定。神木天元化工中温煤焦油轻质化废水处理项目顺利中标，该合同总金额 3.89 亿元，这使得公司未结算合同收入提升至 8 亿元，未来两年收入高速增长得到保证。2013 年该公司 EPC 项目中，中煤榆林项目和神华宁煤烯烃水处理、产品罐区等公用工程（烯烃二期）确认收入约 6 亿，同比增长 80％左右；2014 年华北石化分公司的炼油质量升级与安全环保技术改造工程结算收入为合同金额的 70％，神木天元化工中温煤焦油轻质化废水处理项目 100％结算，因此万邦达 2014 年 EPC 业务保守预测增长也将超过 50％。

第七章　中国水务产业并购行为分析

　　企业并购通常包括兼并与收购，是指两家公司通过合并以达到特定的战略和商业目标，是企业资本运作和资本经营的主要形式。并购不仅对参与的公司有着重要意义，对其他利益关联者也影响深远，例如职工、管理层、竞争对手、区域及宏观经济等。

　　并购是国际环保巨头成长的必经之路，威立雅环境在百余年历史中通过不断并购，将业务范围拓展至水、固体废弃物、运输、能源服务等领域，为客户提供一站式服务，目前年收入规模约 290 亿欧元；丹纳赫成立以来已完成 600 多次并购，频繁并购助力该公司 1990—2012 年收入和净利润复合增长分别达到 15％和 21％。并购行为在全球膜法水处理市场表现尤为明显，各大公司通过收购已有的公司和业务来获得市场份额，详见表 7—1。通用公司在 1999—2006 年间，通过一系列的战略性收购，先后兼并了 Glegg、Betz、Osmonics、Ionics、Zenon 五家著名的水处理公司，成为集纯净水处理、循环水处理、原水废水处理以及工艺生产过程处理等业务于一体的全球知名供应商。

　　美国科氏滤膜系统公司在 1996 年、1998 年与 2004 年先后收购了以色列 MPW 公司的 selRO 生产线、美国 Fluid Systems 流体公司、德国 PURON 公司这三家在全球极具影响力的滤膜产品公司，在膜分离领域形成完善产品链，从而成为全球膜领域的巨头。科氏目前拥有 80％以上的全球电泳涂装超滤市场占有率，60％的全球食品、乳制品膜分离行业市场占有率，85％的全球饮料生产行业膜市场占有率。

　　2011 年，滨特尔（Pentair）集团通过现金、循环信贷融资和投资等方式以 5.03 亿欧元的价格收购荷兰诺芮特公司（Norit）Clean Process Technologies 业务（简称 CPT）。诺芮特的 CPT 业务是全球领先的膜解决方案与清洁技术的服务商，

2011 年的销售收入超过 2.5 亿欧元。

表 7—1 全球膜分离市场主要并购事件

年份	并购事件	备注
1998	科氏公司收购美国 Fluid Systems 流体公司	Fluid Systems 流体公司在 1977 年发明的卷式 TFC 复合膜已经成为现在水处理脱盐行业的通用标准
1999	通用公司收购 Glegg 公司	Glegg 公司创立于 1978 年，业务领域集中于离子交换和 EDI 技术、超纯水工程
2002	通用公司收购 Betz 公司	Betz 公司创立于 1925 年，业务领域集中于水处理及工艺过程处理化学品
2003	通用公司完成对 Osmonics 的收购，将其膜与系统制造业务与 Betz、Glegg 整合	Osmonics 公司创立于 1969 年，业务领域集中于膜过滤技术及标准化水处理设备
2004	科氏公司收购 PURON 公司	PURON 公司的 MBR 膜产品荣获 2003 年欧洲发明大奖
2005	通用基础设施作为通用下属的一个业务集团完成对 Ionics 公司的收购	Ionics 公司创立于 1948 年，业务领域集中于大型海水淡化工程、废水回用工程、EDR 技术和超纯水工程
2006	通用水处理及工艺过程处理公司以 7.6 亿美元购买 Zenon 环境公司	Zenon 公司创立于 1980 年，是膜生物反应器（MBR）和中空纤维膜 UF 技术的领导者，是全球最早提供商业化 MBR 工艺产品的公司之一
2004	西门子以 9.93 亿美元从威立雅环境收购美净集团，并组建了水处理技术部	美净集团创立于 1990 年，曾通过对 200 多个独立企业的成功收购而成为全球最大的水处理领先企业
2006	西门子收购北京赛恩斯特水技术有限公司	北京赛恩斯特水技术有限公司是美国 CNC 技术公司的独资企业，是集工程设计、施工建设、装备生产为一体的专业水处理工程公司
2007	陶氏收购浙江欧美环境工程有限公司	收购前的欧美环境已完成逾百个大型水处理项目建设，为电力、石化、钢铁、化工、电子、印染以及市政等行业用户提供了先进的水处理系统，在业内建设了多个成功典范
2011	巴斯夫（BASF）收购德国滢格（Inge）	滢格创立于 2000 年，是 UF 膜专业制造商，膜产品主要应用于饮用水处理、工业用水处理、污水处理、海水处理及循环水处理等领域
2011	滨特尔以 5.03 亿欧元收购荷兰诺芮特公司 CPT 业务	2010 年，CPT 的销售收入为 2.22 亿欧元（不含资产的贬值和摊销），营业收益为 3 500 万欧元

并购行为通常可分为横向/相关、纵向、混合和联盟四种类型：

（1）横向/相关并购是指生产相同/相似产品，或生产工艺相近的企业之间的并购，实质上也是竞争对手之间的合并。其主要驱动因素是规模经济、范围经济、市场能力,同时并购后的资源和能力整合还能提高收入,并在一定程度上拓展未来增长的机会。

(2)纵向并购是指共同协调下的垂直供应链中连续活动或单个企业控制的结合,从而取消了公司间的公平市场交易和合同交易。纵向并购的经济合理性来源于一体化之后在技术和协调方面的效率提升。此外,纵向并购还可以创造收入提高、盈利提升(市场能力不断提高)等价值来源。

(3)混合/集团/多元并购是指既非竞争对手又非现实或潜在客户或供应商的企业并购,通常双方所处的行业并不相关。混合并购的主要目的在于减少长期经营一个行业所带来的风险,与其密切相关的是企业多元化经营战略,其对价值的创造通常源于逐渐增强的市场力量以及内部资本市场的有效运作。

(4)战略联盟是并购的另一选择,由于并购经常出现难以达到初始预期目标的情况,因此公司需要寻找一种更成功的、能达到相同目标的替代方案,战略联盟便是选择之一。企业之间往往由于以下因素而进行联盟:成本削减、技术分享、产品开发、发展或取得新资源和新地位,以及市场准入或资本获取等。

从经济视角来看,并购是企业获得规模经济、学习经济、范围经济及交易成本经济的"捷径"。并购产生的根源在于对公司成本及市场控制力的考量,价值创造主要体现在三个方面:(1)规模效应,企业通过扩大生产规模,增加产量而降低成本,同时规模也意味着影响力,企业可以借此提高市场控制力;(2)学习效应,企业可以通过不断学习、积累经验从而降低生产成本,并购为借鉴其他企业经验创造了最好条件;(3)降低交易成本,通过上下游垂直整合将外部市场内部化,以降低成本、提高效益,并建立高效的市场准入壁垒。上述三种效应所产生的效果都推动企业扩大规模,因为大企业比小企业具有成本方面的优势,企业有动力去做大做强,而并购就是快速壮大的一种"捷径"。企业可以通过并购进一步改变自身所面临的竞争环境,从而提升相对竞争力,获得更多的利润。一次并购浪潮可能会引发之后几轮的并购浪潮,直至行业内各竞争要素达到新的平衡为止。

从战略视角看,并购双方可以取得互补资源和能力,以提升企业长久竞争力并创造价值。企业之间的竞争主要是资源和能力的比拼,前者包括无形资源和有形资源,而能力主要是指企业高效利用资源的组织能力。随着发展壮大,企业可以通过不断开发资源、提升能力,获得相对竞争优势。当现有资源与理想中的相差较大时,便可以通过并购弥补先天的不足,或者说并购是取得互补资源和能力的一种手段。并购双方将通过分享对方的资源和能力来提升长久竞争力并创造价值(例如降低成本、提高收入等具体表现)。

第一节　并购时代的中国环保产业

一、重点公司盈利、估值比较

通过比较涉及再生水业务的六家上市公司盈利和估值情况，研究发现：2011—2013年，重点公司年均利润增长率维持高位。其中碧水源公司的年均利润增长率达到47.93%（见表7—2）。2012年至今，这些公司股价涨幅达69.8%～168.36%，市盈率为24.5～63.9倍，公司估值的放大效应特别明显。在基于一站式服务、融资渠道畅通及"市盈率效应"等因素的影响下，相关水务上市公司估值迅速提升，这为公司的并购行为提供了最根本的财务支撑。

表7—2　　　　　　　　六家涉及再生水业务的上市公司盈利、估值表

简称	股价（元）	2012年以来股价涨幅	年均利润增长率	EPS（元）			P/E（倍）		
				2011	2012	2013	2011	2012	2013
碧水源	31.59	150.71%	47.93%	0.63	1.02	0.95	20.0	20.4	35.9
津膜科技	24.26	168.36%	28.56%	0.5	0.58	0.46	18.1	18.3	43.8
中电环保	22.55	69.80%	16.48%	0.37	0.44	0.53	35.9	22.6	31.1
北控水务*	5.25	147.64%	29.62%	0.09	0.11	0.14	23.6	18.2	34.8
首创股份	8.61	80.50%	5.00%	0.24	0.26	0.27	19.9	15.7	24.5
万邦达	38.81	106.44%	28.66%	0.33	0.43	0.61	57.0	41.9	63.9

＊股价为2014年12月2日收盘价，北控水务为香港上市公司。

二、水务产业并购趋势

（一）政治因素

本届政府对于环境问题重视程度空前。经济长期粗放式增长遗留下来的大量严重环境风险隐患已经成为多起群体性事件的直接导火索。如果任由环境恶化下去，最终或将演变为"把党和人民群众隔开"的无形之墙。由此可见，环保已上升至关乎政局稳定的政治高度。为此，大气、水、土壤三大行动规划有望陆续出台，生态环境在各级官员考核中所占比重显著提升（四川省绵阳市重点地区"生态分"约两倍于GDP指标权重），政治上的高度重视将为环保产业发展提供难得的外部机遇。更为重要的是，PM 2.5/PM 10纳入约束性考核体系标志着我国的环境问题将由单纯污染治理向环境质量改善升级，并将深刻改变政府/企业需求导向——对外采购专业的整体环境服务而非一次性的工程设备，环境服务业有望迎来发展新机遇。此

外，环保法的修订工作亦在持续推进，这将在法制层面对环保产业发展形成进一步支撑。

（二）经济因素

在保持宏观经济整体平稳的情况下，环保产业有望成为未来我国实现增长与转型的共同着力点。2013 年 8 月，国务院正式发布《关于加快发展节能环保产业的意见》，规划"十二五"期间节能环保产值年均增速在 15% 以上，2015 年总产值达到 4.5 万亿元，成为国民经济新的支柱性产业。从新型城镇化角度看，以水和固体废弃物为代表的配套环境基础设施建设既是提高城市承载能力的必然选择，也是拉动投资的有效手段。与此同时，配套措施将不断完善，具体包括财政投入与市场化机制结合，融资渠道拓宽、资金成本下降，价格、税、费机制进一步理顺等。

在环保行业有望迎来快速发展期的同时，目前该产业依然处于较为初级的阶段，业内企业规模大多较小，市场格局相对分散、集中度低。以下几个细分行业较有代表性：截至 2011 年，根据中国水网统计（按照权益处理规模计算），我国水务运营市场排名前三位分别为威立雅（1.85%）、首创股份（1.71%）、北控水务（1.42%），市场占有率均不超过 2%，前 10 名合计略高于 10%，而前 30 名占比也仅为 16% 左右。由此可见，环保产业目前较为分散的竞争格局以及较小的企业规模将是未来通过并购提高市场集中度的重要前提与基础。

2010 年以来，尽管市场整体表现不佳（沪深 300 下跌 33.0%），但环保板块受政策出台预期强烈、业绩持续较快增长等因素影响，累计涨幅达到 12.7%（见图 7—1），超额收益为 45.7%（2010 年、2013 年板块表现均大幅领先市场）。而从美国经验看，股票市场繁荣往往与并购浪潮发生如影随形。估值方面，目前环保板块 P/E（TTM）水平为 41.5 倍，相对市场（沪深 300）P/E 为 4.6 倍，自 2010 年以来呈现一路攀升态势（特别是 2013 年大幅提高）（见图 7—2）。也正是在二级市场较高估值水平支撑下，"市盈率效应"（高 P/E 收购低 P/E 带来上市公司 EPS 明显增厚）越发显著，并有望对股价形成进一步支撑，从而为股东创造更多的财富（这点在美国 20 世纪 60 年代的第三次并购浪潮中表现尤为突出）。对于已经上市的环保公司而言，凭借资本等方面的优势，其收入规模在业内已经处于较为领先的地位，在手资金亦较为充裕，因此未来借助顺畅的融资渠道及良好的平台效应有望在环保行业并购浪潮中成为重要的整合力量。此外，并购的行业聚集性表明，一旦趋势形成，一些企业为了保持自身竞争优势便不得不"随波逐流"地进行并购活动，从而进一步强化并购趋势，这就是"跟随者效应"。

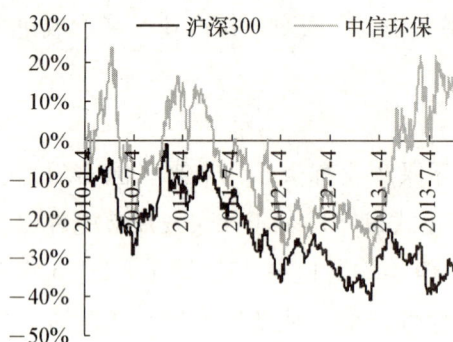

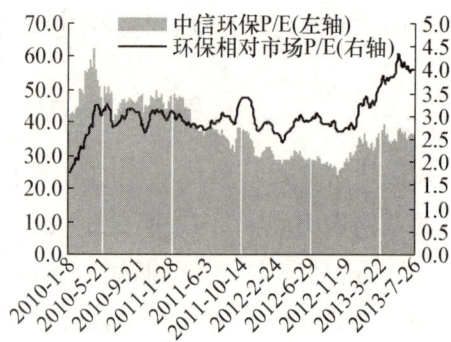

图 7—1　2010 年以来市场及环保板块累计涨幅　图 7—2　2010 年以来环保板块及相对市场 P/E

从被收购对象（目标企业）角度考虑，在行业竞争对于环保综合服务能力及资本实力要求越来越高的时候，借助已有上市公司的平台资源优势，通过协同以实现更好的发展将会成为越来越多中小企业的选择。此外，考虑到 IPO 周期一般较长且不确定性也较大，通过并购方式实现管理团队的财富兑现以及 VC/PE 等投资机构退出也将得到越来越多的认可（此前 IPO 长时间暂停也会导致部分环保企业寻求通过并购方式退出市场），而近年来多家较有代表性的并购基金成立也有望对环保产业并购整合时代的到来起到重要推动作用（见表 7—3）。

表 7—3　　　　　　　　　　　　　　　2011 年以来成立的部分并购基金

募集时间	基金名称	管理机构	资本类型	募集目标（亿元）	币种
2011	长城国汇并购Ⅱ期基金	长城国汇投资	中资	1	RMB
2011	中能绿色基金	绿色产业投资基金	中资	20	RMB
2011	中信产业Ⅰ期并购基金	中信产业基金	中资	50	RMB
2012	黑石Ⅵ	黑石集团	外资	200	USD
2013	南方睿泰并购基金	南方睿泰基金	中资	100	RMB
2013	KKR 亚洲Ⅱ期基金	KKR	外资	60	USD

（三）社会因素

近年来，污染事故频繁爆发促使社会大众的环境意识不断觉醒，而社会舆论（例如微博等自媒体）对于环境问题的监督力量也显著增强。2012 年，以雾霾为代表的环境事件使得民众开始审视空气、食品及水等生活必需品的安全问题，社会公众这种对于生存环境的忧患与焦虑，正逐步积聚并构成当今社会的不稳定因素之一。从不断发生的群体性事件来看（PX 项目最具代表性），环境问题已经逐步超出污染事件本身，开始对局部地区的社会稳定造成不利影响（见表 7—4）。这是风险，但同时也是孕育变革的最佳土壤，中国的"环境政治"时代有望到来。

表7—4 近年来由于工业项目环境风险引发的群体性事件

时间	城市	涉及项目	事件描述
2007年6月	福建厦门	翔鹭腾龙集团PX项目	厦门市民走上街头集体"散步"抗议
2011年8月	辽宁大连	福佳大化PX项目	大连市民自发组织到位于人民广场的市政府进行示威集会，随后展开游行
2012年6月	四川什邡	宏达钼铜多金属资源深加工项目	担心项目严重污染并危及地下水，众多群众在市委附近聚集抗议并出现打砸事件
2012年7月	江苏南通	王子制纸排海工程项目	数万名启东市民在市政府门前广场及附近道路集结示威，冲进进市政府大楼
2012年10月	浙江宁波	镇海炼化扩建一体化项目	镇海湾塘等村数百名村民到区政府集体上访，并围堵了城区一交通路口
2013年5月	四川成都	中石油四川石化彭州PX项目	成都市民以"散步"形式抗议PX项目落户彭州
2013年5月	云南昆明	中石油昆明PX项目	上千市民走上昆明市中心街头抗议炼油及PX项目
2014年4月	甘肃兰州	自来水苯含量超标	兰州市威立雅水务集团公司出厂水及自流沟水样中苯含量严重超标，影响兰州市民用水

正是在此背景下，政府、企业对于污染治理设施的要求将不再是"十一五"的指标及以前的"有没有"，而是"达标不达标"以及"效果好不好"（PM 2.5/PM10便是直接表征环境综合质量改善的量化指标，而不仅仅是针对SO_2等任何单一污染物的总量减排），因此专业化、社会化的环境服务外包必然兴起，这将对环保企业全面解决问题的能力提出更高的要求。长期来看，集开发、投融资、设计、设备制造或采购、工程总承包、运营管理于一体并横跨多个细分领域的环境综合服务商或将成为极具竞争力的市场参与者，其技术集成与资源整合的能力将显得至关重要，而并购整合有望成为实现跨领域服务能力提升的重要手段。

（四）技术因素

环保标准的收严将是必然趋势。大气保护方面，2011年9月公布的新版《火电厂大气污染物排放标准》规定了严格的排放浓度要求，并针对重点地区增设特别排放限值；2013年2月，环保部公告将对在重点控制区47个地级及以上城市的火电等六大行业以及燃煤锅炉项目执行大气污染物特别排放限值。水资源保护方面，即便2006年国家环保总局已对污水排放标准（GB18918—2002）进行过修改，但目前的水质要求仍无法实现真正改善水环境质量的目标；从中长期来看，水环境敏感地区水质标准继续提高或是必然趋势，例如北京市2012年出台的地方污水排放标准中，一级A/一级B已经向地表水Ⅲ/Ⅳ类标准靠拢。

由此可见，标准提高对于环保企业提出了更高的技术要求，也必然意味着更大的研发投入。此外，客户需求的日益多样化与综合化（或涵盖水、气、渣多领域以及设计、建造、运营等各环节）使得环保企业单靠自身的技术储备往往难以真正达到要求，这也是目前国内环境服务业试点推进过程中必须要面对的问题。因此，立足成为环境综合服务商的企业必须具备极强的技术研发与整合能力，这也成为实施并购战略的又一重要推动力（保持现有技术领先、寻求替代技术路线或实现技术协同互补）。

通过对我国环保产业发展宏观环境的分析，环保行业进入并购整合阶段的外部条件已经基本具备。考虑到本届政府解决环境问题的三大行动规划陆续出台、PM2.5/PM10纳入约束性考核指标推动污染治理向环境质量改善升级，环境服务业发展也有望步入新阶段。与此同时，在政策预期及业绩兑现推动下，资本市场对于环保上市公司青睐有加，并有望持续给予较高估值水平，这将为龙头上市公司实施并购战略创造有利条件并提供充足的资金支持，而目标企业基于行业竞争压力、更好的发展空间、平台/资源共享、个人财富兑现等因素考虑也将对被整合持更加开放的态度。

第二节　膜技术企业并购案例分析

一、横向/相关并购

市政与工业领域呈现相互渗透趋势，碧水源于2011年3月增资控股普瑞奇，将业务由市政领域拓宽至工业领域，是一个横向/相关并购拓宽业务领域的典型案例。新公司专注于承担石化、精细化工、医药等领域的水处理项目，并有望带动碧水源的膜技术应用，双方形成良好协同效应（见表7—5）。

表7—5　　　　　　　　　　膜行业的横向/相关并购案例

买方企业	股票代码	业务领域	标的企业	业务领域	公告时间	并购类型	股权比例	收购价格（万元）	收购P/E
碧水源	300070.SZ	膜技术解决方案	普瑞奇	工业水处理	2011年3月	相关	51%	2 000	3.9

二、纵向并购

环保全产业链一般包括方案设计、可研环评、土建施工、设备制造、安装集成、运营管理、维护升级等环节，纵向并购往往可以通过若干个环节整合实现效率改善、成本降低、核心技术保护及综合竞争力提升。从过往经验来看，纵向并购案例相对较少，可能是因为与横向/相关并购相比，纵向整合难度更大（需要更加精准的战略定位），并且合适标的较难寻找（环保技术路线往往呈现多样化且较为分散，此外上下游并购一般需要具备良好的过往合作关系）。在水环境领域，工程、设备、运营三个环节之间的相互融合体现较为集中，碧水源 2011 年收购久安建设后对增强综合服务能力、扩大收入规模、保护自身核心技术等均起到了较好效果，而津膜科技通过增资瑞德赛恩水业，实现对污水深度处理及回用 BOT 业务的布局（见表 7—6）。

表 7—6 　　　　　　　　　　　　　膜行业的纵向并购案例汇总

买方企业	股票代码	业务领域	标的企业	业务领域	公告时间	并购类型	股权比例	收购价格（万元）	收购P/E
碧水源	300070.SZ	膜技术解决方案	久安建设	市政工程施工	2011年4月	纵向	50.15%	5 100	5.1
津膜科技	300334.SZ	膜产品生产及销售	瑞德赛恩	水务投资运营	2013年3月	纵向	33.33%	4 000	12.5

　　战略联盟（例如合资）作为并购的另一种选择，同样可以取得类似的效果。到目前为止，碧水源在全国与水务集团、城投平台、地方企业或个人成立了约 20 家合资公司（见表 7—7），其目的在于获取市场资源与市场准入（由于市政项目合作对象一般是地方政府，因此传统的并购战略并不可行），有效开拓区域市场；基于自身技术、资金、品牌优势，依托平台公司大力推广膜技术应用，解决当地水环境问题；实现相关业务延伸及多元化（例如固体废弃物、环评、融资租赁等）。从实际效果来看，由于合作双方良好的互补性，合资模式对于碧水源项目的获取和技术推广起到了有力推动；从长远来看，这些合资平台对于客户和市场资源的掌握或将对碧水源在未来实施海内外并购战略提供重要支撑。

表 7—7 　　　　　　　　　　　　　碧水源合资案例汇总

合资公司	所在地	成立年份	权益	其他股东1	其他股东2
江苏碧水源环境科技	江苏	2008	70%	无锡市市政公用产业集团20%	无锡高新技术风险投资10%
云南城投碧水源水务科技	云南	2010	50%	云南省水务产业投资有限公司50%	
南京城建环保水务投资	江苏	2010	50%	南京城市建设投资控股（集团）50%	
北京碧水源博大水务科技	北京	2010	55%	博大水务40%	泰宁科创5%
昆明滇投碧水源水务科技	云南	2011	49%	昆明滇池投资有限责任公司51%	
云南水务产业发展	云南	2011	49%	云南省水务产业投资有限公司51%	
湖南碧水源科技	湖南	2011	72%	益阳市城市建设投资开发有限公司28%	

续前表

合资公司	所在地	成立年份	权益	其他股东1	其他股东2
无锡碧水源丽阳膜科技	江苏	2011	39%	三菱丽阳株式会社51%	江苏碧水源环境科技10%
北京碧水源固体废物处理科技	北京	2011	96%	石艾帆4%	
内蒙古东源水务科技发展	内蒙古	2011	49%	内蒙古东源宇龙王实业51%	
武汉武钢碧水源环保技术	湖北	2011	49%	武钢工程技术集团51%	
新疆科发环境资源股份	新疆	2012	29.8%	杨桂萍44.2%	杨熙海20.8%
鄂尔多斯奥源排水	内蒙古	2012	26%	鄂尔多斯市市政排水有限公司33%	内蒙古东源宇龙王实业26%
碧水源（禹城）环保科技	山东	2012	60%	滨州海孚水业有限公司40%	
中环国宏环境资源科技	北京	2012	21%	中国环境科学研究院49%	环保部环境保护对外合作中心15%
中关村科技租赁（北京）	北京	2012	6%	中关村发展集团股份有限公司60%	望京新兴产业区综合开发有限公司10%
北京京建水务投资	北京	2012	20.8%	北京城市排水集团有限责任公司79.2%	
山东碧水源科技	山东	2013	49%	山东九龙经济贸易有限公司51%	
广东海源环保科技	广东	2013	40%	珠海水务集团有限公司40%	崔鹏飞20%
山西太钢碧水源环保科技	山西	2013	45%	太原钢铁（集团）有限公司55%	

第三节　未来水务企业并购途径

　　基于上述框架及环保企业并购案例分析，可进一步从各个公司发展的角度分析未来水务企业并购途径。在此，按照二维框架对环保上市公司进行划分（见图7—3）：一个角度是业务模式，具体可以分为 E&S（设备集成及技术解决方案）、EPC（设计—采购—施工）、BT（建设—移交）、JV（合资）、License（牌照经营）、ROT（投资改造—运营—移交）、TOT（移交—运营—移交）、BOT（投资建设—运营—移交）等，其本质反映了资产的轻重以及客户黏性的高低；另一个角度则是2009—2012年净利润复合增速，以表征不同类型环保公司在过去几年的业绩成长性。

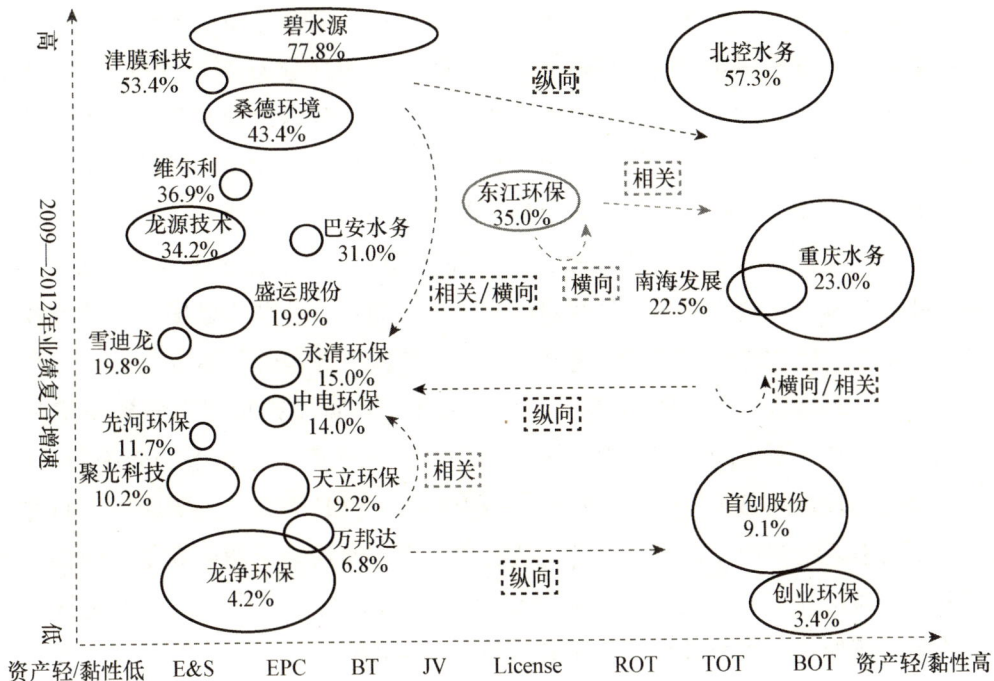

图 7—3　上市环保公司并购行为二维分析框架

注：圆圈大小代表 2012 年公司收入规模对比。

快速增长型公司往往凭借技术及设备优势立足，属于轻资产模式，所在细分领域市场容量大、景气度高，加之资本优势，在过去几年中保持了业绩快速增长态势（CAGR＞40％），碧水源、津膜科技均属于该类公司。对于该类正处于良好发展轨道中的公司，预计其后续并购将主要沿着以下三条思路进行：（1）相关并购：除了在自身所处细分领域占据优势竞争地位之外，公司会倾向于拓宽业务范围以布局未来新的利润增长点（例如碧水源收购工业水处理企业普瑞奇、桑德环境收购汽车拆解企业咸宁兴源等），并力求与现有业务形成良好协同效应，同时增强为客户提供整体解决方案的能力。（2）横向并购：与现有产品同类或紧密相关的技术设备领域，从而进一步强化公司竞争优势或显著提升市场影响力（未来随着行业竞争不断升级，预计由业内领先技术设备类公司主导的该类国内外并购将会越来越多）。（3）纵向并购：沿着产业链上下游的收购整合（碧水源 2011 年收购久安建设 50.15％股权是较为成功的案例，对公司收入利润增长及综合服务能力提升均起到了较为明显的推动作用）。这种并购模式在未来有两个方向值得关注：一个是对于产业链上所需资质的收购（例如城投控股收购环境院），另一个是轻资产企业布局下游运营类业务，从而获得稳定现金流以支撑公司长期可持续发展，更为重要的是有望得到黏性很强的客户资源，从而基于自身技术服务优势进一步挖掘并满足客户需求。

在基础设施和公共服务项目领域，政府将通过和社会资本合作模式（public private partnership，PPP）进一步对外开放。PPP 是在基础设施及公共服务领域建立的一种长期合作关系。通常模式是由社会资本承担设计、建设、运营、维护基础设施的大部分工作，并通过"使用者付费"及必要的"政府付费"获得合理投资回报；政府部门负责基础设施及公共服务价格和质量监管，以保证公共利益最大化。政府和社会资本合作模式的实质是政府购买服务，而财政补贴要以项目运营绩效评价结果为依据，地方各级财政部门将从"补建设"向"补运营"逐步转变。

PPP 是一种较为广泛的合作理念，其目的在于拓宽城镇化建设融资渠道的同时，充分利用社会资本的管理效率、技术创新动力以提高公共服务的效率与质量。此前已经应用较多的 BOT 模式可以视为一种简化版 PPP 理念，主要应用于新建项目，但针对前期结构设计、项目识别、政府责任等方面均缺乏明确界定，使得对于投资人的权益保证不够，这些在未来可能出台的 PPP 具体操作指南中或将得到进一步说明（例如政府付费必须纳入预算管理等）。而在具体项目运作模式上亦将更加多元化，除了有望显著解决基础设施建设资金问题的 BOT、TOT 模式外，随着环保标准不断提高以及存量设施的真实达标效果越发受到重视，预计未来 O&M、ROT 等专业化运营管理模式有望得到越来越广泛的应用，而技术与资本也将得到越来越紧密的结合。

市政公用领域市场进一步放开趋势明确，通过 PPP 解决建设资金、维护投入、运营效率等问题，而新建项目 BOT、存量资产 TOT（变现资金用于重点领域建设）、股权（产权）转让、O&M，甚至 ROT（改造—运营—移交）等模式都将得到更加广泛的应用，同时辅之以补贴、调价等方式弥补投资成本并确保项目合理回报。随着环保标准提高与监管趋严，此前具备较多项目经验，以及技术、资金、效率优势明显的龙头上市公司有望在这轮 PPP 浪潮中获得更为广阔的市场机遇，也更有可能成为地方政府（public）在具体项目合作选择另一个 P（private）时的理想对象，这将成为龙头公司实施并购战略的重要推动力。

参考文献

第一章

高华生，朱建林，张殿发等. 城市污水再生与景观河道利用工艺方案探讨. 水处理技术，2007（6）

管策，郁达伟，郑祥等. 我国人工湿地在城市污水处理厂尾水脱氮除磷中的研究与应用进展. 农业环境科学学报，2012（12）

管洪艳，贾权，杜云霞等. 化工厂排放水的出水与回用. 水处理技术，2006（5）

郭栋，熊自力编. 中国统计年鉴（2009）. 北京：中国统计出版社，2009

胡洪营，魏东斌，王丽莎等. 污水再生利用指南. 北京：化学工业出版社，2008

荣四海，王学超. 城市再生水农业利用技术经济分析. 中国农村水利水电，2012（2）

王昊，曹国凭，何绪文等. 水力负荷对潜流湿地去除污水处理厂二级出水中氮磷的影响. 水处理技术，2012（8）

王树东，谭跃海，黄冬冬等. 双膜系统在化工废水深度处理中的应用. 水处理技术，2012（11）

王正法. 城市污水深度处理回用工艺设计. 给水排水，2011（S1）

夏军，朱一中. 水资源安全的度量：水资源承载力的研究与挑战. 自然资源学报，2002，17（3）

杨京生，孟瑞明. 微滤—反渗透工艺在高品质再生水回用工程中的应用. 给水排水，2008（12）

张昱，刘超，杨敏. 日本城市污水再生利用方面的经验分析. 环境工程学报，2011（6）

Alcon, F., Martin-Ortega, J., Pedrero, F., et al., Incorporating Non-market Benefits of Reclaimed Water into Cost-Benefit Analysis: A Case Study of Irrigated Mandarin Crops in Southern Spain, *Water Resources Management*, 2013, 27 (6SI)

Apostolidis, N., Hertle, C., Young, R., Water Recycling in Australia, *Water*, 2011, 3 (3)

AQUAREC-EVK1-CT-2002-00130: Final Project Report. RWTH Aachen University, 2006

Biotext Pty Ltd Canberra ACT, Council EPAH, Council NRMM, et al., NWQMS Australian Guidelines for Water Recycling: Managing Health and Environmental Risks (Phase 1), National Environment Protection Council Service Corporation, 2006

Bixio, D., Thoeye, C., De Koning, J., et al., Wastewater Reuse in Europe, *Desalination*, 2006, 187 (1-3)

Bixio, D., Wintgens, T., Water Reuse System Management Manual: AQUAREC, Office for Official Publications of the European Communities, 2006

Boyjoo, Y., Pareek, V. K., Ang, M. A., Review of Greywater Characteristics and Treatment Processes, *Water Science and Technology*, 2013, 67 (7)

Chien, S. H., Chowdhury, I., Hsieh, M. K., et al., Control of Biological Growth in Recirculating Cooling Systems Using Treated Secondary Effluent as Makeup Water with Monochloramine, *Water Research*, 2012, 46 (19)

Commission E. Council Directive 91/271/EEC of 21 May 1991, Concerning Urban Waste-Water Treatment, Official Journal No. L. 1991, 135 (30.5): 1991

Gikas, P., Tchobanoglous, G., Sustainable Use of Water in the Aegean Islands, *Journal of Environmental Management*, 2009, 90 (8)

Hernandez, F., Urkiaga, A., De Las Fuentes, L., et al., Feasibility Studies for Water Reuse Projects: An Economical Approach, *Desalination*, 2006, 187 (1-3)

Li, F. Y., Wichmann, K., Otterpohl, R., Review of the Technological Approaches for Grey Water Treatment and Reuses, *Science of the Total Environment*,

2009, 407 (11)

Li, F., Wichmann, K., Otterpohl, R., Evaluation of Appropriate Technologies for Grey Water Treatments and Reuses, *Water Science and Technology*, 2009, 59 (2)

Linsey, K. S., Maupin, M. A., Barber, N. L., et al., Estimated Use of Water in the United States in 2005, U. S. Geological Survey, Reston, Virginia, 2009

Mediterranean Wastewater Reuse Report. Mediterranean Wastewater Reuse Working Group, 2007

Molinos-Senante, M., Hernandez-Sancho, F., Sala-Garrid, R., Cost-Benefit Analysis of Water-Reuse Projects for Environmental Purposes: A Case Study for Spanish Wastewater Treatment Plants, *Journal of Environmental Management*, 2011, 92 (12)

Mujeriego, R., Compte, J., Cazurra, T., et al., The Water Reclamation and Reuse Project of El Prat de Llobregat, Barcelona, Spain, *Water Science and Technology*, 2008, 57 (4)

National Health and Medical Australia, Australian Government Agriculture and Zealand, Australian and New Zealand Council. Guidelines for Sewerage Systems: Use of Reclaimed Water. Australian Government-Agriculture and Resource Management Council of Australia and New Zealand, 2000

National Research Council U. S. Committee on the Assessment of Water Reuse as an Approach for Meeting Future Water Supply Needs, *Water Reuse: Potential for Expanding the Nation's Water Supply through Reuse of Municipal Wastewater*, Washington, D. C.: National Academies Press, 2012

Nolde, E., Greywater Reuse Systems for Toilet Flushing in Multi-Storey Buildings—Over Ten Years Experience in Berlin, *Urban Water*, 2000, 1 (4)

Ogoshi, M., Suzuki, Y., Asano, T., Water Reuse in Japan, *Water Science and Technology*, 2001, 43 (10)

Ojec, D., Directive 2000/60/EC of the European Parliament and of the Council of 23 October 2000, Establishing a Framework for Community Action in the Field of Water Policy, *Official Journal of the European Communities*, 2000, 22 (2000): L327

Salgot, M., Ertas E. H. AQUAREC-EVK1-CT-2002-00130: Guideline for

Quality Standards for Water Reuse in Europe，University of Barcelona，2006

Smith，A.，Khow，J.，Hills，S.，et al.，Water Reuse at the UK's Millennium Dome，*Membrane Technology*，2000（118）

United States Environmental Protection Agency，Guidelines for Water Reuse，Washington，DC；Cincinnati，OH：U. S. Environmental Protection Agency：U. S. Agency for International Development；National Risk Management Research Laboratory，2012

Urkiaga，A.，Fuentes，L.，Bis，B.，et al.，Development of Analysis Tools for Social，Economic and Ecological Effects of Water Reuse，*Desalination*，2008，218（1-3）

Whiteoak，K.，Boyle，R.，Wiedemann，N.，National Snapshot of Current and Planned Water Recycling and Reuse Rates，Marsden Jacob Associates，2008

Wsaa.，First National Performance Report for Urban Water Utilities Released，2007

Yi，L. L.，Jiao，W. T.，Chen，X. N.，et al.，An Overview of Reclaimed Water Reuse in China，*Journal of Environmental Sciences*，2011，23（10）

第二章

GE 与新加坡国立大学签署建立 GE-NUS 新加坡水技术中心协议. 中国建设信息（水工业市场），2009（3）

陈安生. 对新加坡水资源管理的几点思考. 人民长江，2009（14）

陈晓芬，江慧琳，郑祥. 澳大利亚水资源开发 20 年：回顾与启示. 亚洲给水排水，2014（1/2）

戴长雷. 新加坡水资源承载力分析及可持续发展战略探讨. 东北水利水电，2005（4）

廖日红，陈铁，张彤. 新加坡水资源可持续开发利用对策分析与思考. 水利发展研究，2011（2）

屈强，张雨山，王静，赵楠. 新加坡水资源开发与海水利用技术. 海洋开发与管理，2008（8）

宋颖慧. 新加坡·新生·水——新加坡水资源管理模式概览. 城市观察，2011（1）

王碧栾，邱训平. 新加坡水资源管理政策与实践. 水利水电快报，2010（7）

王静，刘淑静，刑淑颖. 澳大利亚海水淡化对我国的借鉴研究. 海洋信息，2013（1）

王晓兰. 新加坡水务管理. 中国科技财富，2007（1）

王镇彬. 新加坡水务管理初探. 水利发展研究，2009（2）

徐振辞，潘增辉. 新加坡水资源保护措施及节水简介. 南水北调与水利科技，1999（4）

李昆等. 再生水回用的标准比较与技术经济分析. 环境科学学报，2014，34（7）

张所续，石香江. 浅谈新加坡水资源管理. 西部资源，2007（5）

Angelakis, A., Thairs, T., and Lazarova, V., 2001. Water Reuse in EU Countries: Necessity of Establishing EU Guidelines. "State of the Art Review." Report of the EUREAU Water Reuse Group EU2-01-26, 52p

Barbagallo, S., Cirelli, G. L., Indelicato, S., Wastewater Reuse in Italy, *Water Science and Technology*, 2001, 43（10）

Baydal, D., 2009, Municipal Wastewater Recycling Survey, California Water Recycling Funding Program (WRFP), Retrieved on August 23, 2012 from http://www. swrcb. ca. gov/water_issues/programs/grants_loans/water_recycling/munirec. shtml

California State Water Resources Control Board (California SWRCB), 2009, Recycled Water Policy, Retrieved July 2012, from http://www. swrcb. ca. gov/water_issues/programs/water_recycling_policy/

Florida Department of Environmental Protection (FDEP), 2011, 2010 Reuse Inventory, Florida Department of Environmental Protection, Tallahassee, FL, Retrieved January 2012 from http://www. dep. state. fl. us/water/reuse/inventory. htm

Food and Agriculture Organization of the United Nations (FAO), 2010, Aquastat Database, Retrieved on August 23, 2012 from http://www. fao. org/nr/water/aquastat/dbase/AquastatWorld ataEng_20101129. pdf

Global Water Intelligence (GWI), *Municipal Water Reuse Markets*, Media Analytics Ltd, Oxford, UK, 2010

Global Water Intelligence (GWI), *Global Water and Wastewater Quality Regulations 2011: The Essential Guide to Compliance and Developing Trends*, Media Analytics Ltd, Oxford, UK, 2011

Homsi, J. , The Present State of Sewage Treatment, *Water Supply*, 2000 (18)

Kenny, J. F. , Barber, N. L. , Hutson, S. S. , Linsey, K. S. , Lovelace, J. K. , and Maupin, M. A. , Estimated Use of Water in the United States in 2005, United States Geological Survey (USGS), Retrieved on August 23, 2012 from http://pubs. usgs. gov/circ/1344/pdf/c1344. pdf

Kotlik, L. , Water Reuse in Argentina, *Water Supply*, 1998, 16, (1/2)

McClellan, P. , Sydney Water Inquiry (Final Report): Introduction, Recommendations and Actions. Premier's Department, New South Wales Government, Sydney, 1998

McCornick, P. G. , Taha, S. S. E. , and Nasser, H. , Planning for Reclaimed Water in the Amman-Zarqa Basin and Jordan Valley, ASCE/EWRI Conference on Water Resources Planning & Management, Roanoke, Virginia, USA, 2002

National Research Council, *Water Reuse: Potential for Expanding the Nation's Water Supply through Reuse of Municipal Wastewater*, The National Academies Press: Washington, D. C. , 2012

Bryk, J. , Prasad, R. , Lindley, T. , Davis, S. , and Carpenter, G. , National Database of Water Reuse Facilities: Summary Report, *Water Reuse Foundation*, 2011, Alexandria, VA

Ogoshi, M. , Suzuki, Y. , and Asano, T. , Water Reuse in Japan, Third International Symposium on Wastewater Reclamation, Recycling and Reuse at the First World Congress of the International Water Association (IWA), Paris, France

Papadopoulos, I. , Present and Perspective Use of Wastewater for Irrigation in the Mediterranean Basin, Proc. Nd Int. Symp. On Wastewater Reclamation and Reuse, A. N. Angelakis et. al. (Eds.), IAWQ, Iraklio, Greece, 1995, 17−20 October, 2

Progress against the National Target of 30% of Australia's Wastewater Being Recycled by 2015. Report Prepared for the Department of Sustainability, Environment, Water, Population and Communities (DSEWPaC), 2012

Pujol, M. , and Carnabucci, O. , The Present State of Sewage Treatment in Argentina, *Water Supply*, 2000, 18 (1/ 2)

Sheikh, B. , Standards, Regulations & Legislation for Water Reuse in Jordan, Water Reuse Component, Water Policy Support Project, Ministry of Water and Irrigation, Amman, Jordan

Stenekes, N., Colebatch, H. K., Waite, T. D., Ashbolt, N. J, Risk and Governance in Water Recycling: Public Acceptance Revisited, Sci. Technol. Hum, 2006, Vol. 31

Sydney: 2010 Metropolitan Water Plan. Melbourne: New Water for Victoria, 2002. Perth: Water Forever, towards Climate Resilience, 2009. South Australia: Water for Good, 2010, Waterproofing Adelaide 2005

Tchobanoglous, G., and Angelakis, A. N., Technologies for Wastewater Treatment Appropriate for Reuse: Potential for Applications in Greece, *Water Science Technology*, 1996, 33 (10-11)

Tsagarakis, K. P., Tsoumanis, P., Mara, D. and Angelakis, A. N., Wastewater Treatment and Reuse in Greece: Related Problems and Prospectives, IWA, Biennial International Conference, Paris, France

Water Reuse: Potential for Expanding the Nation's Water Supply through Reuse of Municipal Wastewater, NRC, 2012

Yan Zhang, Andrew Grant, Ashok Sharma etc., Alternative Water Resources for Rural Residential Development in Western Australia, *Water Resource Manage*, 2010, 24: 25-36 DOI 10. 1007/s11269-009-9435-0

Zhuo Chen, Huu Hao Ngo & Wenshan Guo, A Critical Review on the End, Uses of Recycled Water, *Critical Reviews in Environmental Science and Technology*, 2013 (43), DOI: 10. 1080/10643389. 2011. 647788

第三章

福冈市道路下水道局. 福冈市下水道ビジョン2018. 日本福冈：福冈市下水道局, 2009

国土交通省土地水资源局水资源部编. 平成 21 年版日本の水资源について. 日本东京：国土交通省, 2009

北控水务集团. 北控：海外市场的开拓法则. 水工业市场, 2013 (10)

陈卫平. 美国加州再生水利用经验剖析及对我国的启示. 环境工程学报, 2001, 5 (5)

李家国, 宫辉力. 北京市中水回用系统分析与优化. 冶金动力, 2006, 114 (2)

骆建华，王岩. 国际化：推动中国环保企业走出去战略. 水工业市场，2013（10）

绿地的研究与应用. 农业环境科学报，2005［24（增刊）］

马宾. 目标明确，定位清晰，寻找适合自身的海外发展战略. 水工业市场，2013（10）

王立波. 桑德海外崛起之路. 水工业市场，2013（10）

王其远. 创新模式勤修内功——中国水务企业走出去的一点体会. 水工业市场，2013（10）

吴港平. 中国企业走出去还是不出去？水工业市场，2013（10）

杨翠柏，陈宇. 印度水资源法律制度探析. 南亚研究季刊，2013（2）

Abraham，T.，Luthra，A.，Socio-Economic & Technical Assessment of Photovoltaic Powered Membrane Desalination Processes for India，*Desalination*，2011，268（1）

Angelakis，A. N.，Marecos Do Monte，M. H. F.，Bontoux，L.，et al.，The Status of Wastewater Reuse Practice in the Mediterranean Basin：Need for Guidelines，*Water Research*，1999，33（10）

Bixio，D.，Thoeye，C.，De Koning，J.，et al.，Wastewater Reuse in Europe，*Desalination*，2006，187（1）

Central Pollution Control Board. Status of Water Supply, Wastewater Generation and Treatment in Class-I Cities and Class-II Towns of India. In：Control of Urban Pollution Series，2009，http://www. cpcb. nic. in/upload/NewItems/NewItem_153_ Foreword. pdf

CPCB，Performance Evaluation of Sewage Treatment Plants Under NRCD 2013，http://www. cpcb. nic. in/upload/NewItems/NewItem_195_STP_REPORT. pdf

CPCB，Status of Water Quality in India-2011，2013，http://www. cpcb. nic. in/upload/NewItems/NewItem_198_Status_of_WQ_in_India_2011. pdf

CSWRCB (California State Water Resources Control Board)，2003，Recycled Water Use in California，http://www. waterboards. ca. gov/recycling/docs/wrreclaim_attb. pdf

Kapshe，M.，Kuriakose，P. N.，Srivastava，G.，et al.，Analysing the Co-Benefits：Case of Municipal Sewage Management at Surat，India，*Journal of Cleaner Production*，2013（58）

Murty，M. N. ，Surender Kumar，Water Pollution in India（An Economic Appraisal），India，*Infrastructure Report 2011*

Mandal，D. ，Labhasetwar，P. ，Dhone，S. ，et al. ，Water Conservation due to Greywater Treatment and Reuse in Urban Setting with Specific Context to Developing Countries，*Resources，Conservation and Recycling*，2011，55（3）

Sato，N. ，Okubo，T. ，Onodera，T. ，et al. ，Economic Evaluation of Sewage Treatment Processes in India，*Journal of Environmental Management*，2007，84（4）

UNEP and Global Environment Centre Foundation，Water and Wastewater Reuse：An Environmentally Sound Approach for Sustainable Urban Water Management，United Nations，2006，48

Varma，C. V. J. ，Efficiency in the Use and Reuse of Water in India，*Water International*，1978，3（2）

第四章

北控水务集团. 北控：海外市场的开拓法则. 水工业市场，2013（10）

骆建华，王岩. 国际化：推动中国环保企业走出去战略. 水工业市场，2013（10）

马宾. 目标明确，定位清晰，寻找适合自身的海外发展战略. 水工业市场，2013（10）

王立波. 桑德海外崛起之路. 水工业市场，2013（10）

王其远. 创新模式勤修内功——中国水务企业走出去的一点体会. 水工业市场，2013（10）

吴港平. 中国企业走出去还是不出去?. 水工业市场，2013（10）

杨翠柏，陈宇. 印度水资源法律制度探析. 南亚研究季刊，2013（2）

中国环境保护部环境规划院，印度能源与资源研究所. 环境与发展比较：中国与印度. 北京：中国环境科学出版社，2010

Abraham，T. ，Luthra，A. ，Socio-Economic & Technical Assessment of Photovoltaic Powered Membrane Desalination Processes for India，*Desalination*，2011，268（1）

Angelakis，A. N. ，Marecos Do Monte，M. H. F. ，Bontoux，L. ，et al. ，The Status of Wastewater Reuse Practice in the Mediterranean Basin：Need for

Guidelines，*Water Research*，1999，33（10）

Bixio，D.，Thoeye，C.，De. Koning，J.，et al.，Wastewater Reuse in Europe，*Desalination*，2006，187（1）

Central Pollution Control Board，Status of Water Supply，Wastewater Generation and Treatment in Class-I Cities and Class-II Towns of India. In：Control of Urban Pollution Series，2009，http：//www. cpcb. nic. in/upload/NewItems/NewItem_153_ Foreword. pdf

CPCB，Performance Evaluation of Sewage Treatment Plants Under NRCD 2013，http：//www. cpcb. nic. in/upload/NewItems/NewItem_195_STP_REPORT. pdf

CPCB，Status of Water Quality in India-2011，2013，http：//www. cpcb. nic. in/upload/NewItems/NewItem_198_Status_of_WQ_in_India_2011. pdf.

Greta Lynn Zornes，A Decision Analytic Approach for Evaluating Water Reuse in India，Tulane University，2007

Kapshe，M.，Kuriakose，P. N.，Srivastava，G.，et al.，Analysing the Co-benefits：Case of Municipal Sewage Management at Surat，India，*Journal of Cleaner Production*，2013（58）

Murty，M. N.，Surender Kumar，Water Pollution in India（An Economic Appraisal），India Infrastructure Report 2011

Mandal，D.，Labhasetwar，P.，Dhone，S.，et al.，Water Conservation due to Greywater Treatment and Reuse in Urban Setting with Specific Context to Developing Countries. *Resources，Conservation and Recycling*，2011，55（3）

Sato，N.，Okubo，T.，Onodera，T.，et al.，Economic Evaluation of Sewage Treatment Processes in India，*Journal of Environmental Management*，2007，84（4）

Varma，C. V. J.，Efficiency in the Use and Reuse of Water in India，*Water International*，1978，3（2）

第五章

杜群，李丹.《欧盟水框架指令》十年回顾及其实施成效述评. 江西社会科学，2011（8）

高华生，朱建林，张殿发等. 城市污水再生与景观河道利用工艺方案探讨. 水处理技术，2007（6）

管策，郁达伟，郑祥等. 我国人工湿地在城市污水处理厂尾水脱氮除磷中的研究与应用进展. 农业环境科学学报，2012（12）

管洪艳，贾权，杜云霞等. 化工厂排放水的出水与回用. 水处理技术，2006（5）

管洪艳，贾权，杜云霞等. 曝气生物滤池法污水深度处理及回用. 水处理技术，2007（2）

胡洪营，魏东斌，王丽莎等. 污水再生利用指南. 北京：化学工业出版社，2008

李安峰，潘涛，李箭等. 列车卧具洗涤废水处理与回用工程. 水处理技术，2008（8）

李燕群，何通国，刘刚等. 城市再生水回用现状及利用前景. 资源开发与市场，2011（12）

李育宏，黄建军，李阳. 我国再生水利用发展现状分析. 水工业市场，2012（5）

刘祥举，李育宏，于建国. 我国再生水水质标准的现状分析及建议. 中国给水排水，2011（24）

刘学红，蒋岚岚，吴林安等. 直接过滤深度处理工艺用于太湖新城再生水回用工程. 中国给水排水，2008（4）

荣四海，王学超. 城市再生水农业利用技术经济分析. 中国农村水利水电，2012（2）

王昊，曹国凭，何绪文等. 水力负荷对潜流湿地去除污水处理厂二级出水中氮磷的影响. 水处理技术，2012（8）

王树东，谭跃海，黄冬冬等. 双膜系统在化工废水深度处理中的应用. 水处理技术，2012（11）

王正法. 城市污水深度处理回用工艺设计. 给水排水，2011（S1）

向颖异，杨黎. 昆明市呈贡新城再生水处理与回用工程设计. 中国给水排水，2011（22）

姚奇，刘岩，李欢等. 污水处理厂CAST工艺的调试及运行. 环境科技，2010（S2）

苑宏英，闫志超，李银磊等. 北方某城市再生水的原水水质特征调查. 工业水处理，2011（8）

张昱，刘超，杨敏. 日本城市污水再生利用方面的经验分析. 环境工程学报，

2011（6）

朱洪涛，文湘华，黄霞. 二级出水水质对中试臭氧－微滤工艺运行的影响. 环境科学学报，2008（3）

Aatse, Water Recycling in Australia: For Those Seeking More Detailed Information on Recycled Water Use in Australia, Particularly for Agricultural and Amenity Uses, Land & Water Australia, Horticulture Australia, Arris, Department of Primary Industries Victoria and the Cooperative Research Centre for Irrigation Futures, 2006

Alcon, F., Martin-Ortega, J., Pedrero, F., et al., Incorporating Non-Market Benefits of Reclaimed Water into Cost-Benefit Analysis: A Case Study of Irrigated Mandarin Crops in Southern Spain, *Water Resources Management*, 2013, 27 (6SI)

Apostolidis, N., Hertle, C., Young, R., Water Recycling in Australia, *Water*, 2011, 3 (3)

Biotext Pty Ltd Canberra A. C. T., Council E. P. A. H., Council N. R. M. M., et al., NWQMS Australian Guidelines for Water Recycling: Managing Health and Environmental Risks (Phase 1), National Environment Protection Council Service Corporation, 2006

Bixio, D., Thoeye, C., De Koning, J., et al., Wastewater Reuse in Europe, *Desalination*, 2006, 187 (1-3)

Boyjoo, Y., Pareek, V. K., Ang, M. A., Review of Greywater Characteristics and Treatment Processes, *Water Science and Technology*, 2013, 67 (7)

Bryck, J., Prasad, R., Lindley, T., National Database of Water Reuse Facilities Summary Report, Alexandria, VA: Water Reuse Foundation, 2007

Chien, S. H., Chowdhury, I., Hsieh, M. K., et al., Control of Biological Growth in Recirculating Cooling Systems Using Treated Secondary Effluent as Makeup Water with Monochloramine, *Water Research*, 2012, 46 (19)

Gikas, P., Tchobanoglous, G., Sustainable Use of Water in the Aegean Islands, *Journal of Environmental Management*, 2009, 90 (8)

Hernandez, F., Urkiaga, A., De Las Fuentes, L., et al., Feasibility Studies for Water Reuse Projects: An Economical Approach, *Desalination*, 2006, 187 (1-3)

Jiménez, B., Cisneros, B. E. J., Asano, T., Water Reuse: An International Survey of Current Practice, Issues and Needs, *International Water Assn*, 2008

Li, F. Y., Wichmann, K., Otterpohl, R., Review of the Technological Approaches for Grey Water Treatment and Reuses, *Science of the Total Environment*, 2009, 407 (11)

Li, F., Wichmann, K., Otterpohl, R., Evaluation of Appropriate Technologies for Grey Water Treatments and Reuses, *Water Science and Technology*, 2009, 59 (2)

Linsey, K. S., Maupin, M. A., Barber, N. L., et al., Estimated Use of Water in the United States in 2005, U. S. Geological Survey, Reston, Virginia, 2009

Molinos-Senante, M., Hernandez-Sancho, F., Sala-Garrido, R., Cost-Benefit Analysis of Water-Reuse Projects for Environmental Purposes: A Case Study for Spanish Wastewater Treatment Plants, *Journal of Environmental Management*, 2011, 92 (12)

Mujeriego, R., Compte, J., Cazurra, T., et al., The Water Reclamation and Reuse Project of El Prat de Llobregat, Barcelona, Spain, *Water Science and Technology*, 2008, 57 (4)

National Research Council U. S. Committee on the Assessment of Water Reuse As an Approach for Meeting Future Water Supply Needs. Water Reuse: Potential for Expanding the Nation's Water Supply through Reuse of Municipal Wastewater, Washington, D. C.: National Academies Press, 2012

Nolde, E., Greywater Reuse Systems for Toilet Flushing in Multi-Storey Buildings: Over Ten Years Experience in Berlin, *Urban Water*, 2000, 1 (4)

Ogoshi, M., Suzuki Y., Asano T., Water Reuse in Japan, *Water Science and Technology*, 2001, 43 (10)

Salgot, M., Ertas, E. H., AQUAREC-EVK1-CT-2002-00130: Guideline for Quality Standards for Water Reuse in Europe, University of Barcelona, 2006

Smith, A., Khow, J., Hills, S., et al., Water Reuse at the UK's Millennium Dome, *Membrane Technology*, 2000 (118)

United States Environmental Protection Agency, Guidelines for Water Reuse, Washington, DC; Cincinnati, OH: U. S. Environmental Protection Agency:

U. S. Agency for International Development; National Risk Management Research Laboratory, 2012

Urkiaga, A., Fuentes, L., Bis, B., et al., Development of Analysis Tools for Social, Economic and Ecological Effects of Water Reuse, *Desalination*, 2008, 218 (1-3)

Whiteoak, K., Boyle, R., Wiedemann N., National Snapshot of Current and Planned Water Recycling and Reuse Rates, Marsden Jacob Associates, 2008

Yi, L. L., Jiao, W. T., Chen, X. N., et al., An Overview of Reclaimed Water Reuse in China, *Journal of Environmental Sciences-china*, 2011, 23 (10)

第六章

"十二五"：加大再生水业的发展. http://www.goepe.com/news/detail-92784.html

北京 8 年的再生水利用量相当于 1 680 个昆明湖. http://www.xinhuanet.com/

北京再生水使用鼓励办法有望年内出台. http://news.cntv.cn/20110516/101158.shtml

邓爱华. 关注城市第二水源——再生水——专访北京市水利科学研究所总工刘洪禄. 科技潮，2011 (5)

霍建. 北京市中心城再生水发展历程及"十二五"发展规划. 见水利部发展研究中心主办. 首届"水利发展研究学术周"专辑. 北京：水利部发展研究中心，2011 (92)

李五勤，张军. 北京市再生水利用现状及发展思路探讨. 北京水务，2011 (3)

梁藉，郑凡东，刘立才等. 北京市再生水回灌必要性及关键问题研究. 北京水务，2011 (1)

卢长松，卢爱国，梁远等. 再生水回用调研及问题分析. 见中国城市科学研究会主办. 第四届中国城镇水务发展国际研讨会暨中国城镇供水排水协会 2009 年年会论文集. 北京：《城市发展研究》编辑部，2009

水利部"城市污水处理回用"联合调研组. 我国城市污水处理回用调研报告. 水利发展研究，2012 (1)

陈吉宁，曾思育，傅平. 中国城市污水再生水利用发展战略研究. 2003 年全国城市污水再生利用经验交流和技术研讨会论文集

周军，杜炜，张静慧等. 北京市再生水行业的现状与发展. 中国建设信息（水

工业市场），2009（9）

Aarhus Convention UNECE，Convention on Access to Information，Public Participation in Decisionmaking and Access to Justice in Environmental Matters，Denmark：Aarhus，1998

Adewumi，J. R.，Ilemobade，A. A.，VanZyl，J. E.，Treated Wastewater Reuse in South Africa：Overview，Potential and Challenges，Resources，Conservation and Recycling，2010，55（2）

Al-A'ama，M. S.，Nakhla，G. F.，Wastewater Reuse in Jubail，Saudi Arabia，*Water Research*，1995，29（6）

Alhumoud，J.，Behbehani，H.，Abdullah，T.，Wastewater Reuse Practices in Kuwait. *Environmentalist*，2003，23（2）

Baggett，S.，Jeffrey，P.，Jefferson，B.，Risk Perception in Participatory Planning for Water Reuse，*Desalination*，2006，187（1）

Baumann，D. D.，Kasperson，R. E.，Public Acceptance of Renovated Waste Water：Myth and Reality，*Water Resources Research*，1974，10（4）

Bixio，D.，Wintgens，C. T.，Ravazzini，A.，et al.，Water Reclamation and Reuse：Implementation and Management Issues，*Desalination*，2008，218（1-3）

Bruvold，W. H.，Ward，P. C.，Public Attitudes toward Uses of Reclaimed Wastewater，*Water and Sewage Works*，1972（117）

Bruvold，W. H.，Human Reception and Evaluation of Water Quality，*Critical Reviews in Environmental Control*，1975，5（2）

Bruvold，W. H.，Public Opinion on Water Reuse Options，*Journal*（*Water Pollution Control Federation*），1988，60（1）

Chu，J.，Chen，J.，Wang，C.，et al.，Wastewater Reuse Potential Analysis：Implications for China's Water Resources Management，*Water Research*，2004，38（11）

Dishman，C. M.，Sherrard，J. H.，Rebhun，M.，Gaining Public Support for Direct Potable Water Reuse，*J. Profes*，1989，115（2）

Dolnicar，S.，Hurlimann，A.，Grun，B.，What Affects Public Acceptance of Recycled and Desalinated Water? *Water Research*，2011，45（2）

Dolnicar，S.，Schäfer，A. I.，Public Perception of Desalinated versus Recycled Water in Australia，In：CD Proceedings of the AWWA Desalination Symposium. 2006

Dolnièar, S., Saunders, C., Recycled Water for Consumer Markets: A Marketing Research Review and Agenda, *Desalination*, 2006, 187 (1−3)

Flack, J. E., Greenberg, J., Public Attitudes towards Water Conservation, *Journal of the American Water Works Association*, 1987, 79 (3)

Friedler, E., Lahav, O., Jizhaki, H., et al., Study of Urban Population Attitudes towards Various Wastewater Reuse Options: Israel as a Case Study, *Journal of Environment Management*, 2006, 81 (4)

Hamilton, G. R., Attitudes to Potable Reuse of Reclaimed Wastewater, In: Recycled Water Seminar, England: Newcastle, 1994

Hartley, T. W., Public Perception and Participation in Water Reuse, In: Literature Summary, Washington DC: Resolve Inc., 2001

Hurlimann, A., HempHill, E., Mckay, J., et al., Establishing Components of Community Satisfaction with Recycled Water Use through a Structural Equation Model, *Journal of Environmental Management*, 2008, 88 (4)

Hurlimann, A., McKay, J., Attitudes to Reclaimed Water for Domestic Use: Part 2, Trust, *Water Journal of the Australian Water Association*, 2004, 31 (5)

Hurlimann, A., Melbourne Office Worker Attitudes to Recycled Water Use, *Water Journal of the Australian Water Association*, 2006, 33 (7)

Jeffrey, P., Jefferson, B., Public Receptivity Regarding "in-House" Water Recycling: Results from a UK Survey, *Water Science and Technology: Water Supply*, 2003, 3 (3)

Kaercher, J. D., Po, M., Nancarrow, B. E., Water Recycling Community Discussion Meeting I (Unpublished Manuscript), In: Australian Research Centre for Water in Society, Australia: Perth, 2003

Katz, S. M., Public Education is the Key to Water Repurification's Success, In: Water Environment Federation 1997 Beneficial Reuse of Water and Solids Conference. Spain: Marbella, 1997

Lazarova, V., Levine, B., Sack, J., et al., Role of Water Reuse for Enhancing Integrated Water Management in Europe and Mediterranean Countries, *Water Science and Technology*, 2001, 43 (10)

Lohman, L. C., Milliken, J. G., Informational/Educational Approaches to

Public Attitudes on Potable Reuse of Wastewater, In: Denver Research Institude, Denver: University of Denver, 1985

Marks, J. S., Taking the Public Seriously: The Case of Potable and Non Potable Reuse, *Desalination*, 2006, 187 (1-3)

Marks, J., Advancing Community Acceptance of Reclaimed Water, *Water Journal of the Australian Water Association*, 2004, 31 (5)

Mckay, J., Hurlimann, A., Attitudes to Reclaimed Water for Domestic Use: Part 1. Age, *Journal of the Australian Water Association*, 2003, 30 (5)

Menegaki, A. N., Hanley, N., Tsagarakis, K. P., The Social Acceptability and Valuation of Recycled Water in Crete: A Study of Consumers' and Farmers' Attitudes, *Ecological Economics*, 2007, 62 (1)

Milintawisamai, M., Effective Management and Monitoring System for Community-Based Water Reuse, In: The 7th International Symposium on Southeast Asian Water Environment, AIT Conference Center, Thailand: Bangkok, 2009

Miller, G. W., Integrated Concepts in Water Reuse: Managing Global Water Needs, *Desalination*, 2006, 187 (1)

Nitirach, S. N., Vilas, N., Strategic Decision Making for Urban Water Reuse Application: A Case from Thailand, *Desalination*, 2011, 268 (1-3)

Okun, D. A., Water Reuse Introduces the Need to Integrate both Water Supply and Wastewater Management at Local Regulatory Levels, *Water Science and Technology*, 2002, 46 (6-7)

Po, M., Kaercher, J., Nancarrow, B., Literature Review of Factors Influencing Public Perceptions of Water Reuse, Melbourne: CSIRO Land and Water, 2004

Postel, S., *Last Oasis: Facing Water Scarcity*, New York: Norton and Company, 1997

Queensland Water Recycling Strategy, *Education Needs Background Report*, Australia: Nexus, 1999

Thomas, J. F., Syme, G. J., Estimating Residential Price Elasticity of Demand for Water: A Contingent Valuation Approach. *Water Resources Research*, 1988, 24 (11)

Tsagarakis, K. P., Georgantzis, N., The Role of Information on Farmer's

Willingness to Use Recycled Water for Water for Irrigation, *Water Science and Technology：Water Supply*, 2003, 3 (4)

Urkiaga, A., Fuentes, D. L., Bis, B., et al., Development of Analysis Tools for Social, Economic and Ecological Effects of Water Reuse, *Desalination*, 2008, 218 (1-3)

Water Reuse Research Foundation. (WRRF), Talking about Water：Vocabulary and Images that Support Informed Decisions about Water Recycling and Desalination, WRF-07-03, Water Reuse Research Foundation. Alexandria, VA. 2011

Yi, L. L., Jiao, W. T., Chen, X. N., et al., An Overview of Reclaimed Water Reuse in China, *Journal of Environmental Sciences*, 2011, 23 (10)

第七章

范翊. 深圳市西丽再生水厂设计与运行. 给水排水，2011 (37)

方绍东，黄英等. 昆明城市发展进程中的水资源演变分析. 水资源保护，2010，26 (6)

宫新荷. 青岛水资源可持续利用的对策与途径. 地域研究与开发，2003，22 (2)

龚询木. 昆明市节水"三同时"利用再生水. 建设科技，2009 (5)

胡芳芳. 无锡市水资源可持续利用评价. 中国集体经济，2011，30 (10)

胡相礼. 混凝磁分离净水一体机在手套上胶废水处理中的应用. 净水技术，2007，26 (5)

黄明刚. 中水用处大. 深圳商报，2009-01-12

林杰，赵佳玫，王国建. 深圳市横岗再生水厂工程设计. 中国农村水利水电，2010 (6)

卢爱兰，潘越峰. 浅析昆明市水资源、水环境现状及利用. 环境科学导刊，2010 (S1)

吕志昌. 青岛市污水处理收费研究. 山东科技大学硕士学位论文，2008

沐滟. 无锡新区推广再生水回用，年可节约工业用水 500 万吨. 中国环境报，2011-12-14

浦美玲. 昆明：推行再生水加强监管加大投入. 云南日报，2013-05-03

任俊秋，周淑香. 唐山市再生水利用经验和面临的问题. 市政技术，2012 (1)

宋桂龙，谭一凡，谢良生. 深圳特区再生水现状分析及利用对策探讨. 节水灌

溉，2009（9）

王静，张灿等. 昆明市污水再生利用情况调研. 三峡环境与生态，2013，35（1）

王凯丽，于鹏飞. 青岛市污水处理和中水利用分析研究. 环保论坛，2009（35）

肖意. 南山污水处理厂二级生化处理系统工程正式通水将有效改善珠江口水质. 深圳特区报，2009-07-22

易琦，窦小东等. 城市中水利用的潜力与发展方略——以昆明市为例. 城市问题，2012（1）

韩买良，杨尚宝. 火力发电厂水资源分析及节水减排技术. 北京：化学工业出版社，2011

白旭强. 鞍钢西部污水处理厂污泥处理系统运行总结. 冶金动力，2011（5）

陈兆林，孙晓慰，郭洪飞等. 电吸附技术处理首钢污水厂二级出水的中试研究. 中国给水排水，2010，26（9）

方忠海. 膜法水处理技术在钢铁废水回用中的应用. 中国钢铁业，2007（7）

肖庆聪，郁达伟，郑祥等. 反渗透膜在我国钢铁行业的应用. 水工业市场，2011（8）

杨艾花，杨继. 反渗透处理技术在太钢生产废水回用中的应用. 冶金动力，2005（1）

张勇，赵万里，李成江. 鞍钢鲅鱼圈钢厂生产污水处理工艺与效果. 鞍钢技术，2013（3）

图书在版编目（CIP）数据

中国水处理行业可持续发展战略研究报告. 再生水卷/郑祥等主编. —北京：中国人民大学出版社，2016.3

（中国人民大学研究报告系列）

ISBN 978-7-300-22431-2

Ⅰ.①中… Ⅱ.①郑… Ⅲ.①水处理-化学工业-可持续发展战略-研究报告-中国②再生水-可持续发展战略-研究报告-中国 Ⅳ.①X703

中国版本图书馆 CIP 数据核字（2016）第 021538 号

中国人民大学研究报告系列

中国水处理行业可持续发展战略研究报告（再生水卷）

主 编 郑 祥 魏源送 张振兴 李锋民

Zhongguo Shuichuli Hangye Kechixu Fazhan Zhanlue Yanjiu Baogao（Zaishengshuijuan）

出版发行	中国人民大学出版社				
社 址	北京中关村大街 31 号		**邮政编码**	100080	
电 话	010 - 62511242（总编室）		010 - 62511770（质管部）		
	010 - 82501766（邮购部）		010 - 62514148（门市部）		
	010 - 62515195（发行公司）		010 - 62515275（盗版举报）		
网 址	http://www.crup.com.cn				
	http://www.ttrnet.com（人大教研网）				
经 销	新华书店				
印 刷	北京宏伟双华印刷有限公司				
规 格	185 mm×260 mm 16 开本		**版 次**	2016 年 3 月第 1 版	
印 张	13.75 插页 1		**印 次**	2016 年 3 月第 1 次印刷	
字 数	240 000		**定 价**	68.00 元	